国家级特色专业
广州美术学院工业设计学科系列教材

童慧明　陈江　主编

Industrial Design Drawing

工业设计制图

产品结构的观察与理解

谭红子　刘　珊　编著

图书在版编目（CIP）数据

工业设计制图 / 谭红子，刘珊编著．—北京：北京大学出版社，2015.7
（国家级特色专业·广州美术学院工业设计学科系列教材）
ISBN 978-7-301-25717-3

Ⅰ.①工… Ⅱ.①谭… ②刘… Ⅲ.①工业设计－工程制图
Ⅳ.①TB47

中国版本图书馆CIP数据核字（2015）第084372号

书　　名	工业设计制图
著作责任者	谭红子　刘珊　编著
责任编辑	赵　维
标准书号	ISBN 978-7-301-25717-3
出版发行	北京大学出版社
地　　址	北京市海淀区成府路205号　100871
网　　址	http://www.pup.cn　　新浪官方微博：@北京大学出版社
电子信箱	pkuwsz@126.com
电　　话	邮购部 62752015　发行部 62750672　编辑部 62752022
印 刷 者	北京中科印刷有限公司
经 销 者	新华书店
	720毫米×1020毫米　16开本　11.25印张　176千字
	2015年7月第1版　　2020年11月第4次印刷
定　　价	59.00元

目录

总序

设计教育的本质，是培养具有整合创新能力的人才。历经 30 年的持续发展与扩张，中国设计院校虽以近 230 万在读大学生的总量规模高居世界第一，但在培养的学生的质量水平上则与欧美发达国家仍有较大差距。

一段时间以来，许多专家学者均对如何提升中国设计教育水平发表过各种建议与评论，尤其是关于教材建设的意见甚多。于是，过去 10 年来由一些重点高校的著名教授牵头主编、若干知名出版社先后出版了许多列入“十五”“十一五”规划建设的系列教材，造就了设计出版物的繁荣景象。然而，在严格意义上，这些出版物更类似于教学参考书，真正能在实际教学中被诸多高校普遍采用，具有贴近教学现场的课程内容、知识结构、课时规划、作业要求、作业范例、评分标准等符合设计类专业教学特性要求的授课范式，并经过多次教学实践磨砺出的教材则如凤毛麟角。

整体观察这些出版物，在三大本质特性上存在突出弱点：

1. 系统性。虽有不少冠之为“系列教材”，但多数集中在设计基础、设计史论类教学参考书范畴，少有触及专业设计、专题设计课程的教材。而且，这些系列教材基本是由某位教授、学者作为主编，组织若干所院校的作者合作编写，并不是体现一所院校完整的教学理念、课程结构、课程群关系、授课模式特色的系统化教材。

2. 原创性。毋庸讳言，虽就单本教材来说，不乏少量基于教师多年教学经验、汇聚诸多教研心血的佳作，但就整体面貌来看，基于计算机平台的“拷贝 + 粘贴”取代了过去的“剪刀 + 糨糊”的教材编写模式，在本质上没有摆脱抄袭意图明显的汇编套路，多数是在较短时间内“赶”出来的“成果”，自然难有较高质量。

3. 迭代性。设计是一门培养创新型人才的学科，大胆突破、迭代知识是设计教育的本色，不仅要贯彻于教学过程中，更要体现于教材的字里行间。这种将实验探索与精进学问相融合的治学态度，尤其需要映射于专业设计类教材的策划与撰写中。这种迭代性既应体现出已有的专业设计类课程授课内容、架构与目标的革新力度，也需反映出新专业概念对传统设计专业知识结构的覆盖、跨界、重组、变异趋势。例如交互设计、服务设计、CMF 设计等新专业设计类别，尽管在设计业界的实践中已快速崛起，但在明显已落伍的设计教育界，目前尚无成熟的专业教学系统与教材推出。

“国家级特色专业·广州美术学院工业设计学科系列教材”，是一套以“‘十二五’重点规划教材”为定位，以完整呈现优秀院校学科建构、课程特色、教学方法为目标的系统教材。首批计划书目 38 册，分为“设计基础”“专业设计基础”“专业设计”三大类别，汇聚了“工业设计”“服装设计”与“染织设计”三个专业教学板块的任课教师在设计基础教学、专业设计基础教学、专业设计工作室教学中长期致力于新课程创设、迭代更新教学内容、提纯优化教学方法等方面所做的实验与探索性成果。它们经过系统总结与理论升华，凝结为更加科学、具有前瞻意识与推广价值的实用教材。

广州美术学院是国内最早开展现代设计教育的院校之一。工业设计学院作为拥有“国家级特色专业”“省级重点专业”“省级教学质量奖”荣誉，集聚了一大批优秀教师的人才培养平台，秉承“接地气”（与产业变革需求对接）的宗旨，以“面向产业化的设计教育”为准则，自 2010 年末以来，整合重构了三大专业板块，在本科教学层面先后组建了 5 个教研室、14 个工作室，明确了每个教研室与工作室的细化专业方向、教学任务与建设目标，并把“创新设计”作为引领改革的驱动力与学院的核心理念。

创新设计，是将科学、技术、文化、艺术、经济、环境等各种因素整合融会，以用户体验为中心，组建开放式的知识架构，将内涵由产品扩展至流程与服务、更具原创特性的系统性设计创造活动。以此为纲领，工业设计学院在充分认知珠三角产业结构特点的前提下，提出了“更加专业化”与“更具创新力”的拓展目标，强调“更加专业化以适应产业变革，更富创新力以输出原创设计”，清晰定位了自身的发展方向：培养高质量的本科生，输出符合产业需求的“职业设计师”。

“工作室制”与“课题制”互为支撑、互相依存的系统建构，已成为广州美术学院工业设计学院的新教学模式与核心特色。这种模式在激发教师产学研

广州美术学院工业设计学院本科教学架构图

2013 年 10 月 V2.0 版

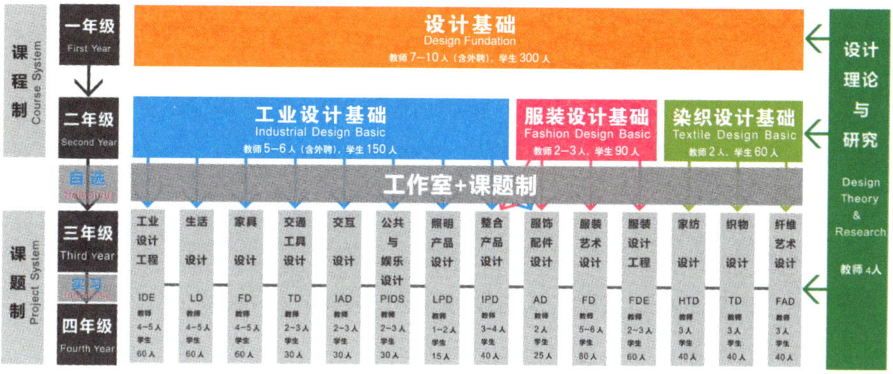

结合、吸纳产业创新资源、启动学生创造力、提升学术引导力等方面产生了巨大的整合效应，开创了全新的设计教育格局。

新的本科教学架构将四年教学任务分为两大阶段、三类课程（如上图所示）：一年级是以“通识性”为特点，打通所有专业的“设计基础”类课程。二年级是以“基础性”为特点，区分为“工业设计”“服装设计”与“染织设计”三个专业平台的“专业设计基础”类课程。这两类均以“课程制”教学模式进行。而三、四年级则是以“专业性”为特点，在 14 个工作室同步实施的“专业设计”类课程，以“课题制”教学模式进行，即各类专业设计的教学均与有主题、有目标、有成果要求的实质设计课题捆绑进行。

“课题制”教学是本套教材首批书目中占 60% 的“专业设计”类教材（23 册）的突出特色，也是当下国内设计教育出版物中最紧缺的教材类型。“课题制”，是将具有明确主题、定位与目标的真实或虚拟课题项目导入专业设计工作室平台上的教学与科研活动，突出了用项目作为主线、整合各类知识精华、为解决问题而用的系统性优势，并且用课题成果的完整性作为衡量标准，为学生完成具有创新深度、作品精度的作业提供了保障。

诸多被纳入工作室教学的课题以实验、创新为先导，以“干中学”为座右铭，强化行动力，要求教师带领学生采用系统设计思维方法，由物品原理、消费行为、潜在需求的基础层面展开探索性研究，发挥“工作室制”与“课题制”捆绑所具有的“更长时间投入”“更多资源聚集”的优势条件，以足够的时间安排（如8—12 周）完成一个全流程（或部分）设计项目过程，培养学生真正具有既能设定目标与研究路径，又能善用各种工具与资源、提出内容充实的解决方案的综合创造能力。

以课题为主导的工作室教学，也为构建开放式课堂提供了最佳平台。各工作室在把来自产业的创新设计课题植入教学过程时，同步导入由合作企业选派的工程技术专家、市场营销专家、生产管理专家等各类师资，不仅将最鲜活的知识点带入课堂，也让课题组师生在调研、考察生产现场与商品市场的过程中掌握第一手信息，更加清晰地认知设计目标与条件，在各种限定因素下完成符合要求的设计成果，锤炼自身的设计实战能力。

为了更好地展示“课题制”与“工作室制”的教学成果，这套教材在规划定位上提出了三点要求：

1. 创新：教材内容符合教学大纲要求，教学目标明确，具有理念创新、内容创新、方法创新、模式创新的教学特色，教学中的关键点、难点、重点尤其要阐述透彻，并注意教材的实验性与启发性。

2. 品质：定位为国家级精品课程教材，达到名称精准、框架清晰、章节严谨、内容充实、范例经典、作业恰当、注释完整的基本质量要求，并充分体现教学特色，在同类教材中具有较高学术水平与推广价值。

3. 适用：编著过程中总结并升华教学经验，体现由浅入深、由易到难、循序渐进的原则，有科学逻辑的教学步骤与完整过程，课程名称、适用年级、章节层次、案例讲述、作业安排、示范作品、成绩评定等环节必须满足专业培养目标的要求，所设定的内容、案例规模与学制、学时、学分相匹配，并在深度与广度等方面符合相应培养层次的学生的理解能力和专业水平，可供其他院校的教师使用。

希望经过持续的系统构建与迭代更新，这套教材可在系统性、实验性、迭代性、实用性和学术性等方面形成突出特色，为推动中国高等学校设计教育质量的提升做出贡献。

广州美术学院工业设计学院院长　童慧明 教授

2014 年 1 月

前言

学习工业设计，工程制图是不可或缺的一门基础课程。工程图是设计师表达设计意图的重要手段，是产品能够被生产制造的基础。设计师绘制的工程图主要用于表达产品外观尺寸，以及特定的结构、装配关系等，因而对制图的内容及制图能力的要求与工程师有所不同。目前市场上为工业设计专业编写的制图教材，绝大多数只是将一些制图教材进一步缩减或与计算机软件教材合并而成，缺乏针对性。这主要体现在两方面：一是基本原理部分论述的内容过多，比较枯燥，而学生通过绘画训练已具备一定的形体分析和空间想象能力，过多的理论讲授可能会抑制他们对课程的兴趣；二是专业制图部分所使用的案例，对象基本为机械零部件，在日常生活中鲜少接触到，增加了学习过程中理解、想象的难度，并且学生在今后的工作生涯中也很少有机会进行此类零部件的设计，缺乏学习与工作需要的延续性。

本书从这两方面对以上问题进行了改进。针对第一点，此书增加了适量的同步练习，通过课内理论授课与课内同步练习、课外同步练习相结合，使学生能够边练边学，在“玩”中兴趣盎然地、循序渐进地完成制图学习。针对第二点，本书以实物测绘的日常生活用品作为案例，使产品的工程表达更容易被理解。并且，拆解和分析产品的过程，能使学生对常见的产品结构有更充分、更深刻的认识，为将来的设计工作做好知识储备。因此它也是一本可供设计师、工程师查阅的常用产品结构手册。书里收录了广州美术学院工业设计学院“工程图学”课程的部分作业及老师的课堂示范，它们描绘的都是大家身边的常用产品，力求严谨，恪守规范，满含执着的探索精神和毅力，可谓真诚之作！

需要说明的是本书对与常规制图书籍相同的内容做了大量精简，如将画法几何、机件的常用表达方式等内容整合为一章，减少文字说明及案例，增加了配套练习，使学生在练习实践的过程中逐渐理解和掌握制图的基本原理，并切实提高操作能力。

本书由广州美术学院的教师谭红子负责编写一、三、四章，刘珊负责编写二、五章。由于时间、经验及能力的限制，书中难免出现一些疏漏和错误，恳请广大读者批评、指正。

课程介绍

教学目的：

工程图样是表达和交流技术思想的重要工具，是工程技术部门的重要技术文件。本课程是研究绘制和阅读工程图样基本原理和方法的工程技术基础课，实践性较强。其主要目的是培养学生具有初步的图示能力、读图能力、空间想象和思维能力，以及绘图（计算机绘图为主）的基本技能。

教学原则：

课程采用理论与实践相结合的教学原则，以科学、理性、逻辑化的思维方式训练学生，加强学生准确识图、独立精确制图的能力。通过同步练习和测绘图纸的完成质量，考核学生对本课程知识与技术的掌握程度。

教学方法：

本课程针对设计类学生的特点，采用了独具特色的教学方法，使之在短时间、集中的单元式课程中，能较快地接受新知识，掌握基本的读图和绘图技能。教学方法主要包括以下三点：

（1）课内授课与课内课外同步练习相结合；

（2）课内集中授课与个别具体辅导相结合；

（3）课内对大量实物教材和设计实例进行分析。

第一章

作图技巧训练

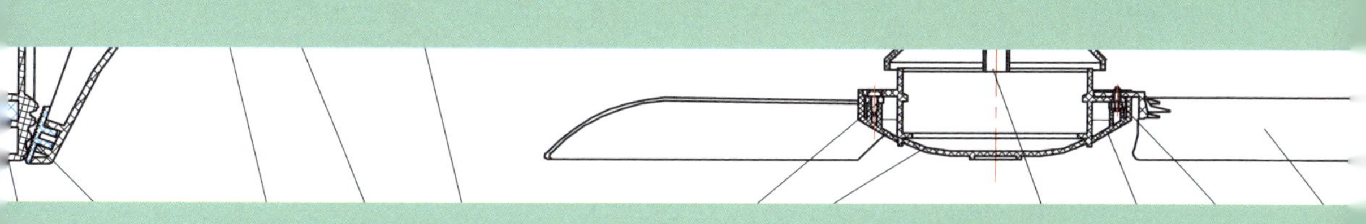

工业设计师在完成产品设计效果图的定案之后，要将其转变为产品设计工程图，以便根据这些图样进行模型制作及其结构、模具的设计，最终实现产品的生产制造。因此，工程图是设计师与工程技术部门沟通的桥梁，是产品能够被生产制造出来的基础。工程图根据投影原理中的正投影法，并遵照国家制图规范绘制而成。尽管其立体感较差，人们需要通过一定的训练和学习才能看懂，但它能准确、完整地表达出形体的形状和结构，且作图简便，度量性好，因此被广泛用于生产制造、工程施工等领域。

在学习绘制工程图之前，需先掌握作图工具的基本用法。随着计算机的发展，软件已经代替纸笔成为最常用的作图工具。本章主要训练 AutoCAD 软件的制图技巧。由于与 AutoCAD 相关的网络教程、书籍繁多，在此不再详述软件的界面及基本操作技巧。熟悉软件界面后，通过完成以下作图练习，逐步熟练掌握软件的操作方法和作图步骤。

注意养成良好的作图习惯，使用图层来管理线型和线宽。图样是由图线组成的，不同型式的图线有不同的含义，可依此识别图样的结构特征。产品工程图的图线分粗线和细线两种线宽，细线线宽为粗线的 1/2。作图之前要先建立不同的图层，并按照内容进行命名，如外轮廓线层（屏幕显示为白色，打印为黑色，粗实线）、中心线层（点划线，细线）、尺寸线层（细实线）、剖面线层（细实线）等，设定各个图层的线型、颜色和线宽。图层设置的线宽主要用于显示效果，打印时需根据纸张大小、图样的复杂程度进行调整，一般粗线的宽度约为 0.35—2.0mm。在图纸输出时可通过编辑打印样式表，由颜色来控制线宽。在同一张图样中，同类图线的宽度、线型比例应一致。中心线的两端应超出圆周轮廓线 3—5mm 左右。合理设置图层能有效提高作图速度。

本书中为使图纸更清晰易读，中心线和尺寸分别用红色、蓝色表示，常规图纸中为黑色。熟练完成本章作图练习，即已初步掌握 AutoCAD 绘图的基本技巧，在后面的练习中可逐步提高绘图能力。

1．作图：AutoCAD 二维基础练习。

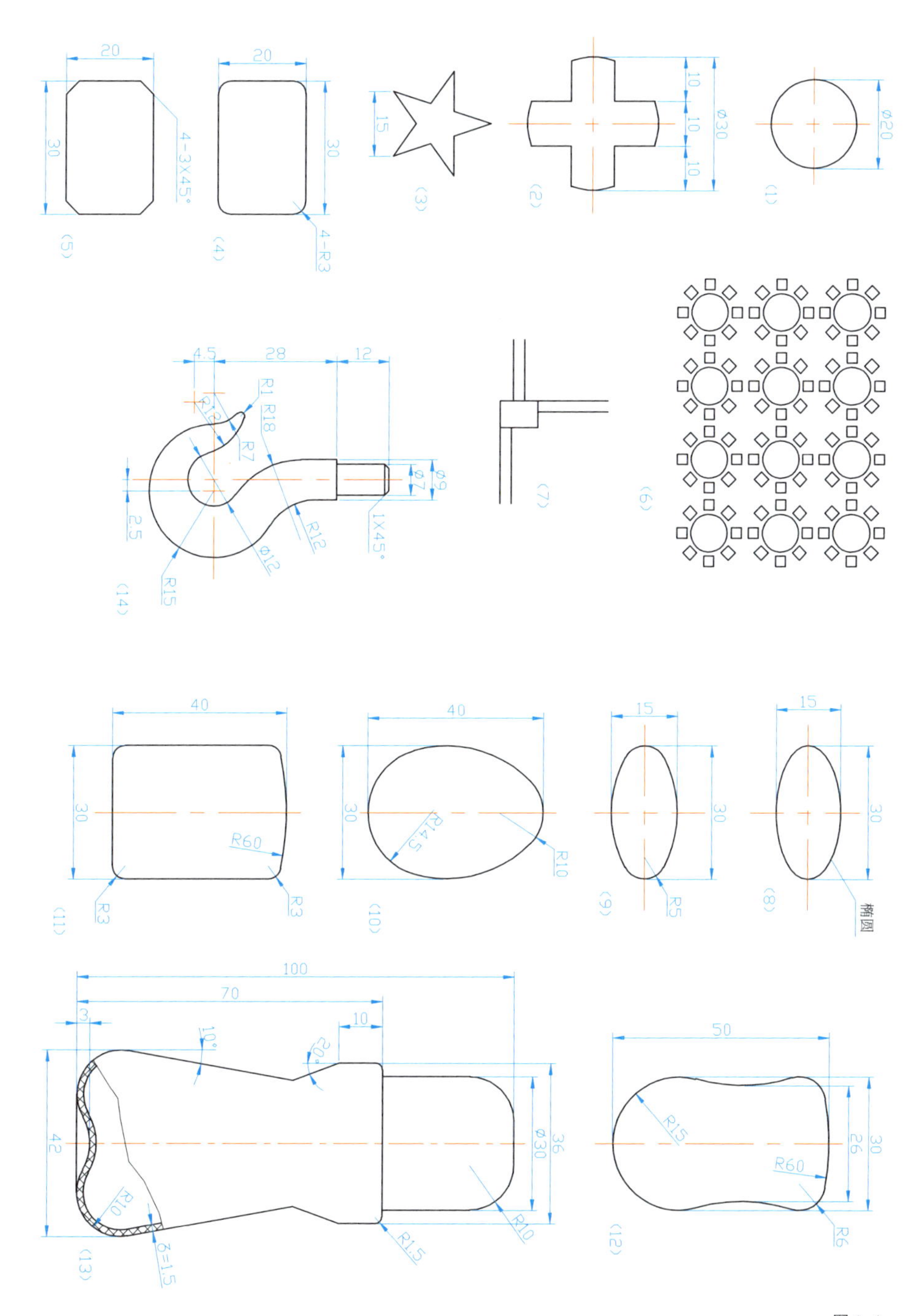

图 1-1

2．作图：AutoCAD 二维基础练习。

图 1–2

第二章

画法几何训练

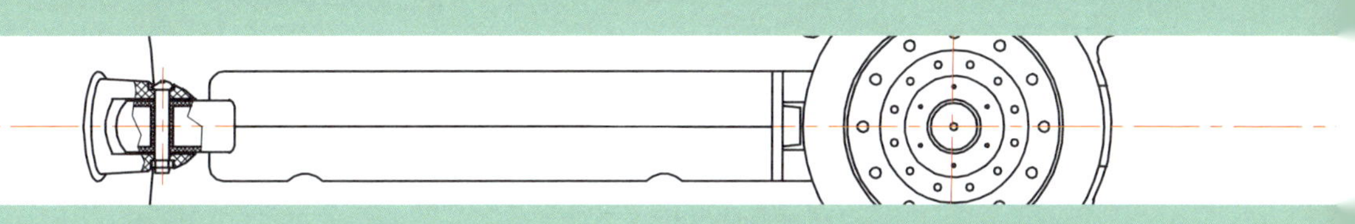

本章包含投影原理、组合体视图、尺寸标注及机件的常用表达方式等四部分内容。

画法几何解决了工程图样怎样画的问题，是制图的投影理论基础。它应用投影的方法研究多面正投影图、轴测图、透视图和标高投影图的绘制原理，其中多面正投影图是主要研究内容。画法几何的内容还包含投影变换、截交线、相贯线和展开图等。

一、投影原理

光照射物体，在地面或墙面产生影子，这种现象叫投影。光源称为投影中心，影子所在的平面称为投影面，从光源出发经过空间物体落到投影面上的光线称为投射线，这种产生图像的方法即投影法。投影分中心投影和平行投影，工程图样中常采用平行投影法，即将投影中心移至无限远处，投影线还相互平行。当投射线与投影面垂直时称为正投影法，如图 2-1 所示。可以将目光想象成投射线，投影的过程即面向投影面观看物体的过程。

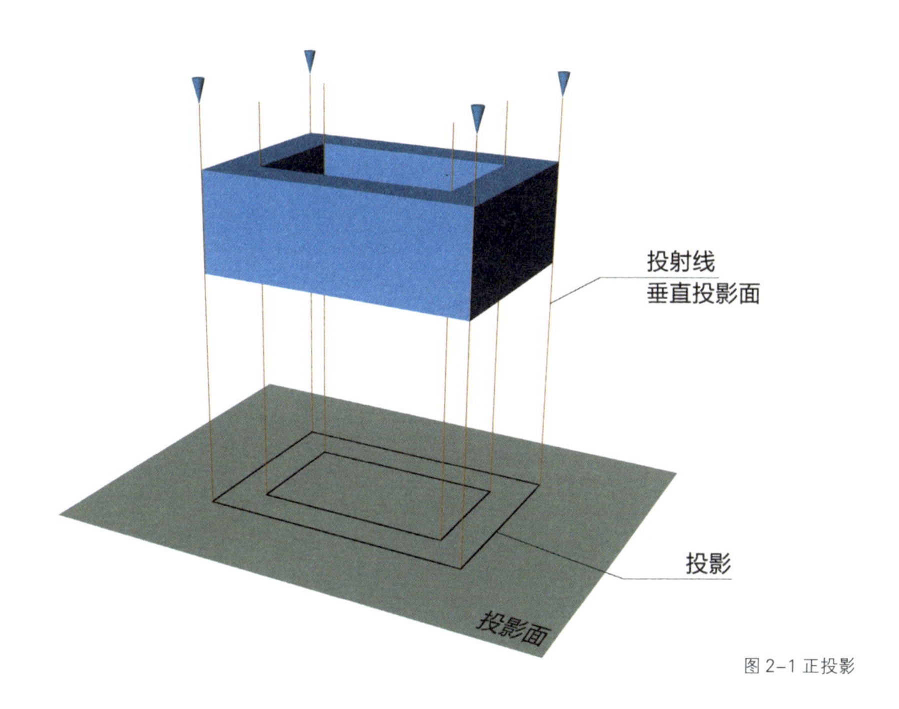

图 2-1 正投影

点的投影规律

用正投影法将空间点 A 投影到水平投影面 H 上，得到 a，为 A 的水平投影（如图 2-2 所示）。用点的一个投影不能确定空间点的位置。为此，增加垂直投影面 V 和侧投影面 W，三个投影面相互垂直，V 面与 H 面交于 ox 轴，V

面与 W 面交于 oz 轴，W 面与 H 面交于 oy 轴，三轴交于原点 o。A 向 V 面作垂线，得到 a’，为 A 的正面投影；A 向 W 面作垂线，得到 a”，为 A 的侧面投影；将坐标系沿 oy 轴剪开平铺，得到点的三面正投影图（如图 2–3）。

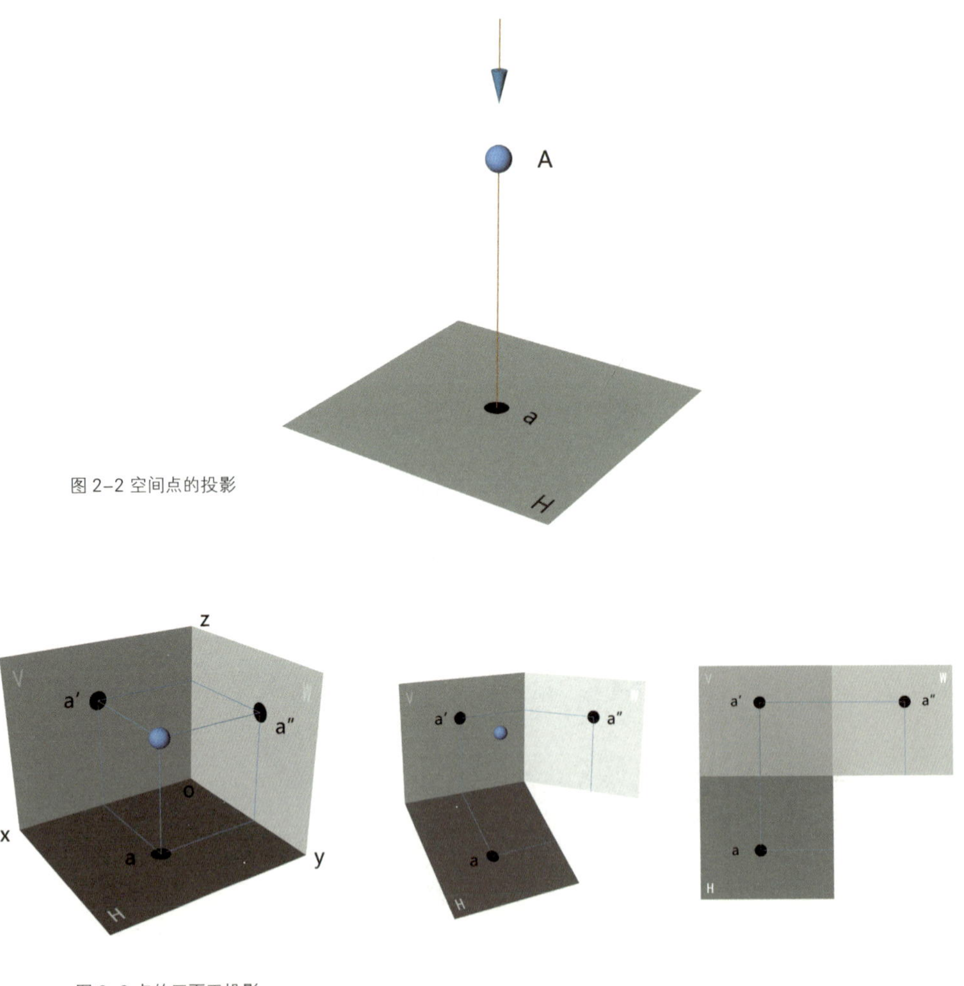

图 2–2 空间点的投影

图 2–3 点的三面正投影

线的投影规律

直线由两点决定，因此连接点的投影，即可以得到直线的投影。当直线垂直于投影面时，其投影为点；当直线平行于投影面时，其投影为等长直线；当直线倾斜于投影面时，其投影为缩短的直线（如图 2–4 所示）。

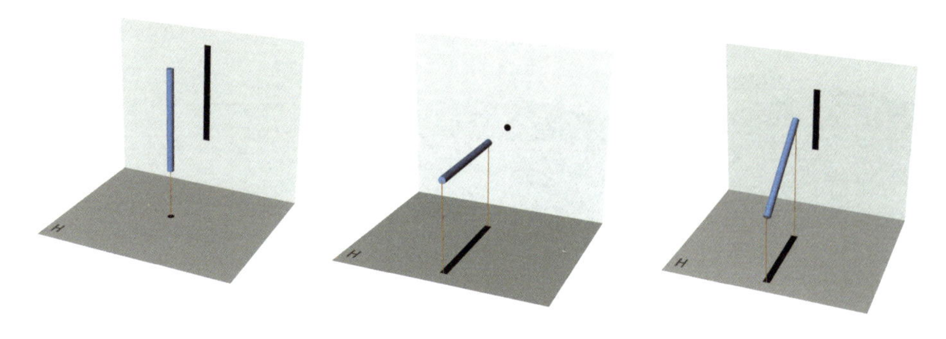

图 2–4 线的投影规律

平面的投影规律

平面的边缘由顶点连接而成，因此连接各个顶点的投影，即可以得到面的投影。当平面垂直于投影面时，其投影为直线；当平面平行于投影面时，其投影为形状完全相同的形体；当平面倾斜于投影面时，其投影为面积缩小的近似形（如图 2–5 所示）。

图 2–5 面的投影规律

基本体三视图

体由面包围、组合而成，体的投影面也是投影的组合，体上的线（如棱面交线）和点（如棱线交点）也必符合线和点的投影规律。体在三投影面（主视图、左视图、俯视图）上的投影，称为三视图。三投影面展开后，体的三视图如图 2–6 所示。投影轴由于只反映物体与投影面的距离，故省略不画。三视图之间的度量对应关系应时刻遵循“长对正，高平齐，宽相等”规律[1]。

图 2–6 三视图

各种复杂形体都可以看作是单一几何体即基本体的组合。基本体分为平面体和曲面体（如图 2–7 所示）。平面基本体包括棱柱、棱锥、棱台等。曲面基本体主要介绍回转体，包括圆柱、圆锥、圆球、圆环等。

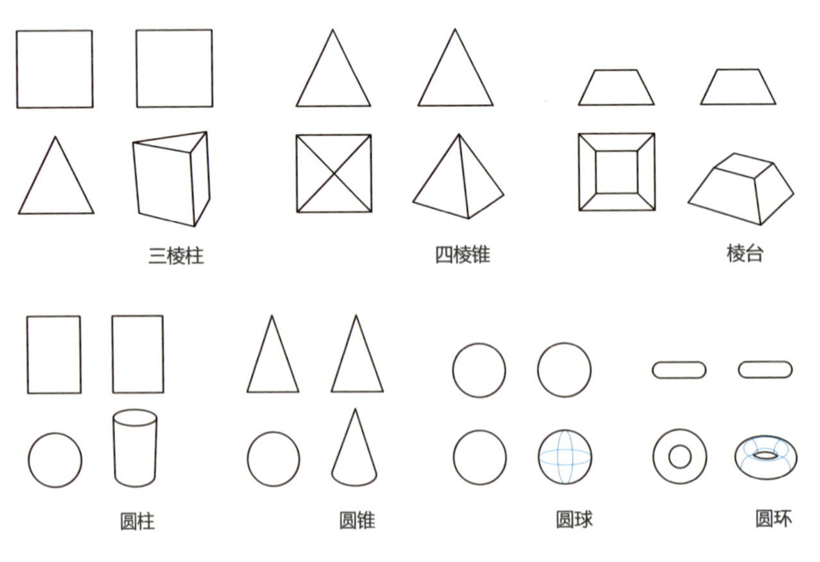

图 2–7 基本体

[1] 基本体的三视图应满足以下条件：主视图的长和俯视图的长对正，主视图的高与左视图的高平齐，俯视图的宽与左视图的宽相等。

六视图

当三个视图无法清晰表达机件结构时，需要再增加三个投影面和原有的三个投影面构成一个正方体。机件放在正方体中，向六个投影面投射，得到六视图：

从前向后——主视图

从上向下——俯视图

从左向右——左视图

从右向左——右视图

从下向上——仰视图

从后向前——后视图

六视图的视图布置如图 2-8 所示，应保证每个视图长、宽、高的对应关系。

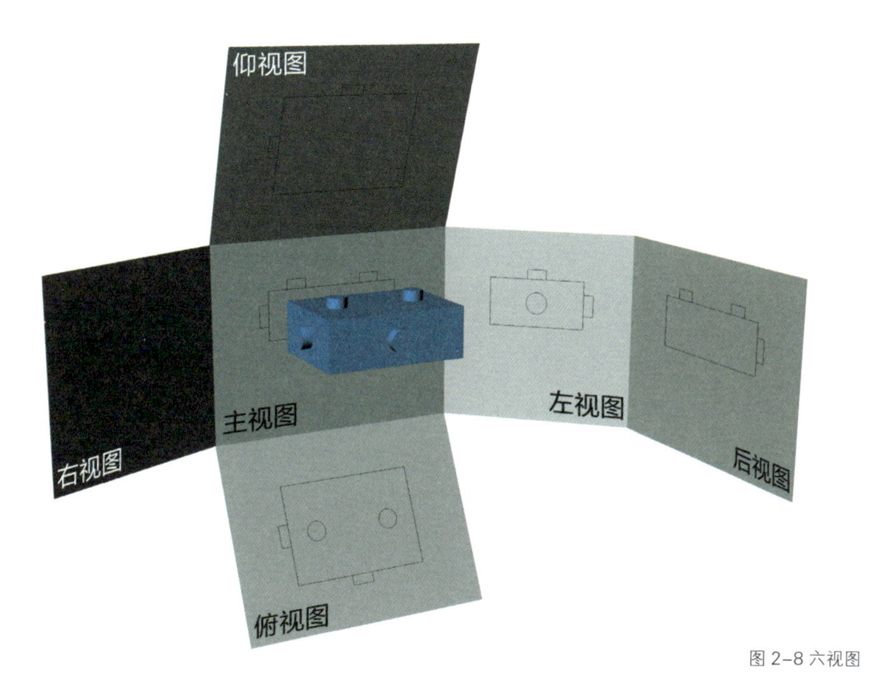

图 2-8 六视图

下面通过作图练习 1—6 来理解投影规律。注意作图、读图的过程中，应时刻遵循“长对正，高平齐，宽相等”规律。为使表达更清晰，本节图中，中心线用红色表示，尺寸、虚线、双点划线均用蓝色表示。(答案)见本节最后部分。

1．正确摆放六视图。

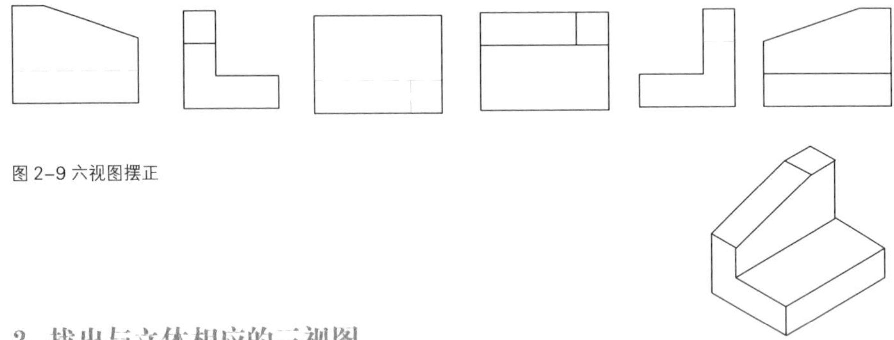

图 2-9 六视图摆正

2．找出与立体相应的三视图。

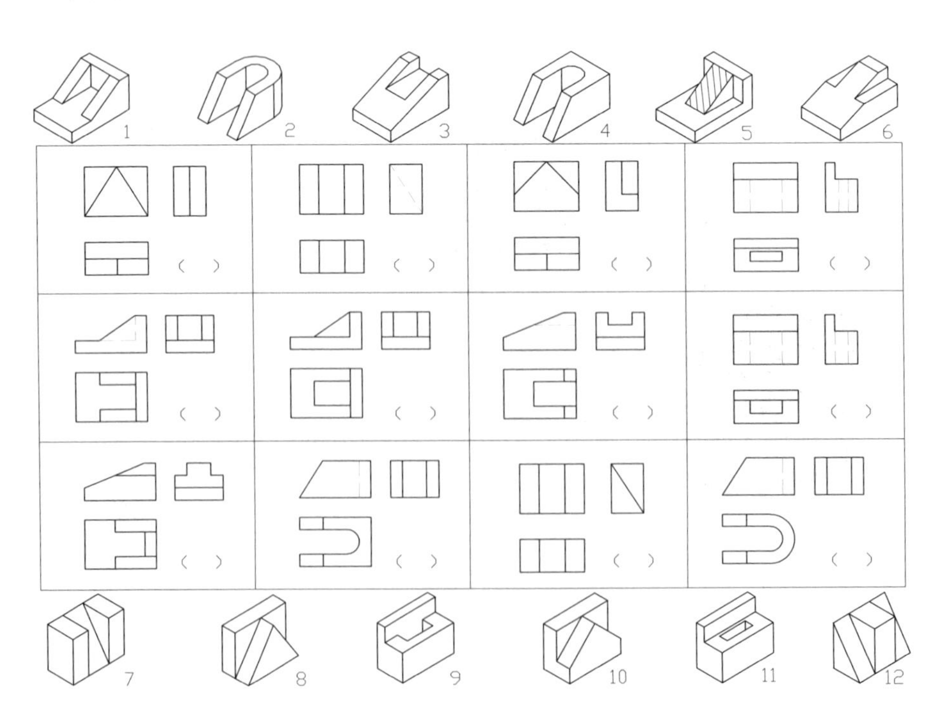

图 2-10 识图练习

3. 找出与立体相应的三视图，并补全缺漏的线条。

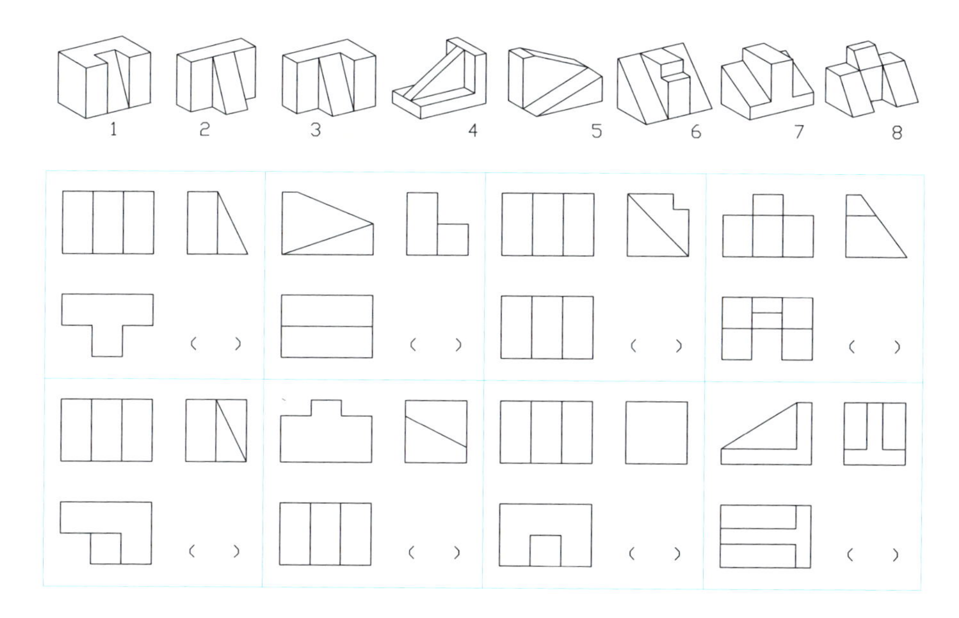

图 2-11 识图与补漏

4. 作左视图和俯视图。

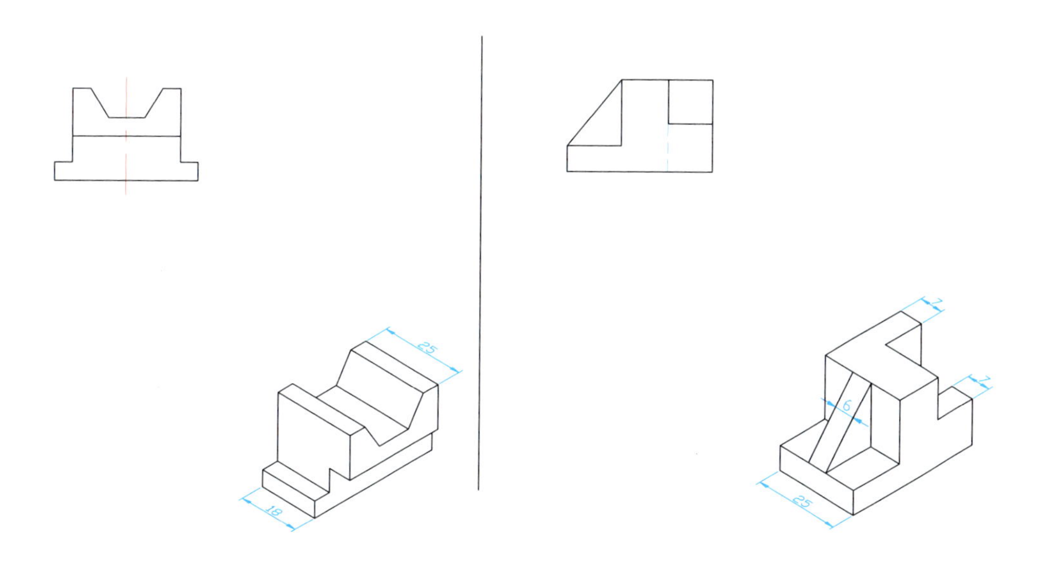

图 2-12 补齐第三视图

5. 作六棱柱、燕尾槽和正四棱锥的三视图。

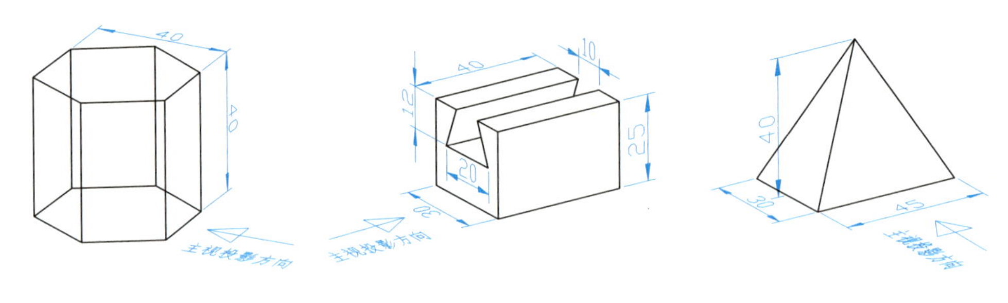

图 2-13 基本体三视图

6. 作以下物体的三视图。

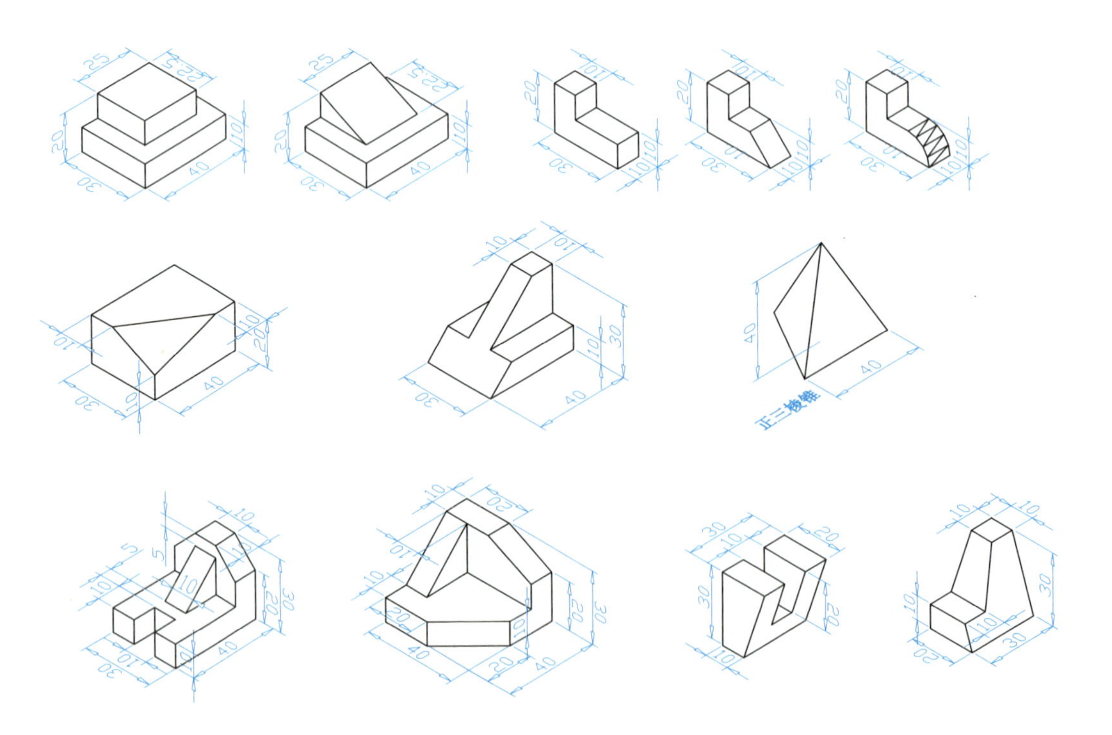

图 2-14 作三视图

平面体的截切

用平面截切平面体，平面与立体表面的交线称为截交线。截交线是由直线构成的封闭多边形，其顶点是截平面与棱线的公有点。作截交线的投影，应先找到平面体各条棱线与截平面交点的投影，将其按顺序连接起来（如图 2–15 所示）。

完成同步练习 7、8。

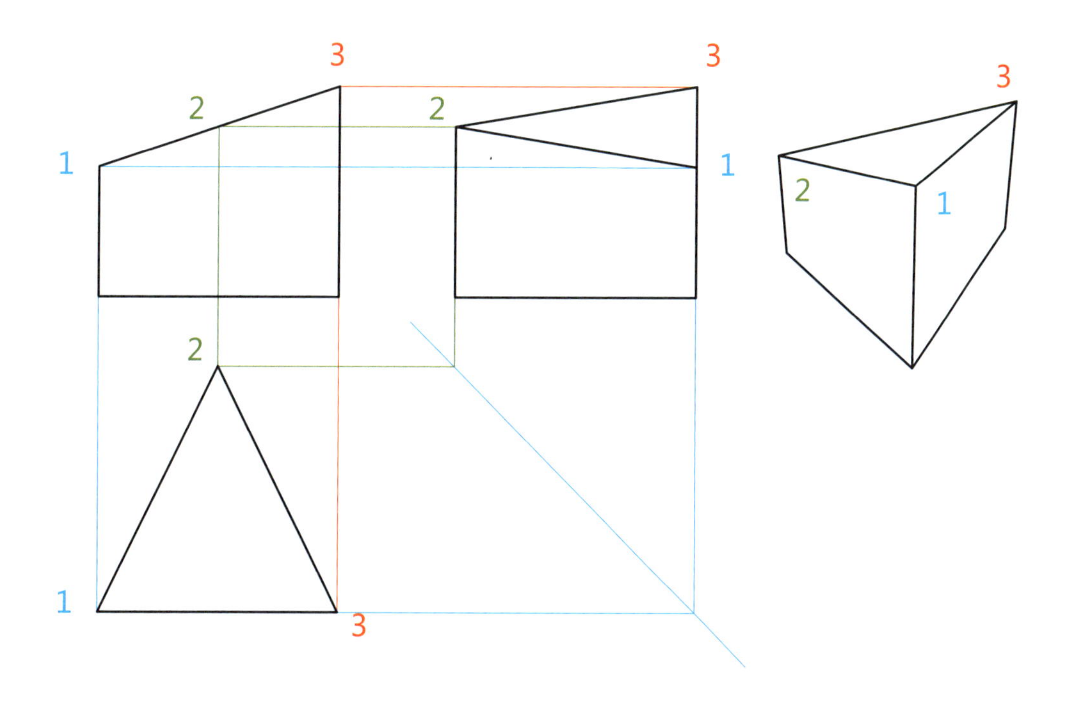

图 2–15 平面体的截切

7. 补全三视图。

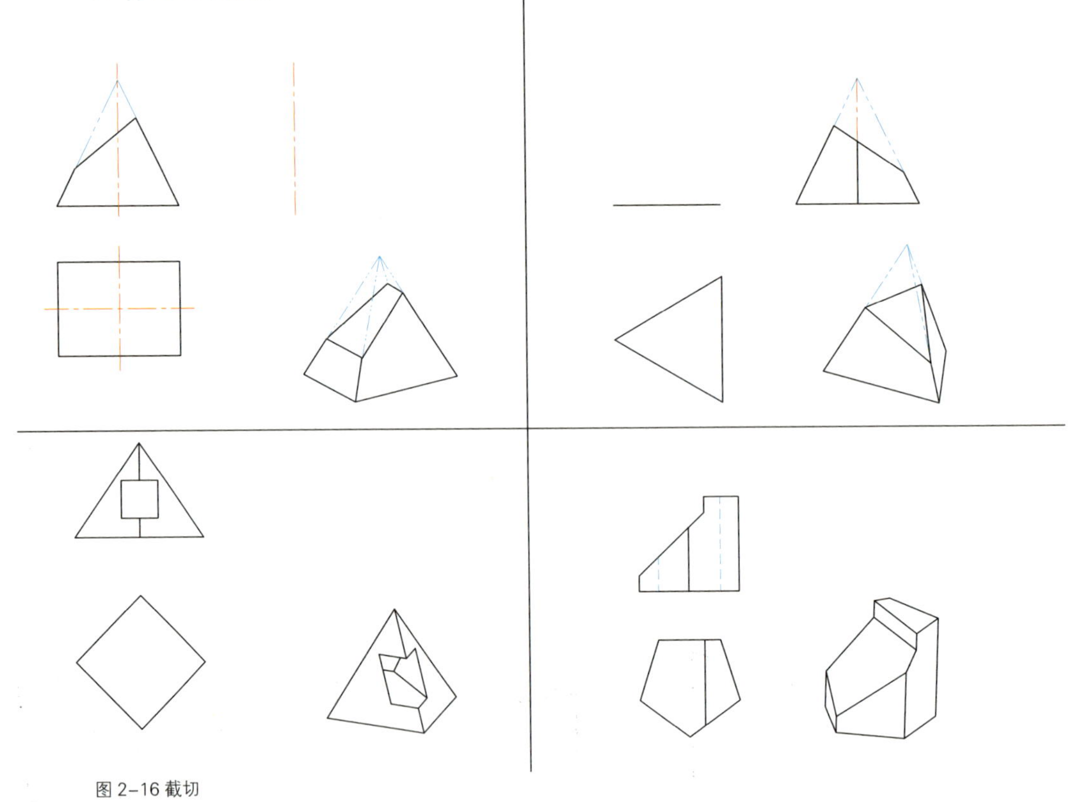

图 2-16 截切

8. 补全截切六棱柱、圆柱的三视图。

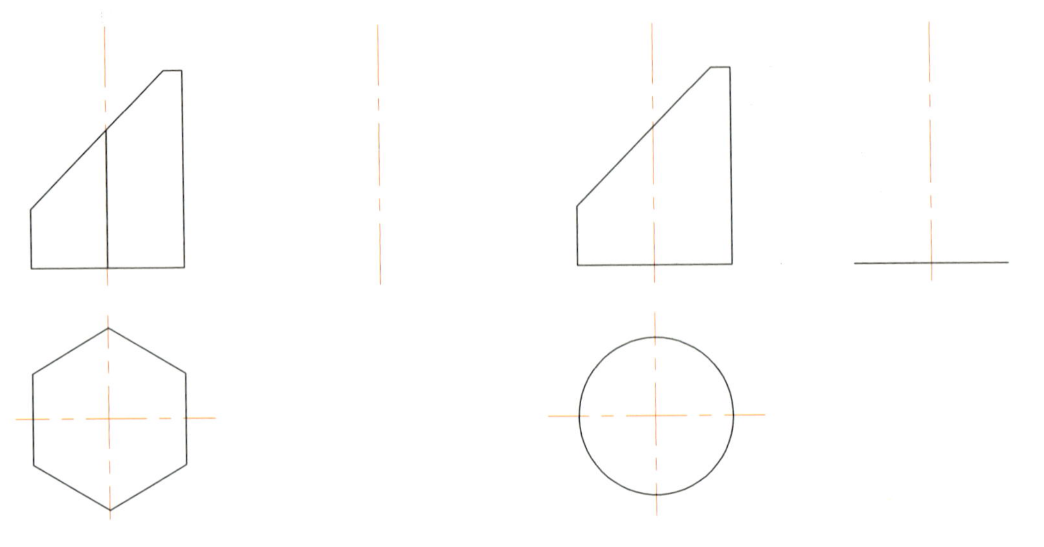

图 2-17 截切

回转体的截切

平面与回转体的回转面相交所得到的截交线是两面的公有线。公有线由一系列公有点组成，因此求截交线的投影应先找到特殊公有点的投影（如图 2–18 中，1 为回转体截交线的最高点，2 为最低点，3 为任意点），根据情况用直线或光滑的曲线连接起来。

完成同步练习 9。

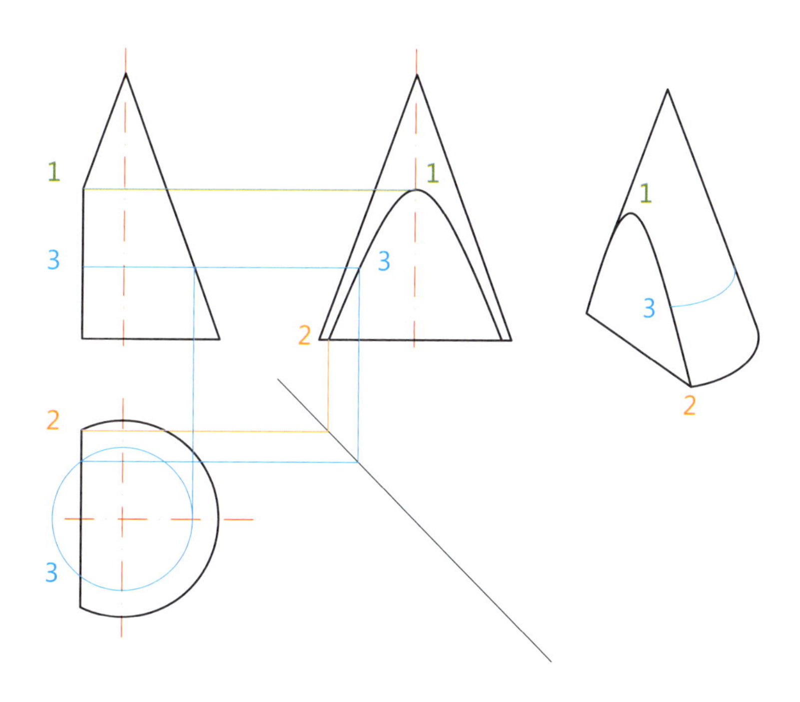

图 2–18 回转体截切

9. 补全被截切的回转体。

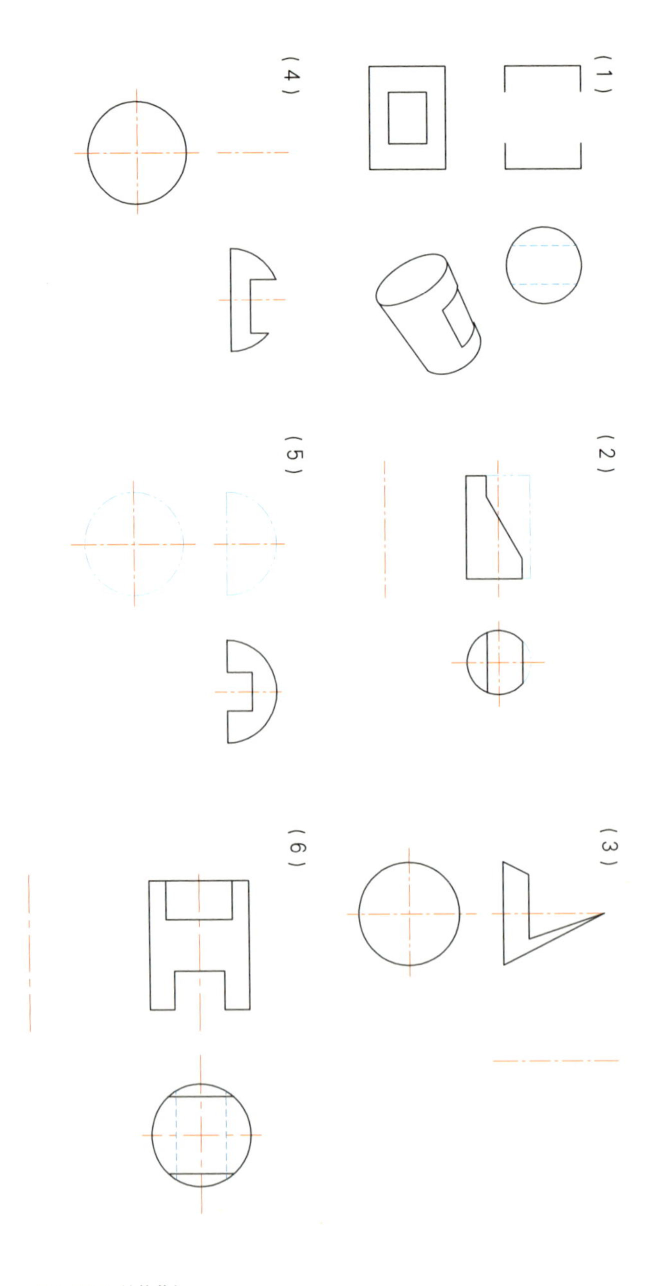

图 2-19 回转体截切

相贯

立体表面与立体表面的交线称为相贯线。由于相贯线是两立体表面的交线，所以相贯线是两立体表面的公有线。公有线是由一系列公有点组成的，因此求相贯线应先求公有点，尤其是一些特殊的公有点，如相贯线上最左、最右、最高、最低及轮廓线上的点（如图 2-20 所示，1 为立体相贯线最低点，2 为最高点，3 为任意一点。为使步骤清晰，中心线省略未画）。

当半径相等的两圆柱正交时，其相贯线的投影是直线，如同步练习 10-1 所示。当孔和孔相交时，其内表面也有相贯线。

完成同步练习 10。

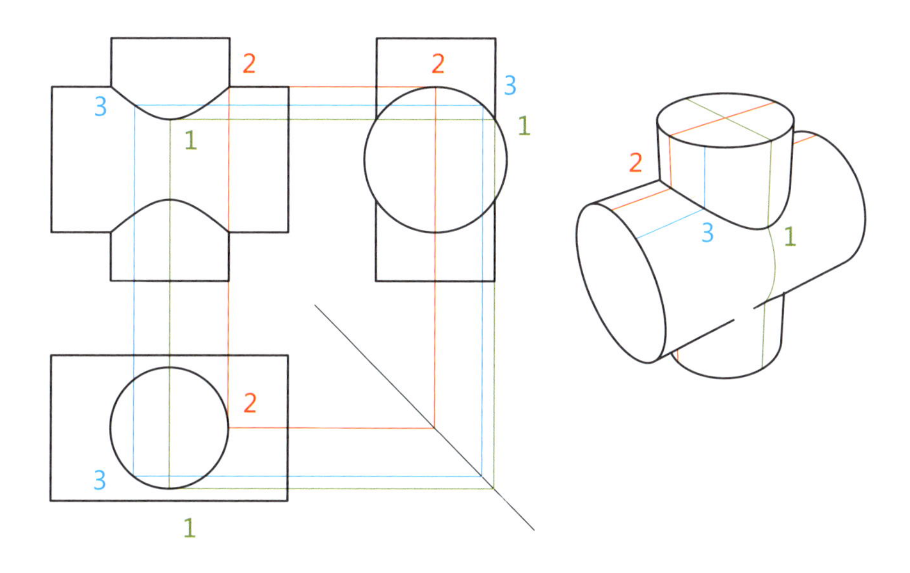

图 2-20 立体相贯

10. 补全相贯立体的主视图。

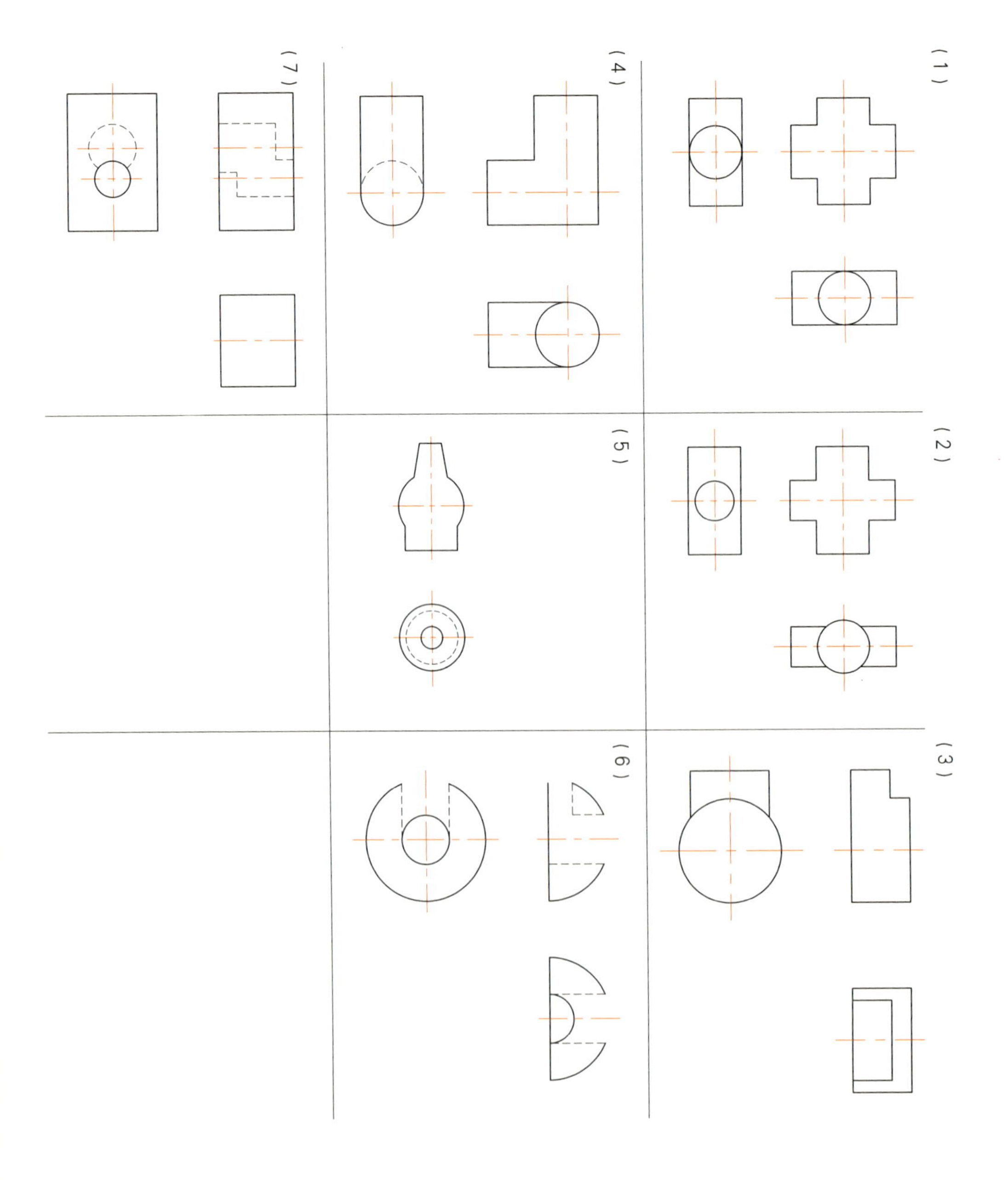

图 2–21 相贯

二、组合体视图

平面体和曲面体组成的物体称为组合体。当进行组合体的画图和看图时，要运用形体分析法，即在假想中把组合体分解为若干个简单的基本体，确定它们的组合方式、相对位置，以及表面过渡关系，分块进行作图（如图 2–22 所示）。

作图时应注意：被遮挡的平面或者边缘，用虚线表示；当两形体表面相切时，在相切处不应该画线；当两个平面相接，形成一个平面时，平面上不应有线。

完成同步练习 11—16。

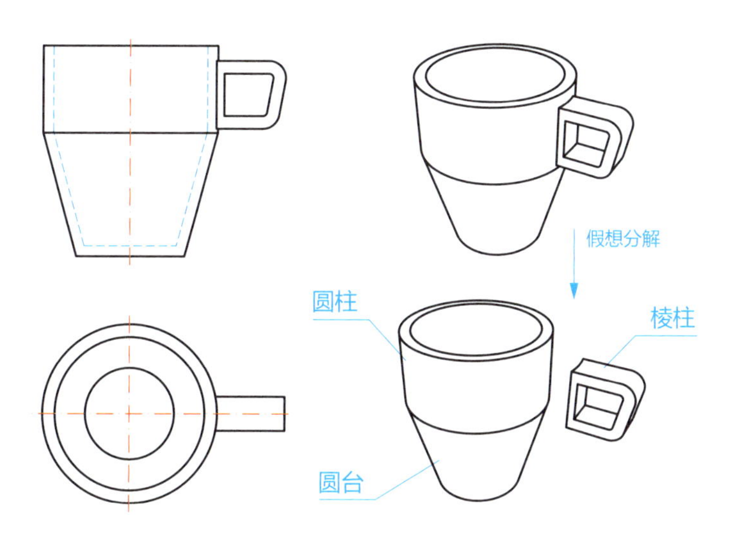

图 2–22 组合体

11. 补上三视图中漏掉的线。

图 2-23 三视图补漏

12. 作全三视图。

图 2-24 补全第三视图

13. 补画左视图。

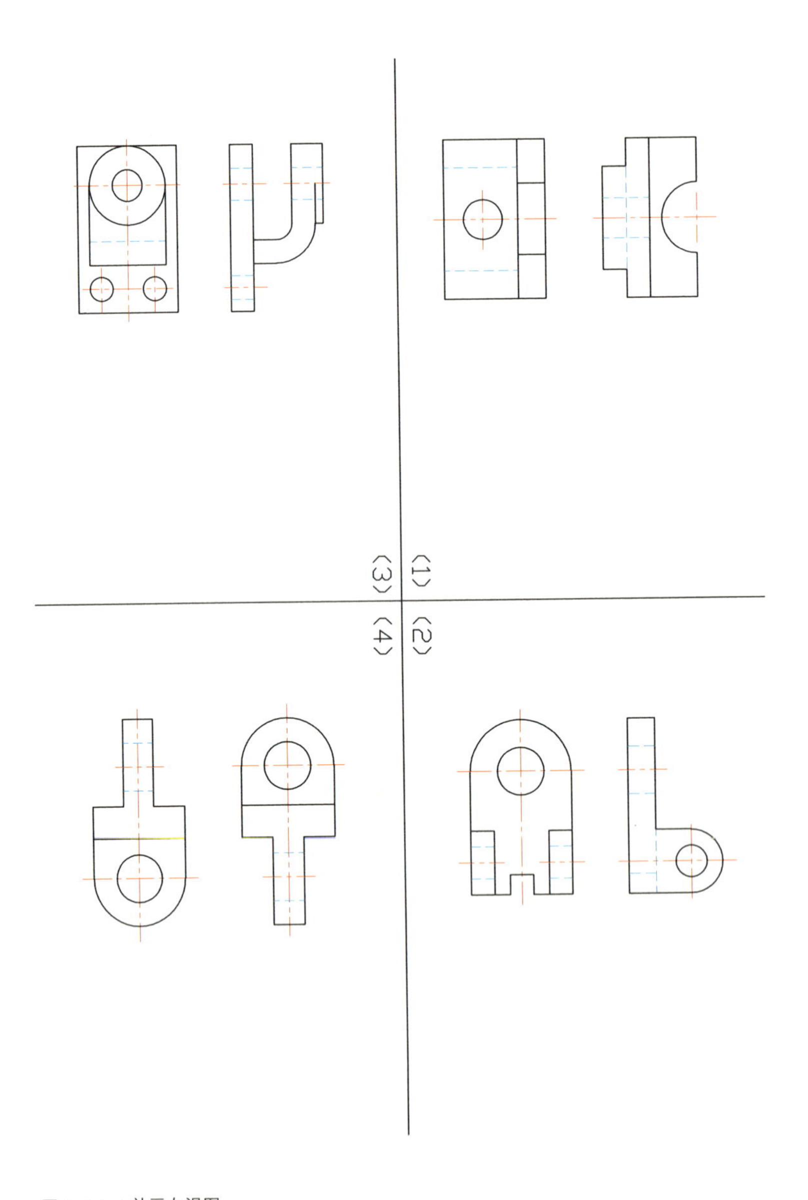

图 2-25-1 补画左视图

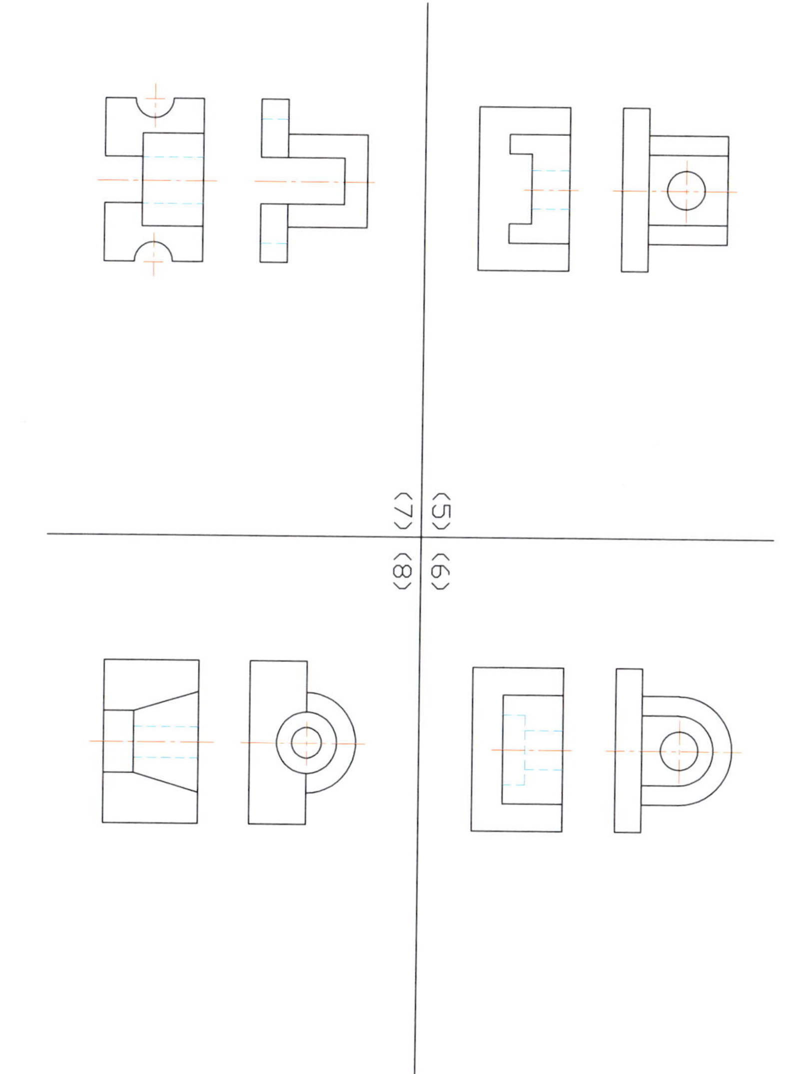

图 2-25-2 补画左视图

14. 补画视图中漏画的图线。

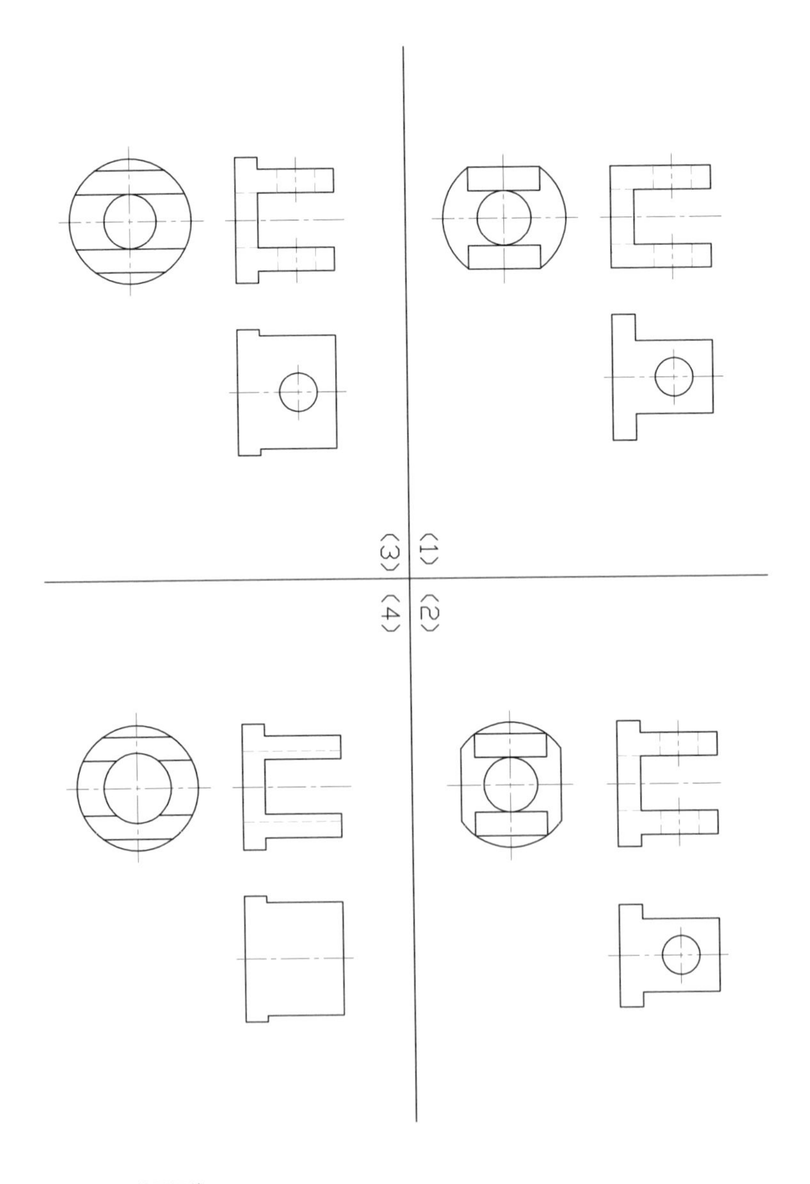

图 2-26-1 补画漏线

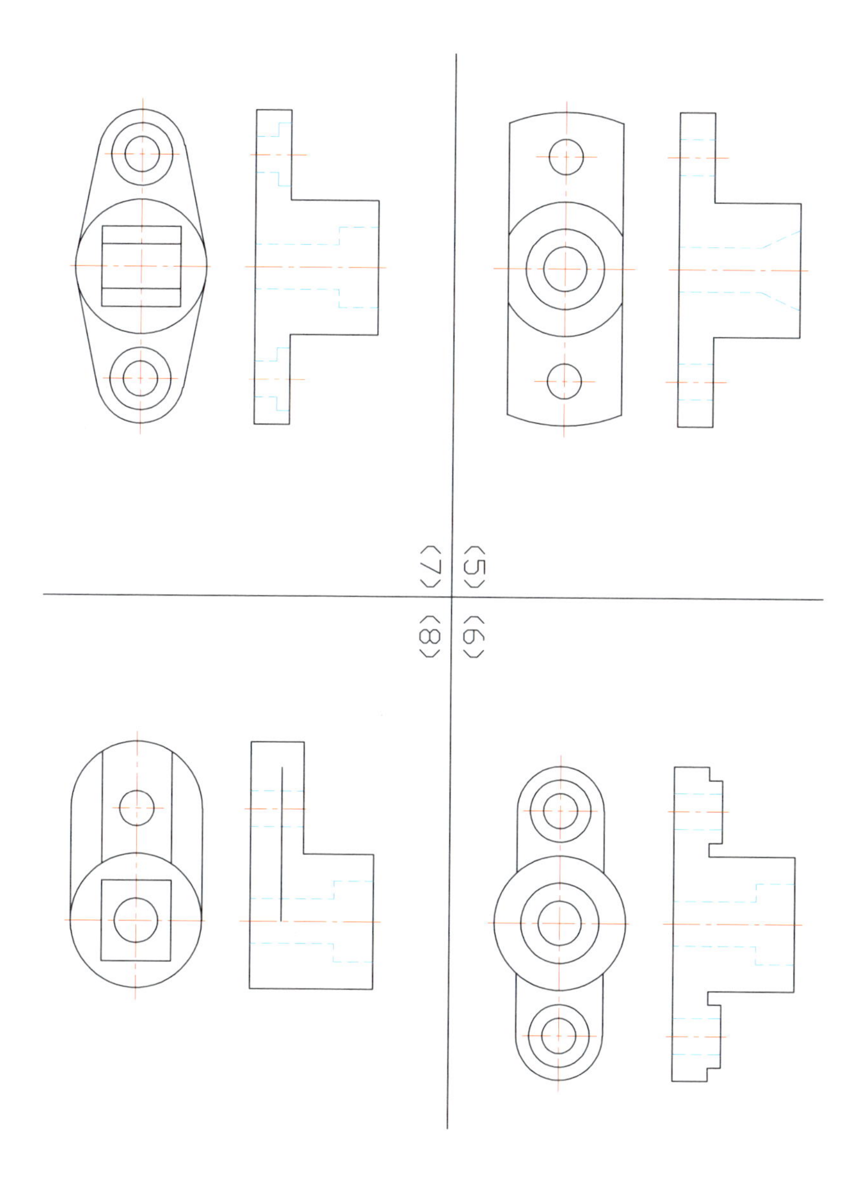

图 2-26-2 补画漏线

15. 已知集合体的两个视图，请选择正确的第三视图。

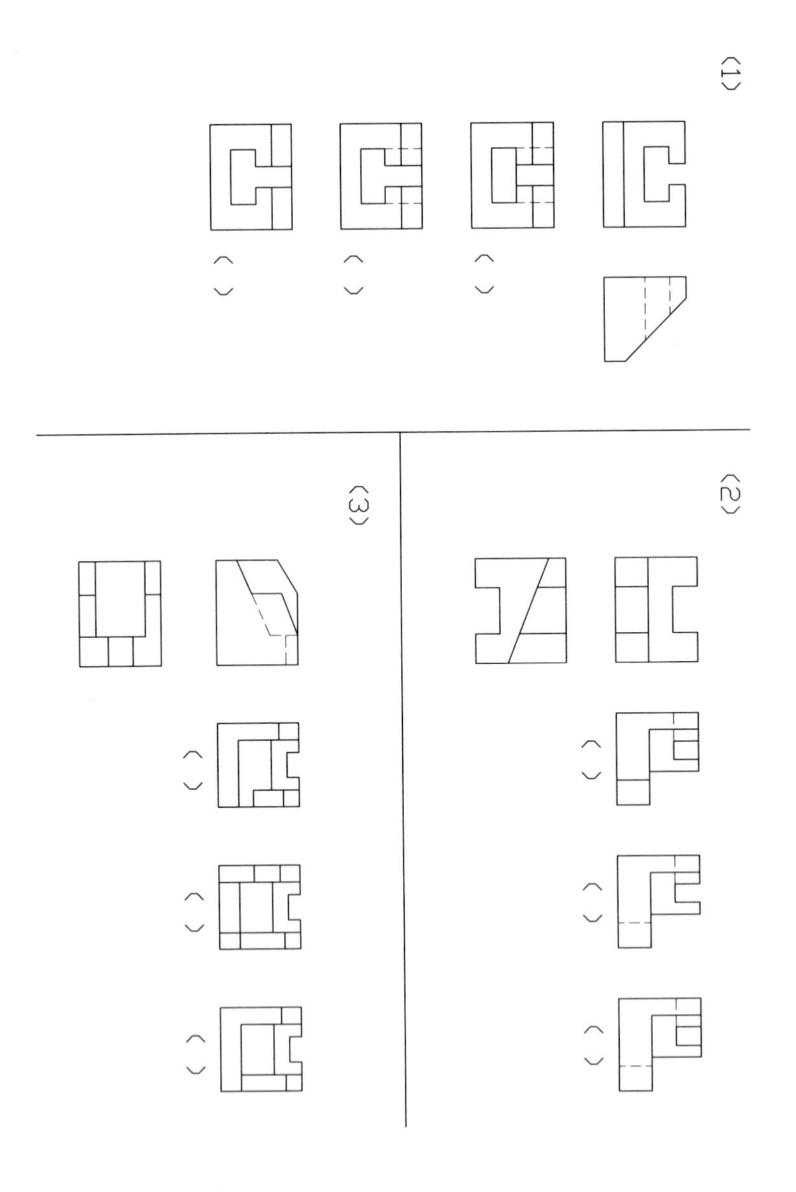

图 2-27 选择正确视图

16. 想出集合体的形状，补画第三视图。

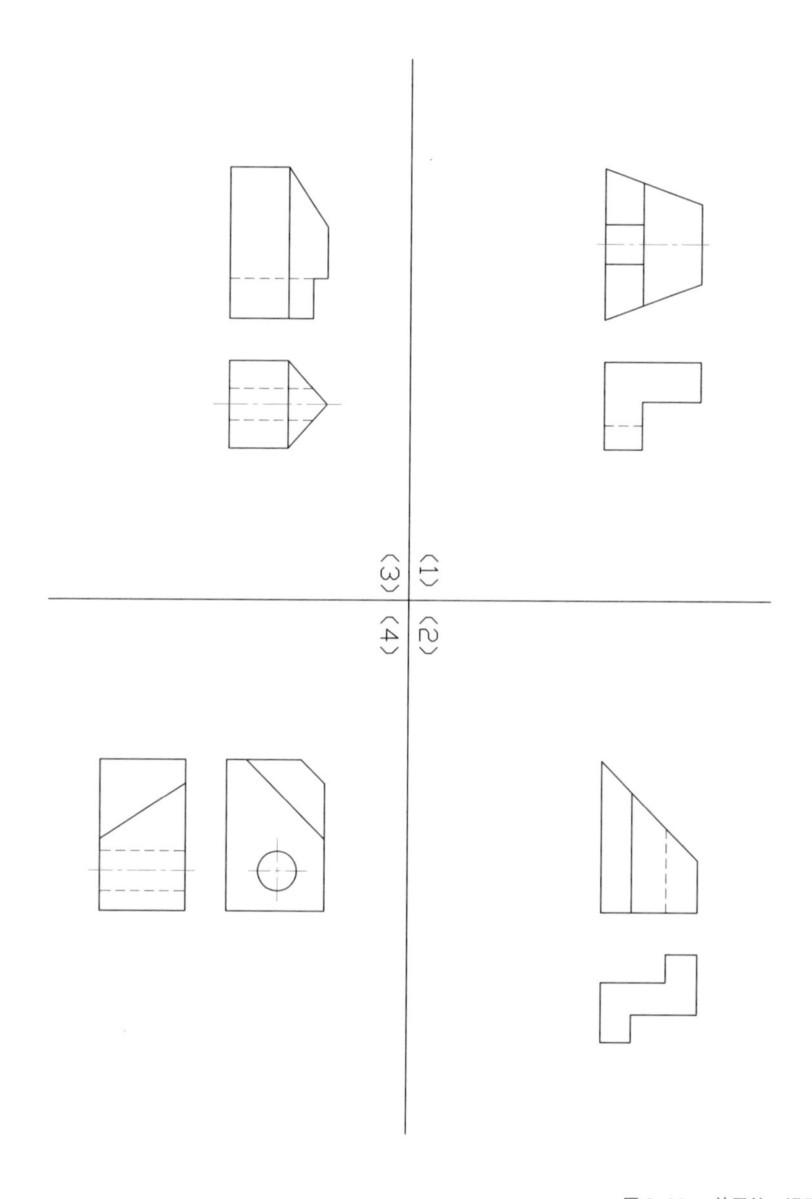

图 2-28-1 补画第三视图

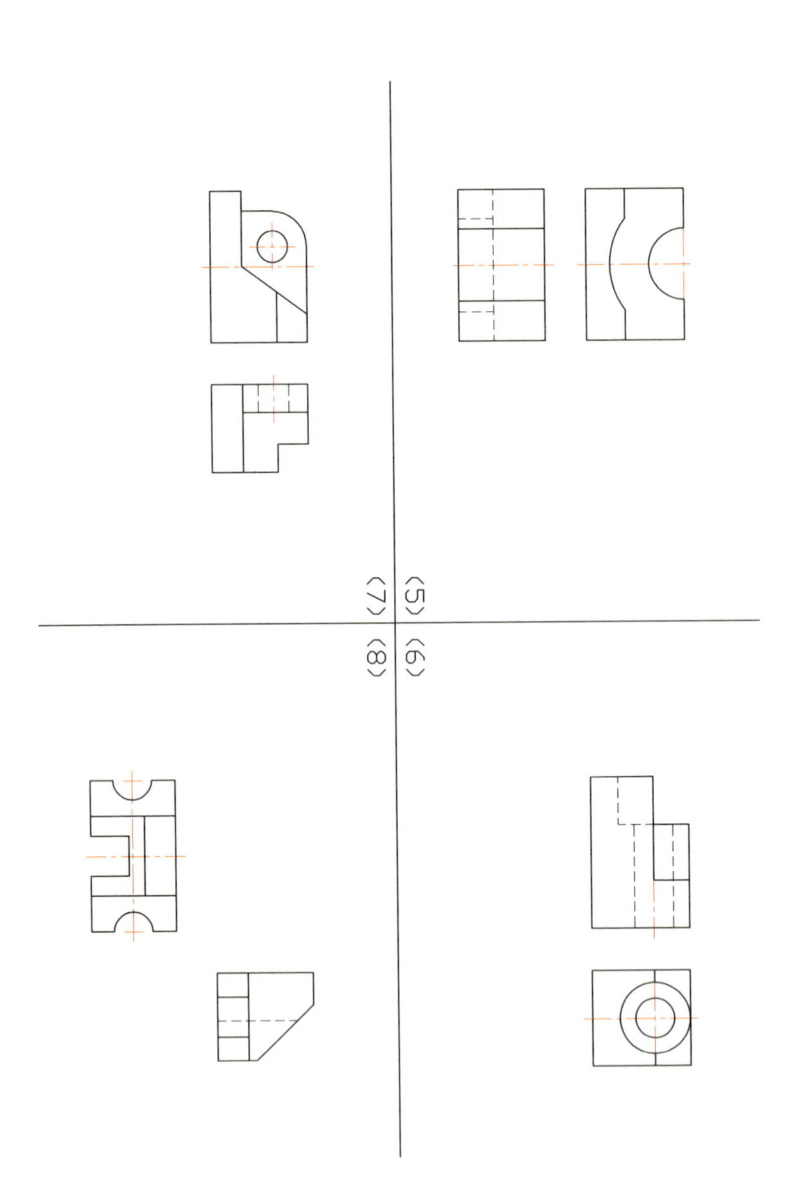

图 2-28-2 补画第三视图

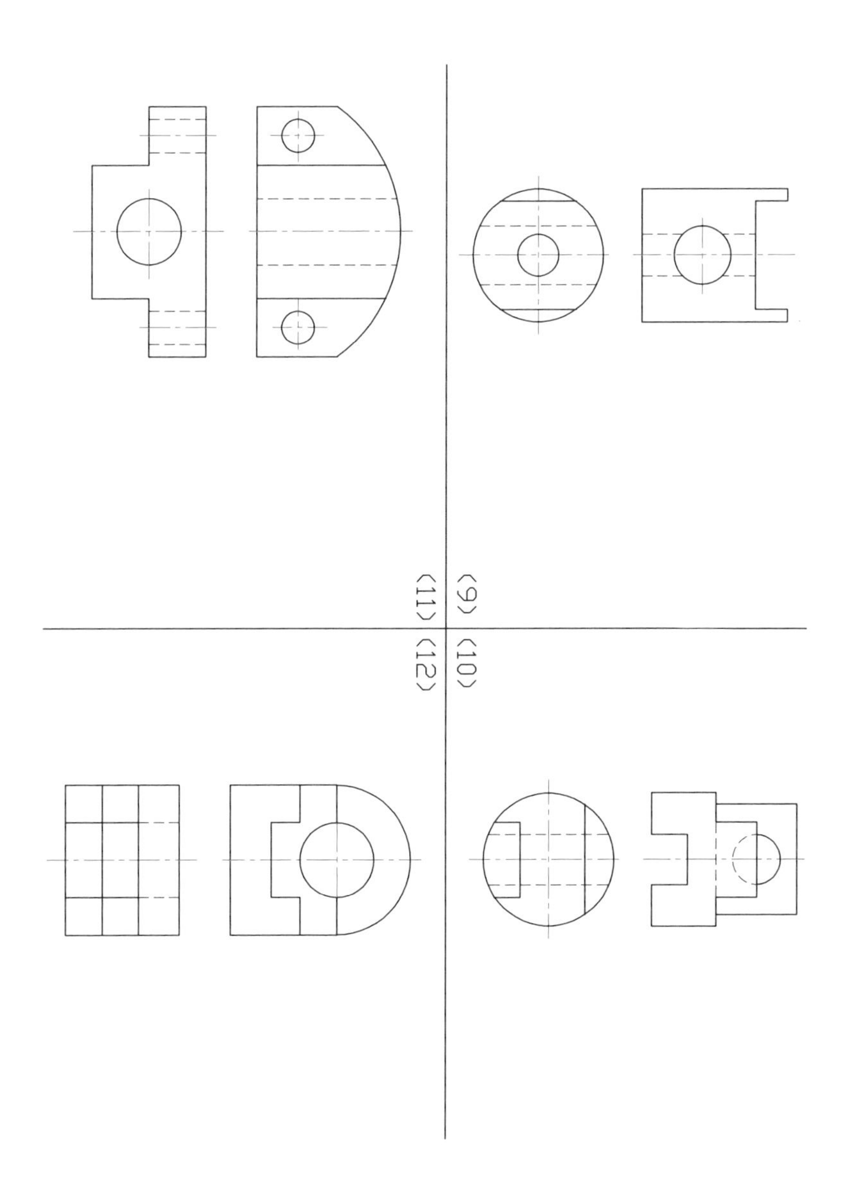

图 2-28-3 补画第三视图

三、尺寸标注

国家标准《机械制图》对尺寸的标注进行了规定。

尺寸标注的基本规则

（1）图样中的尺寸一般应以毫米为单位，且不需要在图样中用“mm”加以标注。如采用其他单位，则必须注明，如“cm”。

（2）机件的每一尺寸，一般只标注一次，并且标注在反映该结构最清晰的图形上。如圆孔的直径，只在一个视图中标注出即可。

（3）尽量避免在不可见轮廓线上标注尺寸。

尺寸标注样式

进入计算机绘图时代后，尺寸由标注样式统一控制。应将尺寸单独放置在一个图层中。

尺寸界线及尺寸线均为细实线。箭头长度为粗实线宽度的 4 倍，可在标注样式弹窗中的箭头大小一栏中填数字来进行设置。尺寸数字一般放在尺寸线上方中间处，不可被任何图线穿过，否则须将图线断开。

尺寸标注要完全

完整的尺寸标注，应包括定形尺寸、定位尺寸和总体尺寸三种尺寸。

（1）定形尺寸：确定零件中各基本形体的形状和大小尺寸，如长方体的长宽高，圆柱体的直径和高度等。

（2）定位尺寸：确定零件中各基本形体相对位置的尺寸，如两个圆孔的中心距离。要标注定位尺寸，需先选择尺寸基准，包括长度、宽度和高度的基准。通常以零件的底面、端面、对称面和轴线等作为尺寸基准参考。

（3）总体尺寸：表示零件在长、宽、高三个方向的最大尺寸。

标注尺寸时，应先进行形体分析，将机件分解为基本体的组合，依次标注出定形和定位尺寸，最后标注总体尺寸。

完成同步练习 17。

17. 标注平面图形的尺寸。

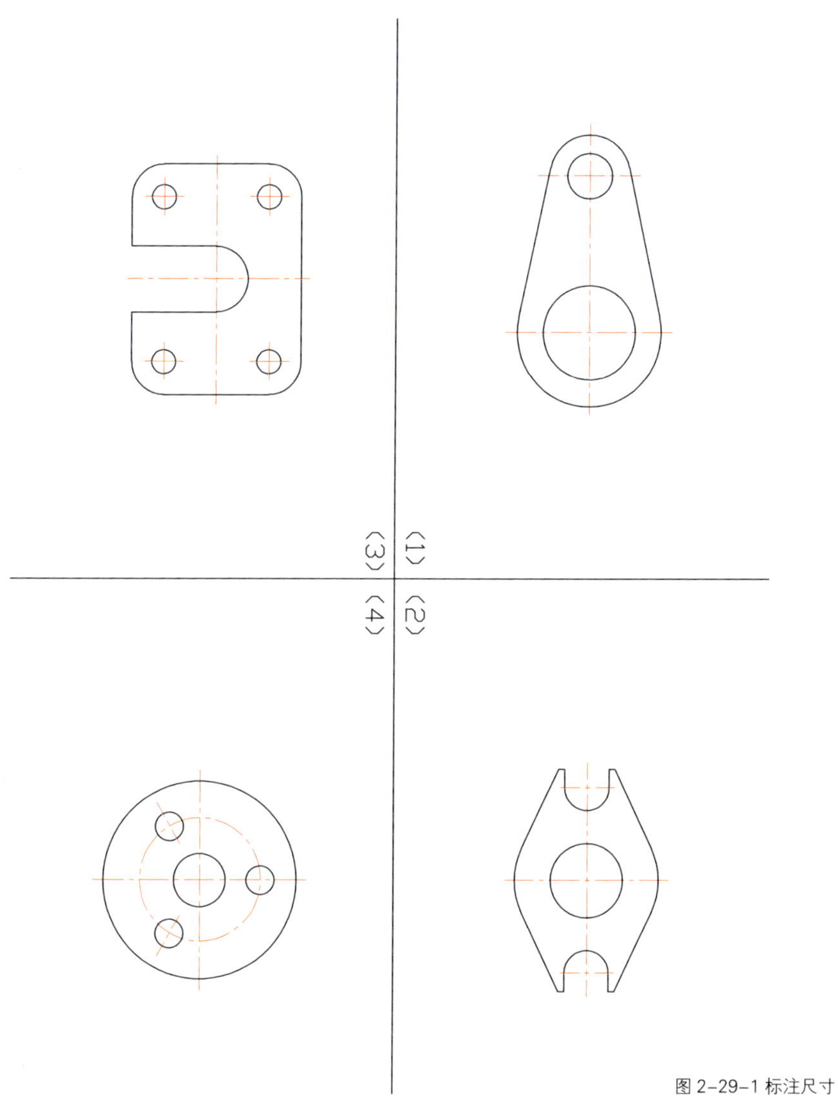

图 2-29-1 标注尺寸

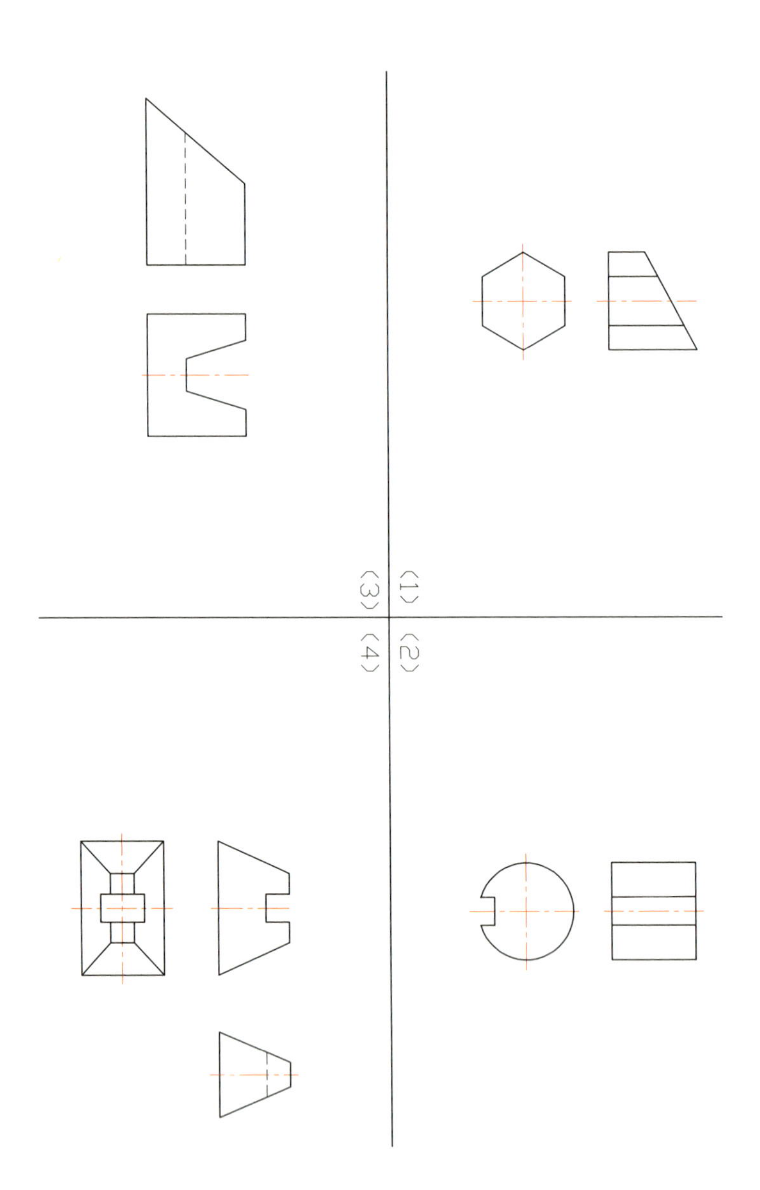

图 2-29-2 标注尺寸

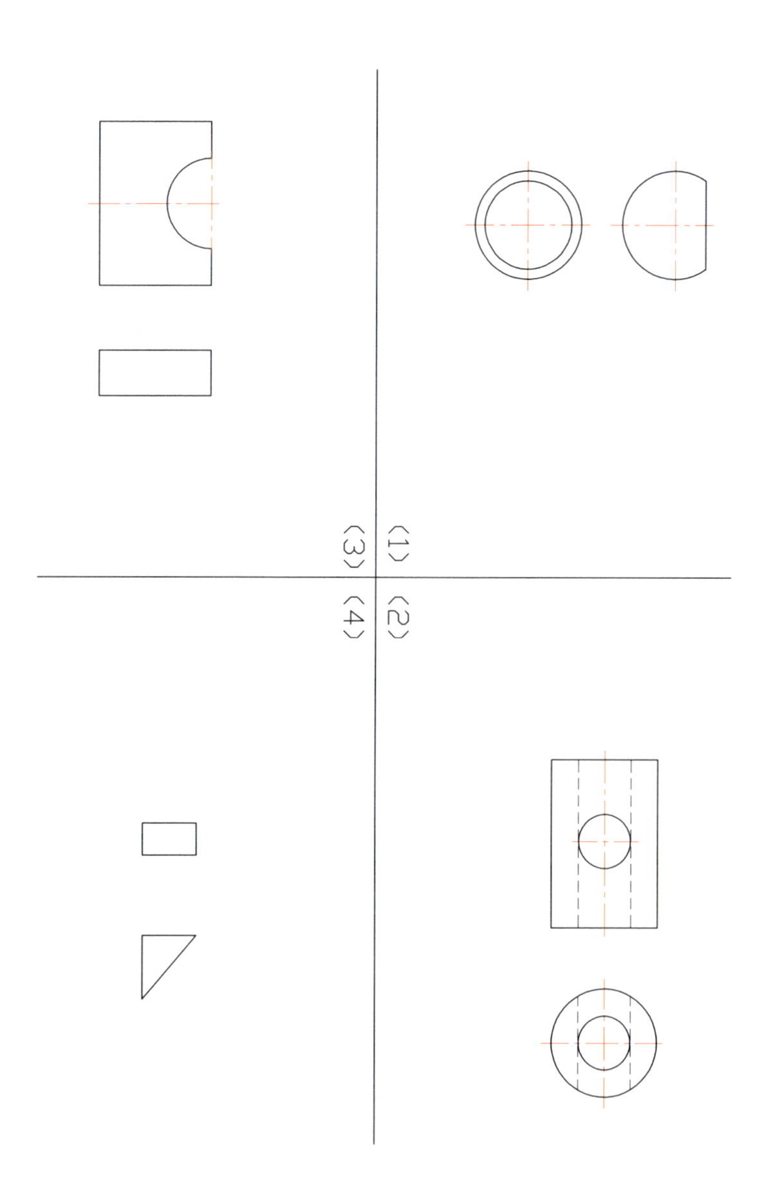

图 2-29-3 标注尺寸

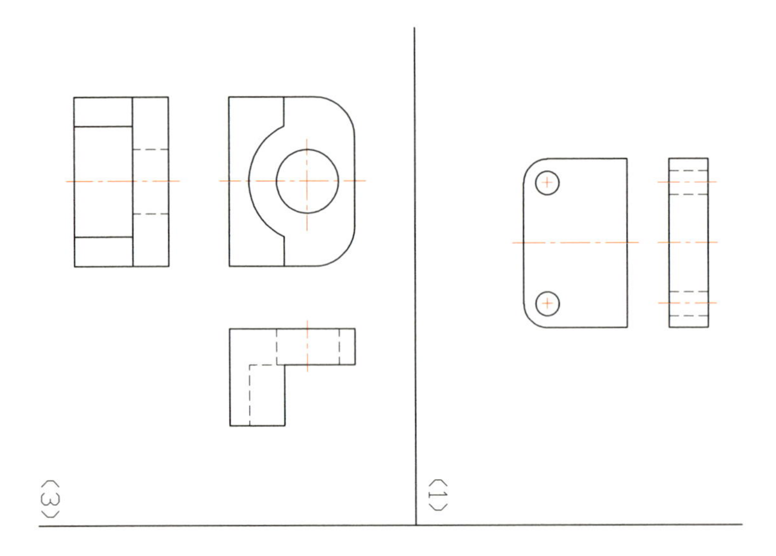

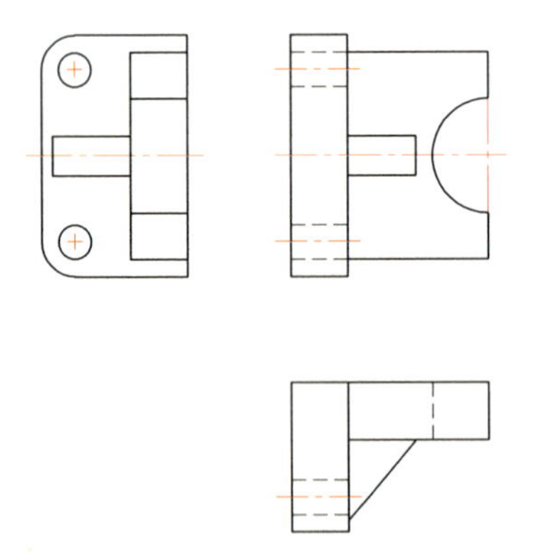

（2）

图 2-29-4 标注尺寸

四、机件的常用表达方式

为满足各种不同形状、结构的机件表达的需要，国家标准《机械制图》中规定了图样的各种画法，如视图、剖视图、断面图、局部放大图和简化画法等。本书省略了部分内容，主要讲剖视图。绘制机械图样时，应首先考虑观者看图的方便，根据物体的结构特点，选用适当的表达方式。在完整、清晰地表达形状的前提下，合理运用各种画法，力求制图简便，用尽可能简单的视图表达。

剖视图

当机件内部有结构时，用视图表达会出现虚线，使得看图和标注尺寸都不大方便，因此，为了清楚地表达内部结构，要使用剖视图画法。假想用剖切面剖开机件，将处在观察者和剖切面之间的部分移去，而将剩余部分向投影面投射所得的图形称为剖视图，或简称剖视（如图 2–30 所示）。

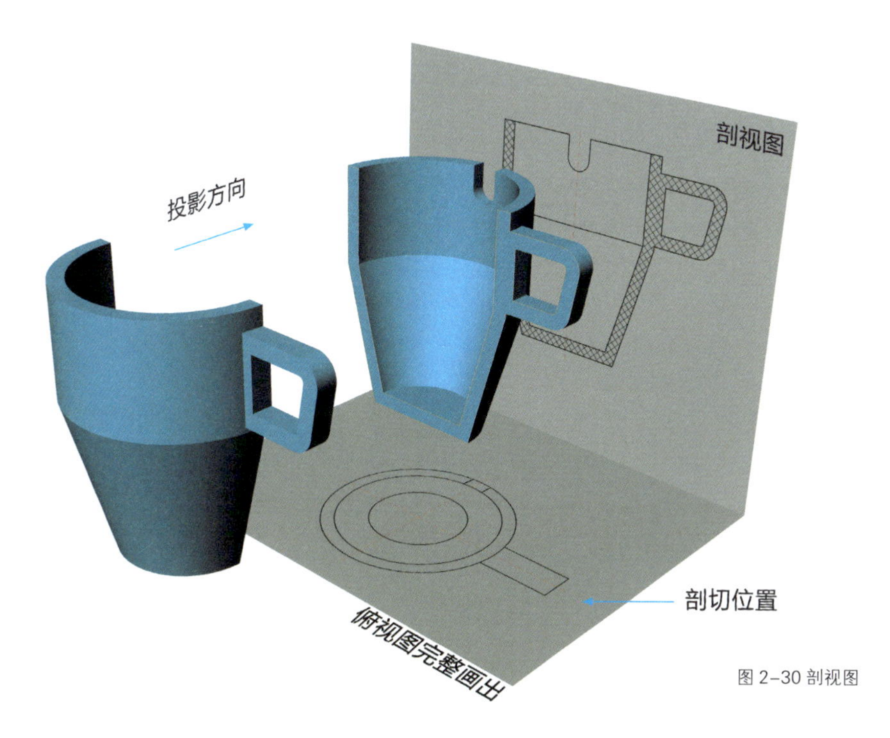

图 2–30 剖视图

剖视图的标注如图 2–31–a。下列情况，剖视图标注的内容可相应省略：

（1）当剖视图按投影方向摆放，中间没有其他图形隔开时，箭头可以省略（图 2–31–b）。

（2）当剖切面与机件的主要对称面重合，且按投影方向摆放时，则全部标注可省略（图 2–31–b）。

画剖视图应注意以下几点：

（1）剖视图只是假想剖切，其他视图应完整画出。

（2）剖视图或其他视图已表达清楚的结构、形状，不再画虚线。

（3）被剖切断面应填充剖面线，剖面线不应垂直或平行于轮廓线。

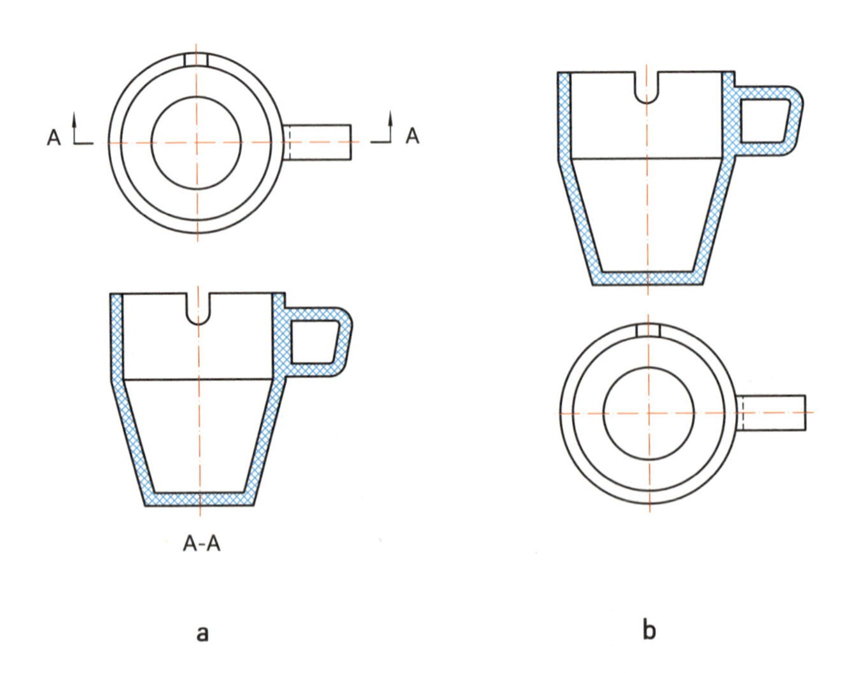

图 2–31 剖视图标注

剖视图可分为以下几类:

(1)全剖视图，适用情形:机件外形较简单，内部结构不对称，或为回转体。

(2)半剖视图，适用情形:机件对称，以对称中心为界，一半画成剖视，一半画成视图(图 2-32)。注意，中心线上不能画粗实线。当机件对称且内外形都需要表达时应采用半剖视图。

(3)局部剖视图，适用情形:局部剖视图是用剖切面局部剖切机件得到的视图，此图可以灵活地表达实心机件内部结构，如孔、键槽等，或内外形状都较复杂的机件。

(4)旋转剖视图，适用情形:当一个剖切面不能剖切所有的结构要素，且机件又具有回转轴线时，可将倾斜的剖切面及结构旋转到与投影面平行再进行

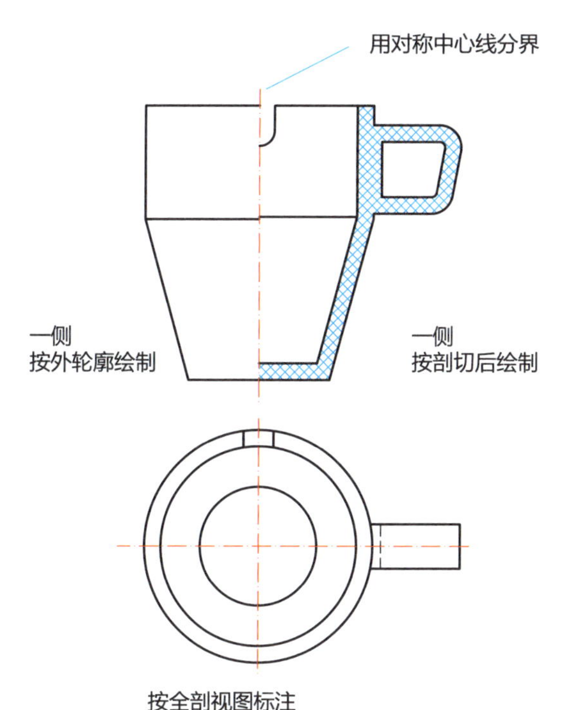

图 2-32 半剖视图

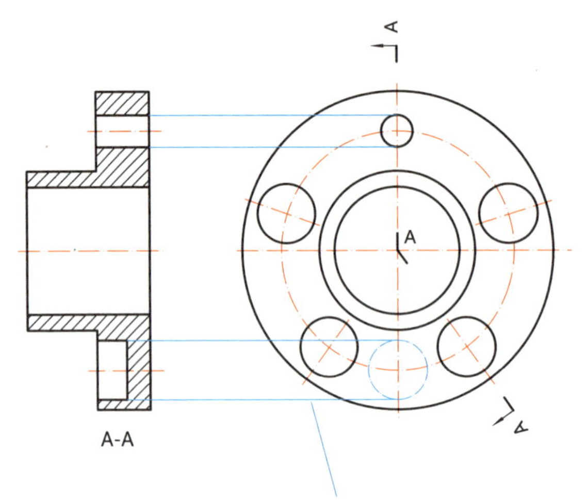

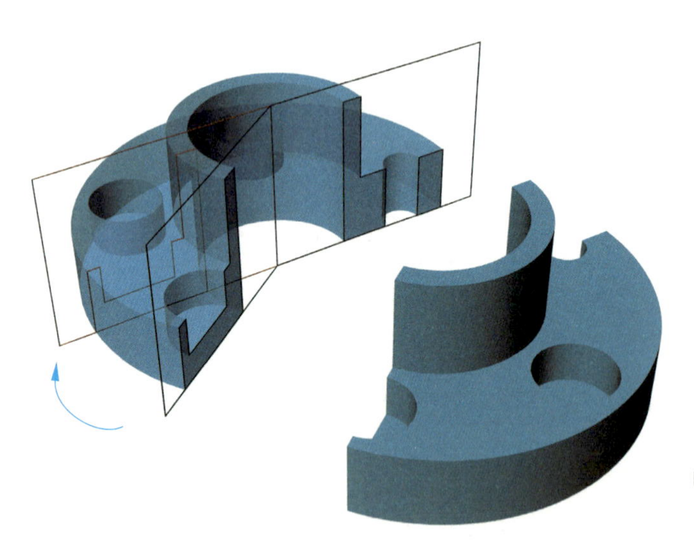

图 2-33 旋转剖视

投射（如图 2-33）。

（5）阶梯剖视图，适用情形：用几个相互平行的剖切面把机件剖开所得到的剖视图称为阶梯剖视图，剖切面的转折处不应与轮廓线重合，且不应画粗实线投影，剖切到的结构要完整，如不能在孔内转折（如图 2-34）。

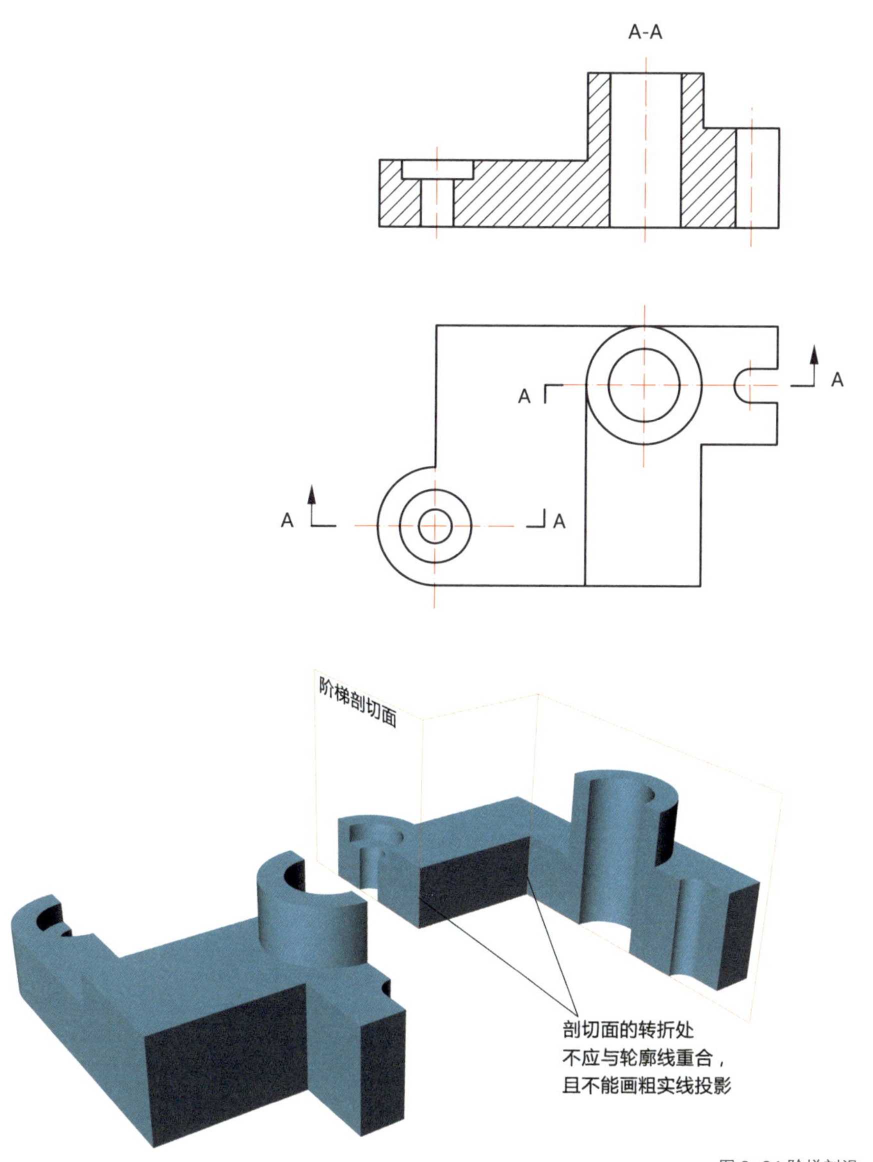

图 2-34 阶梯剖视

断面图

假想用剖切面将机件的某处切断，仅画出断面的形状，则可称为断面图。与剖视图的区别是，断面图不用画出机件其余部分的投影。

完成练习 18—22。

18. 作三视图，三个视图中至少有一个为剖视图。

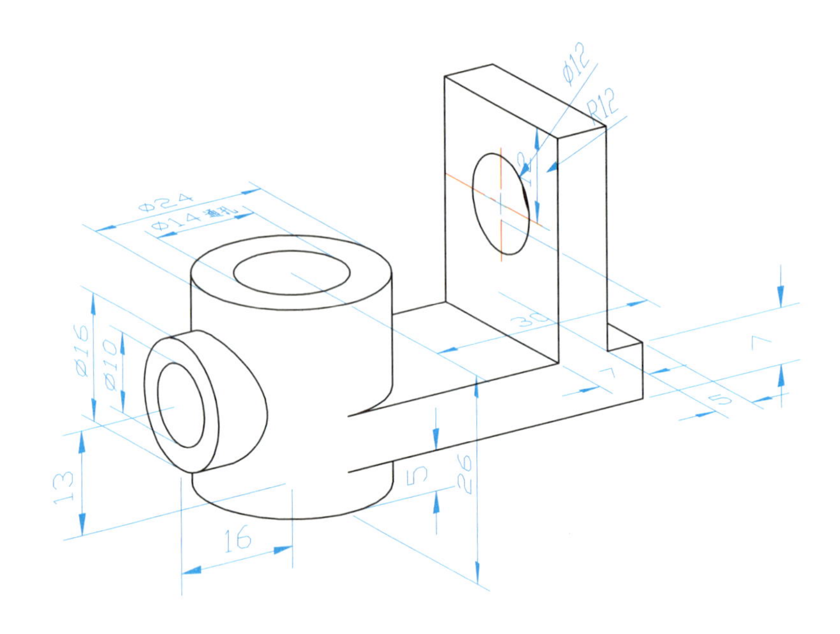

图 2-35 作三视图

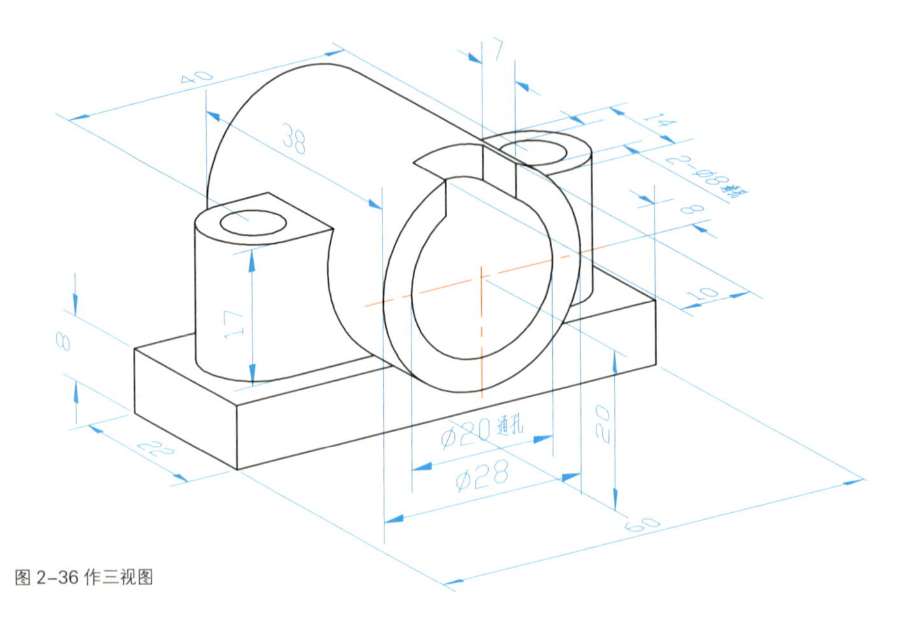

图 2-36 作三视图

19. 改正全剖视图的错误。

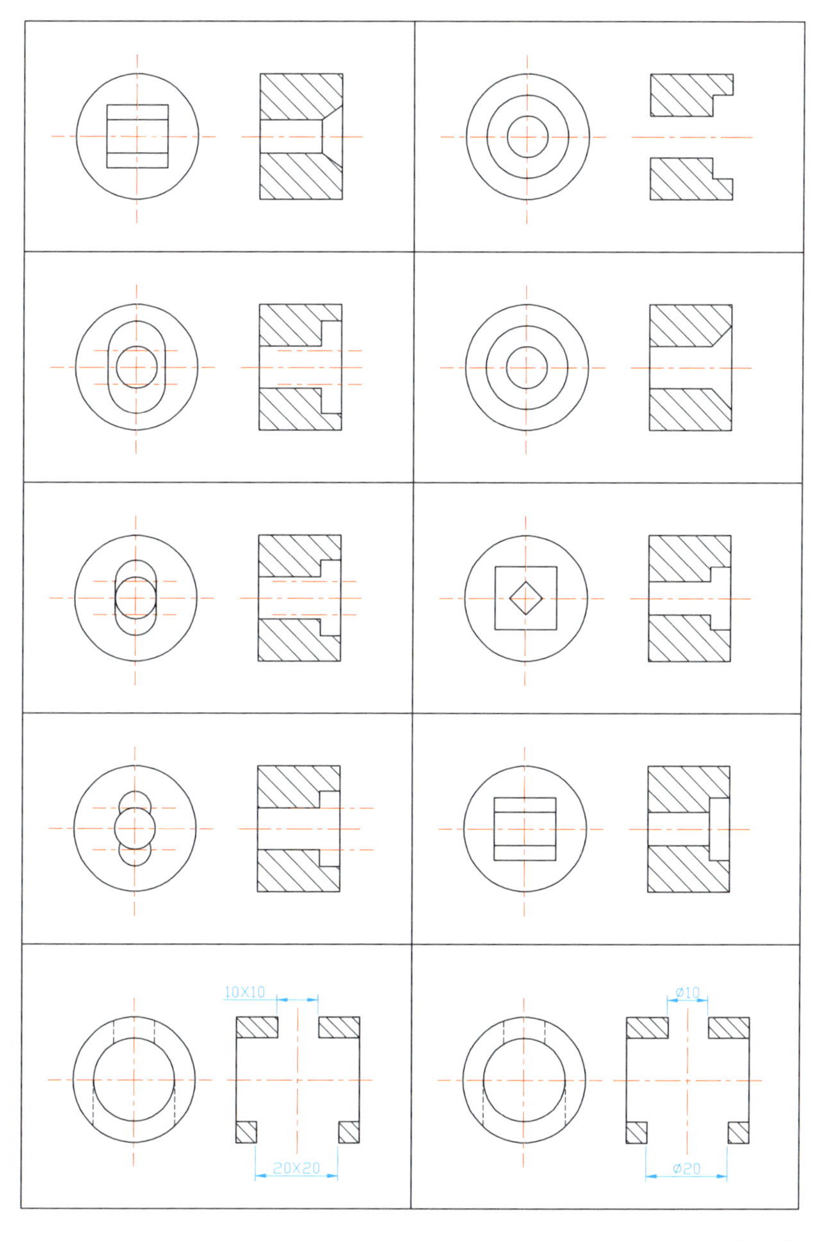

图 2-37 剖视图改错

20. 改用旋转剖视图表达。

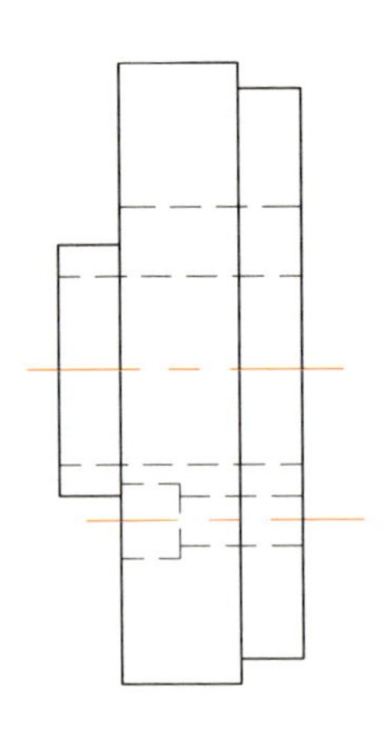

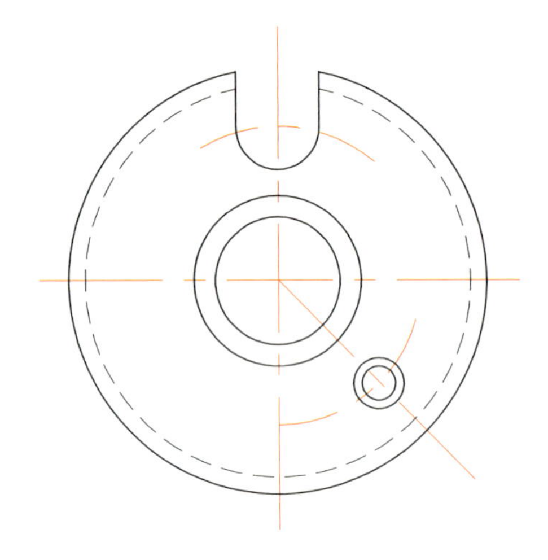

图 2-38 改为旋转剖视图

21. 改用阶梯剖视图表达。

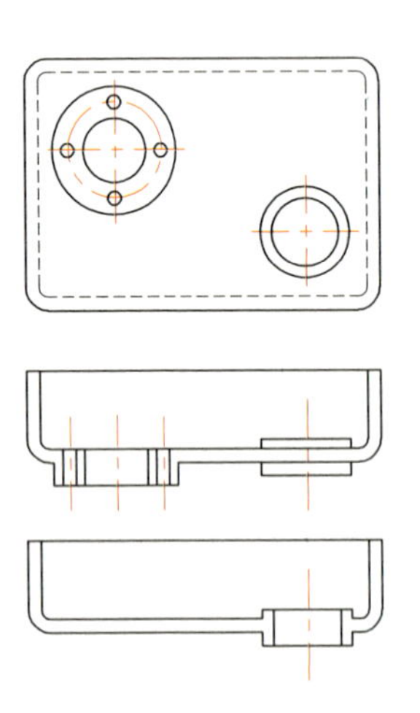

图 2-39 改为阶梯剖视图

22. 增加移出断面，完整表达该轴。

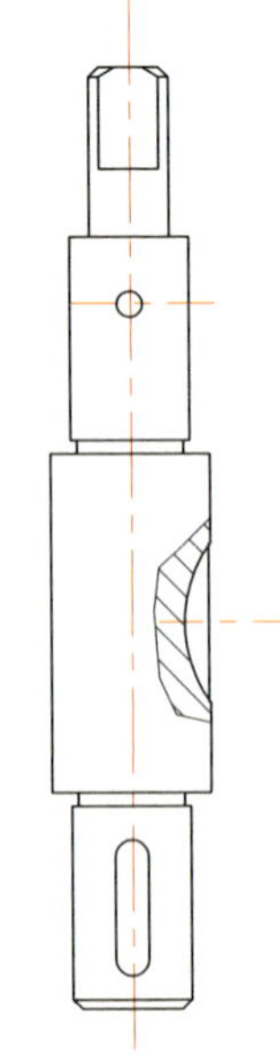

图 2-40 移出断面

本章习题（答案）

（按题目顺序及题目原图大小进行分页摆放）

1.

2.

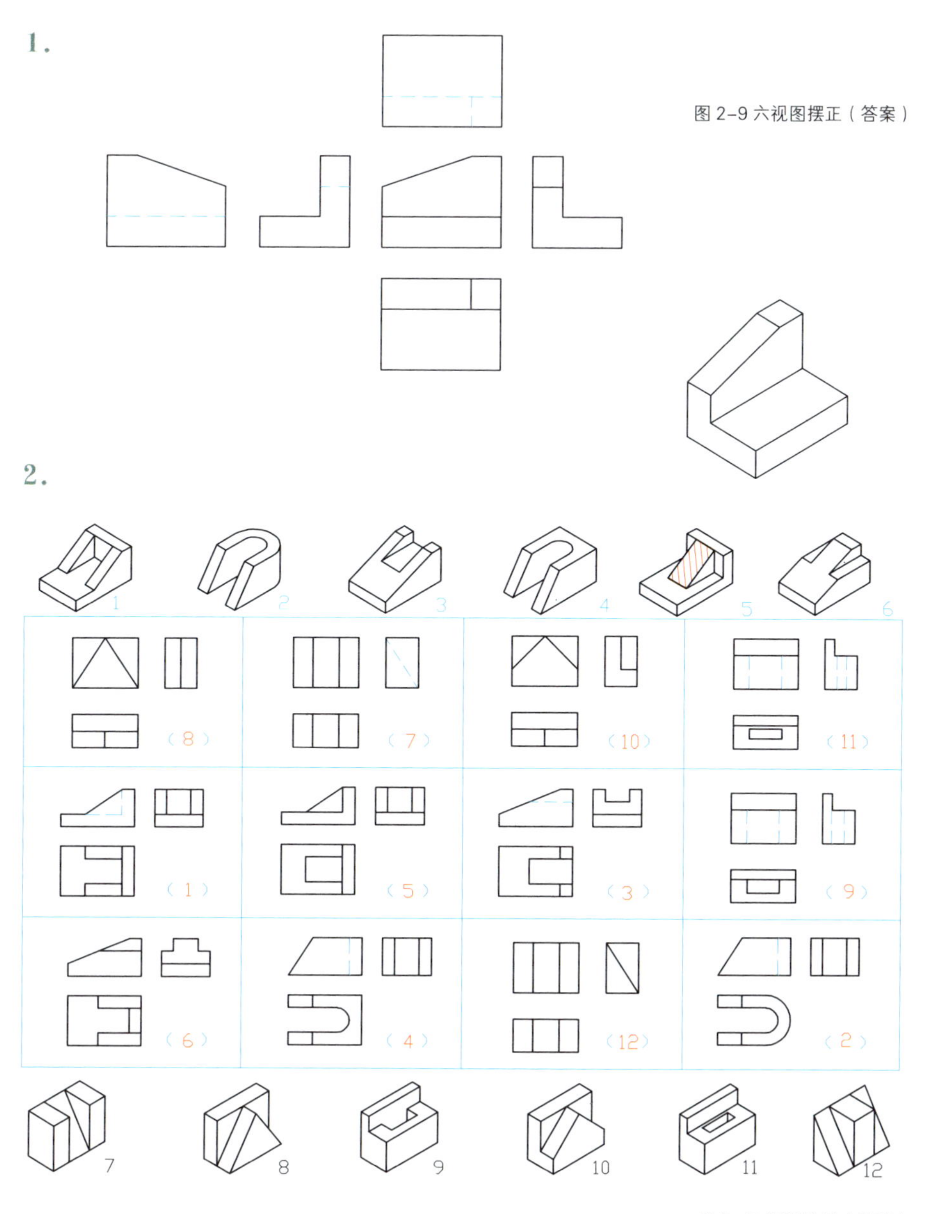

图 2-9 六视图摆正（答案）

图 2-10 识图练习（答案）

3.

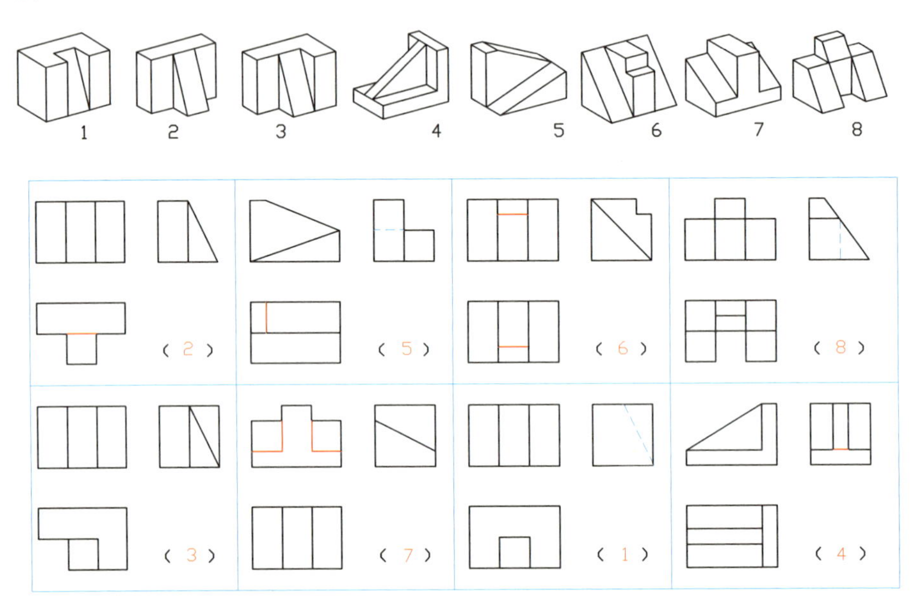

图 2-11 识图与补漏（答案）

4.

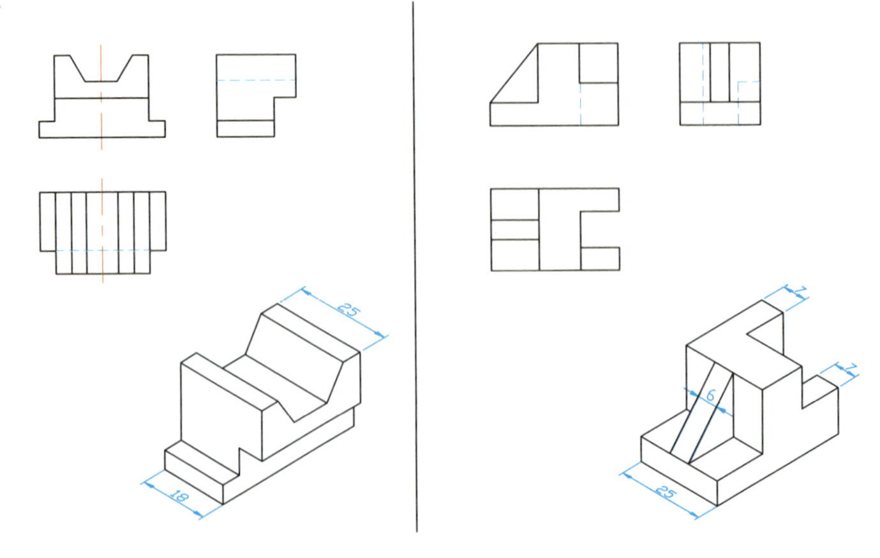

图 2-12 补齐第三视图（答案）

5.

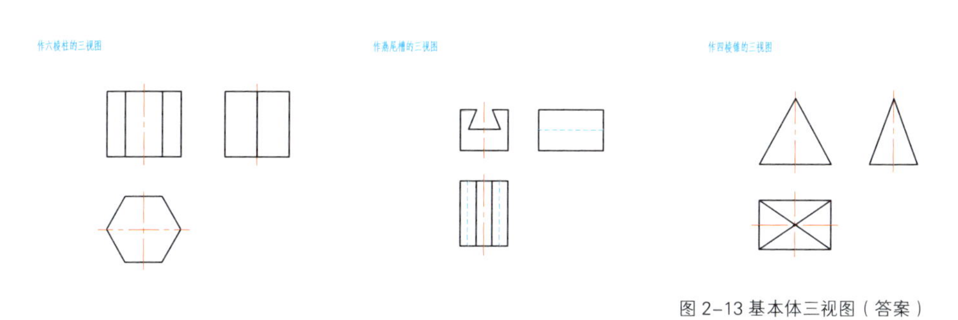

图 2-13 基本体三视图（答案）

6.

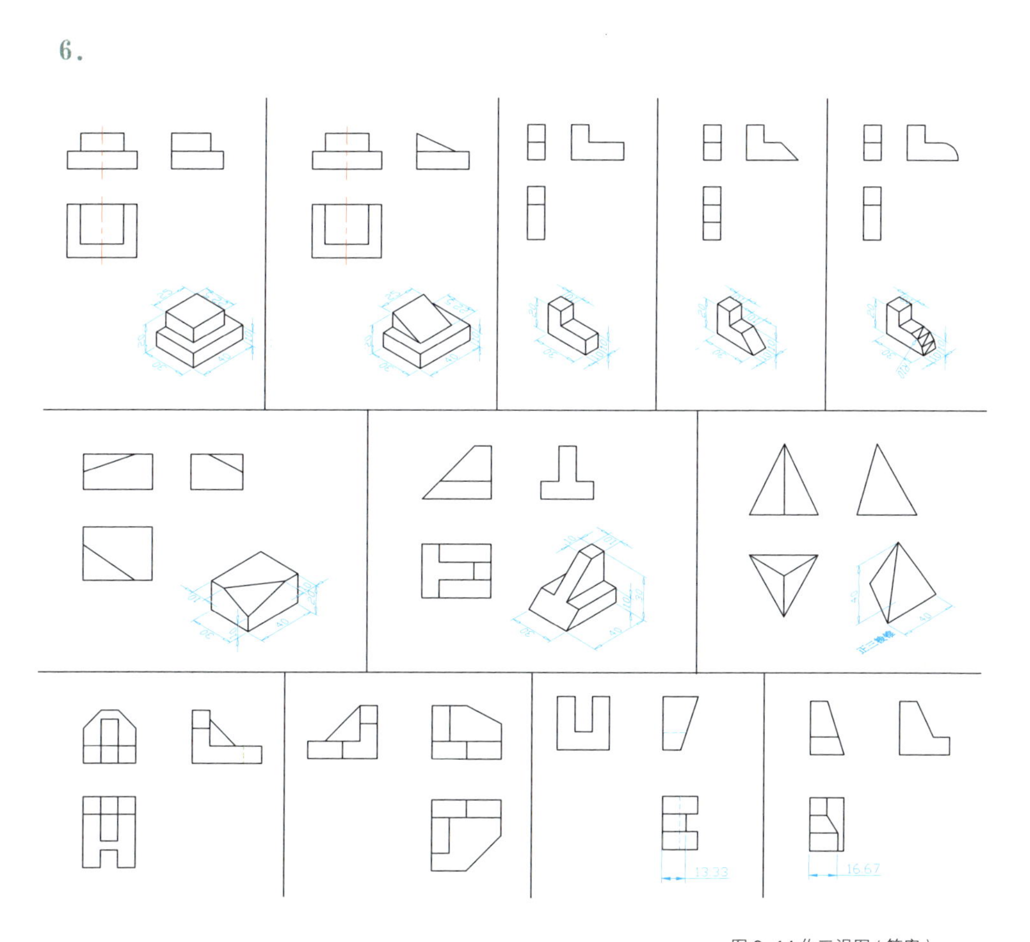

图 2-14 作三视图（答案）

7.

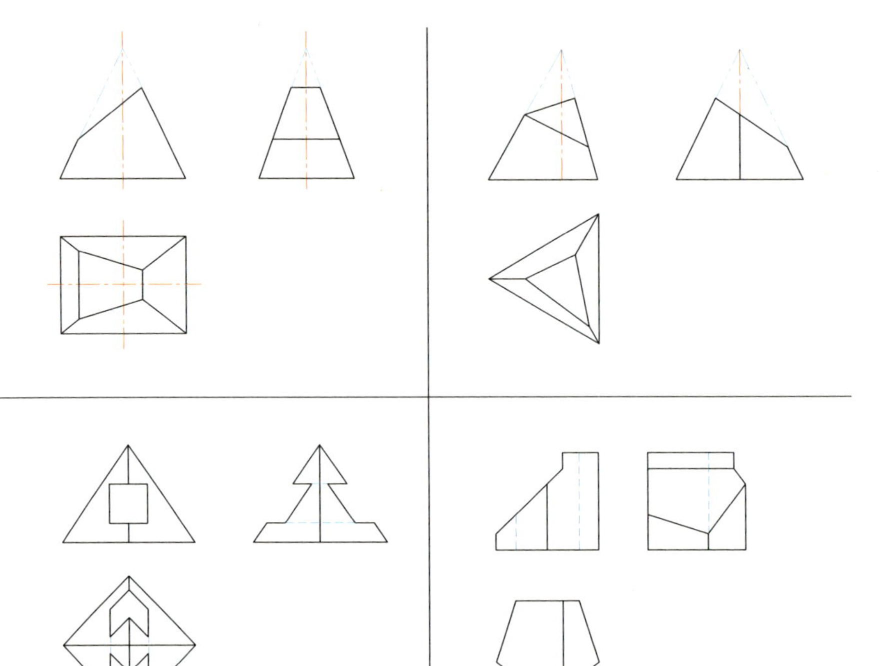

图 2–16 截切（答案）

8.

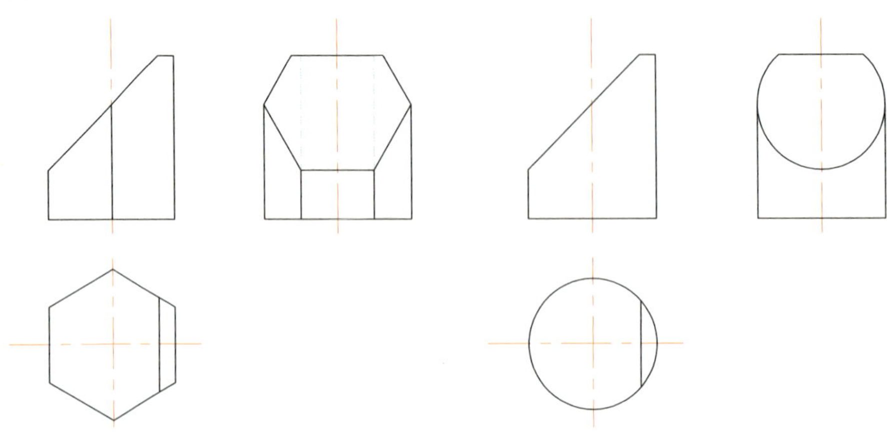

图 2–17 截切（答案）

9.

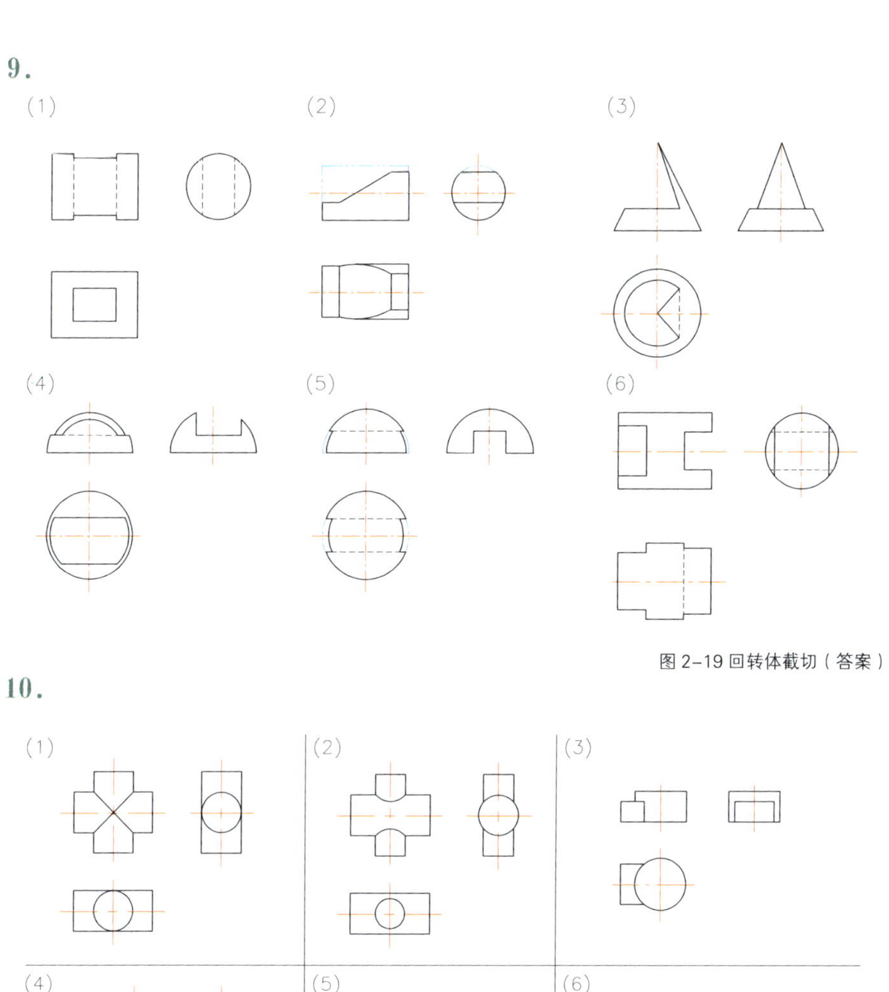

图 2-19 回转体截切（答案）

10.

(1)　(2)　(3)

(4)　(5)　(6)

(7)

图 2-21 相贯（答案）

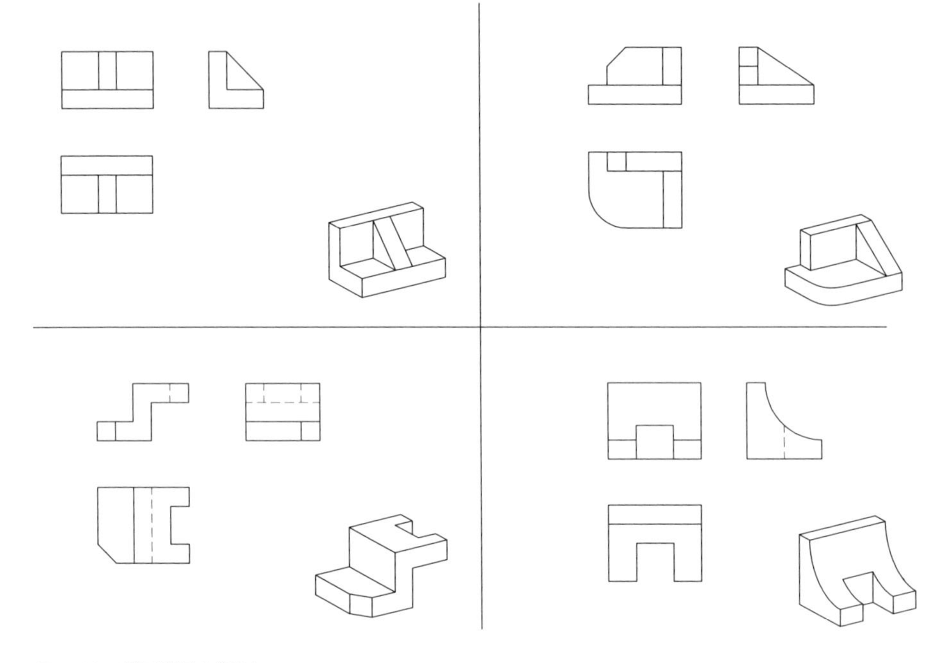

图 2-23 三视图补漏（答案）

12.

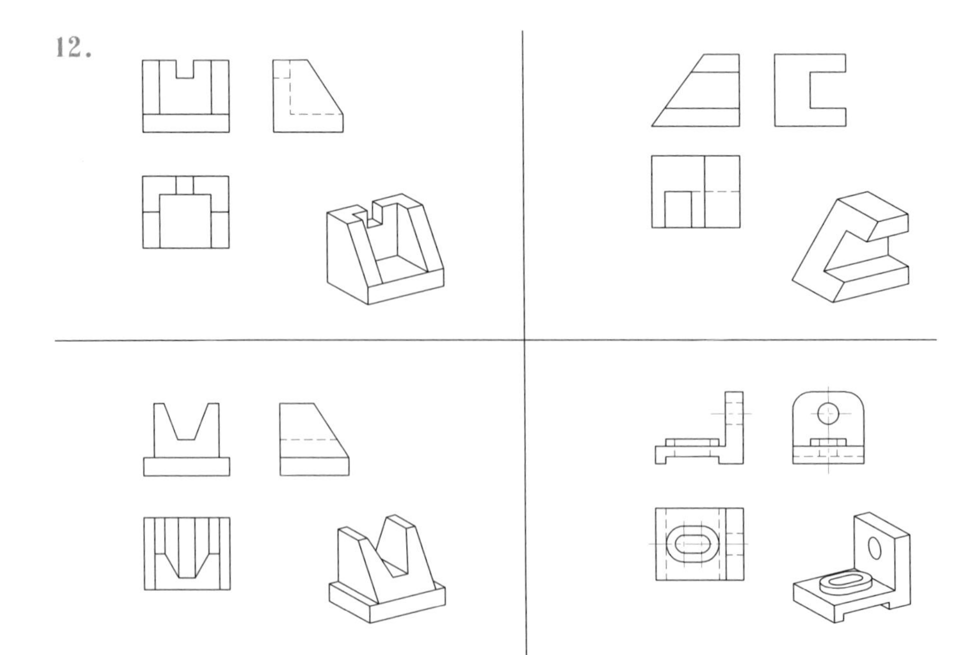

图 2-24 补全第三视图（答案）

13.

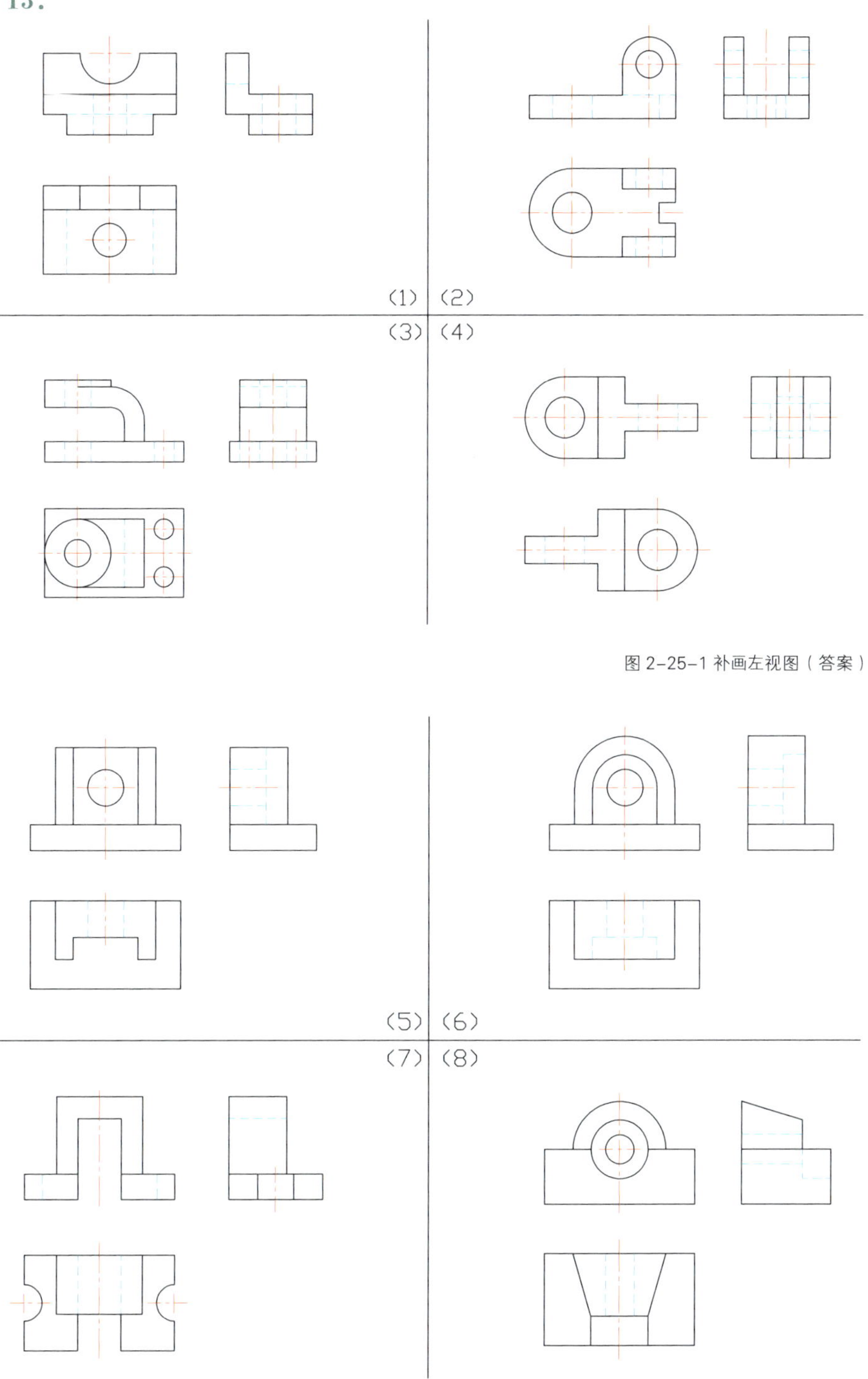

图 2-25-1 补画左视图（答案）

图 2-25-2 补画左视图（答案）

14.

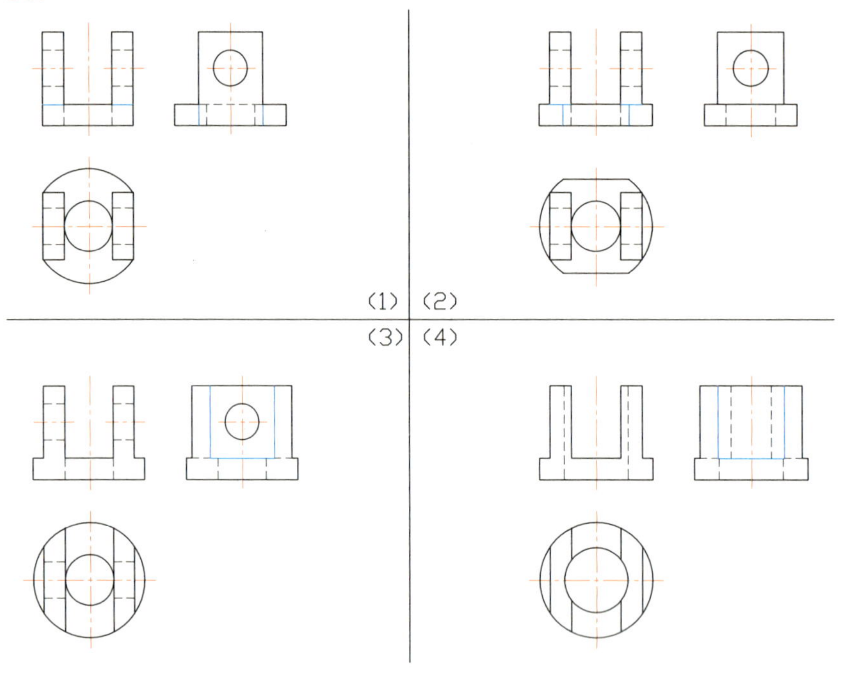

图 2-26-1 补画漏线（答案）

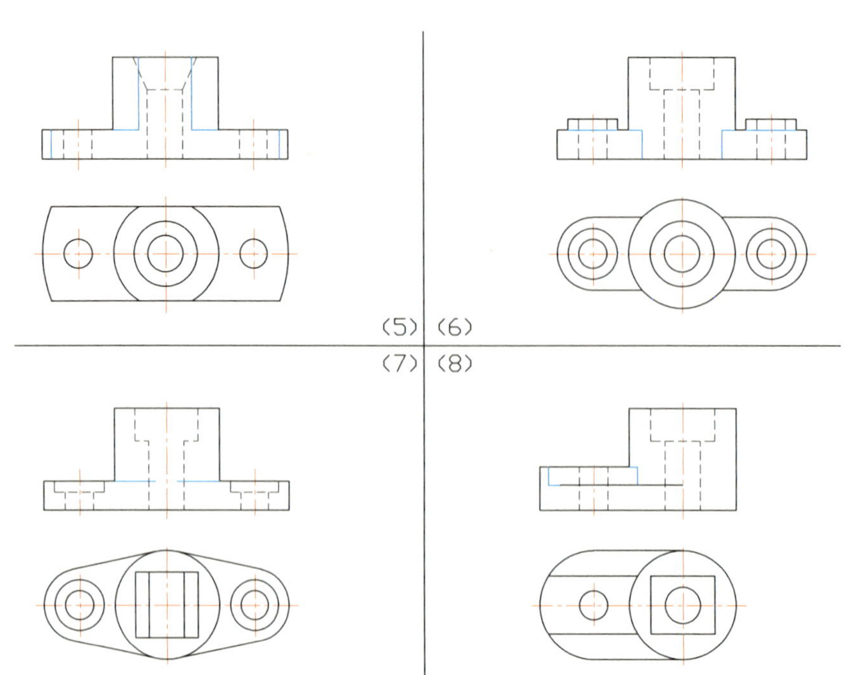

图 2-26-2 补画漏线（答案）

15.

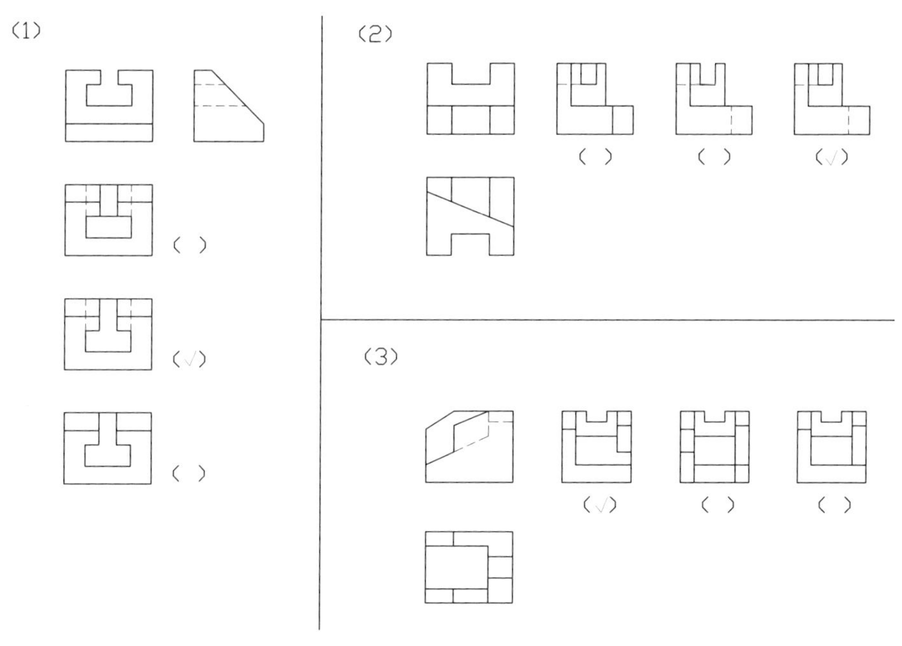

图 2-27 选择正确视图（答案）

16.

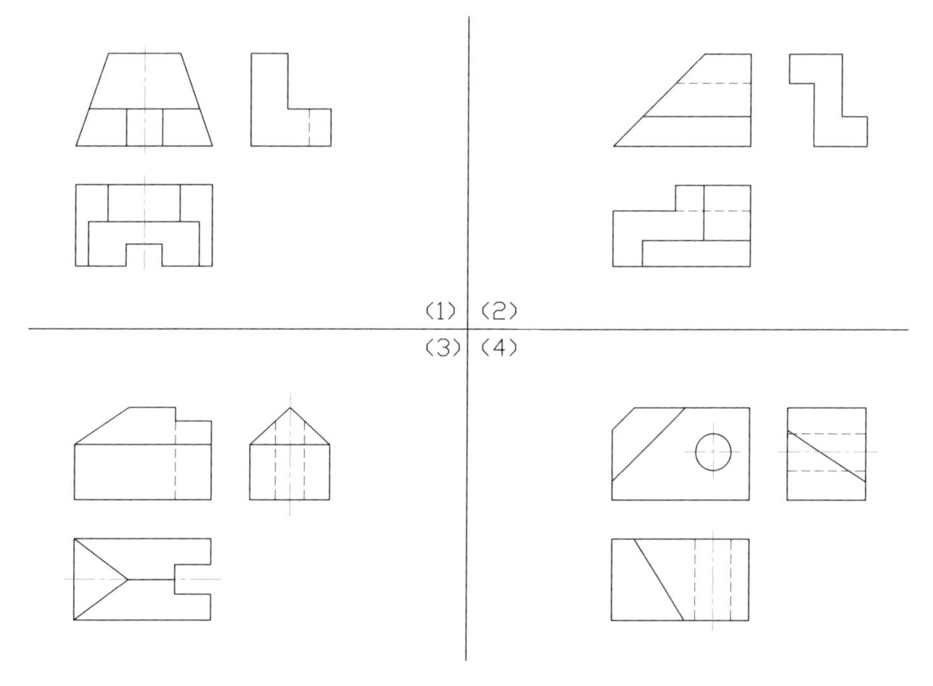

图 2-28-1 补画第三视图（答案）

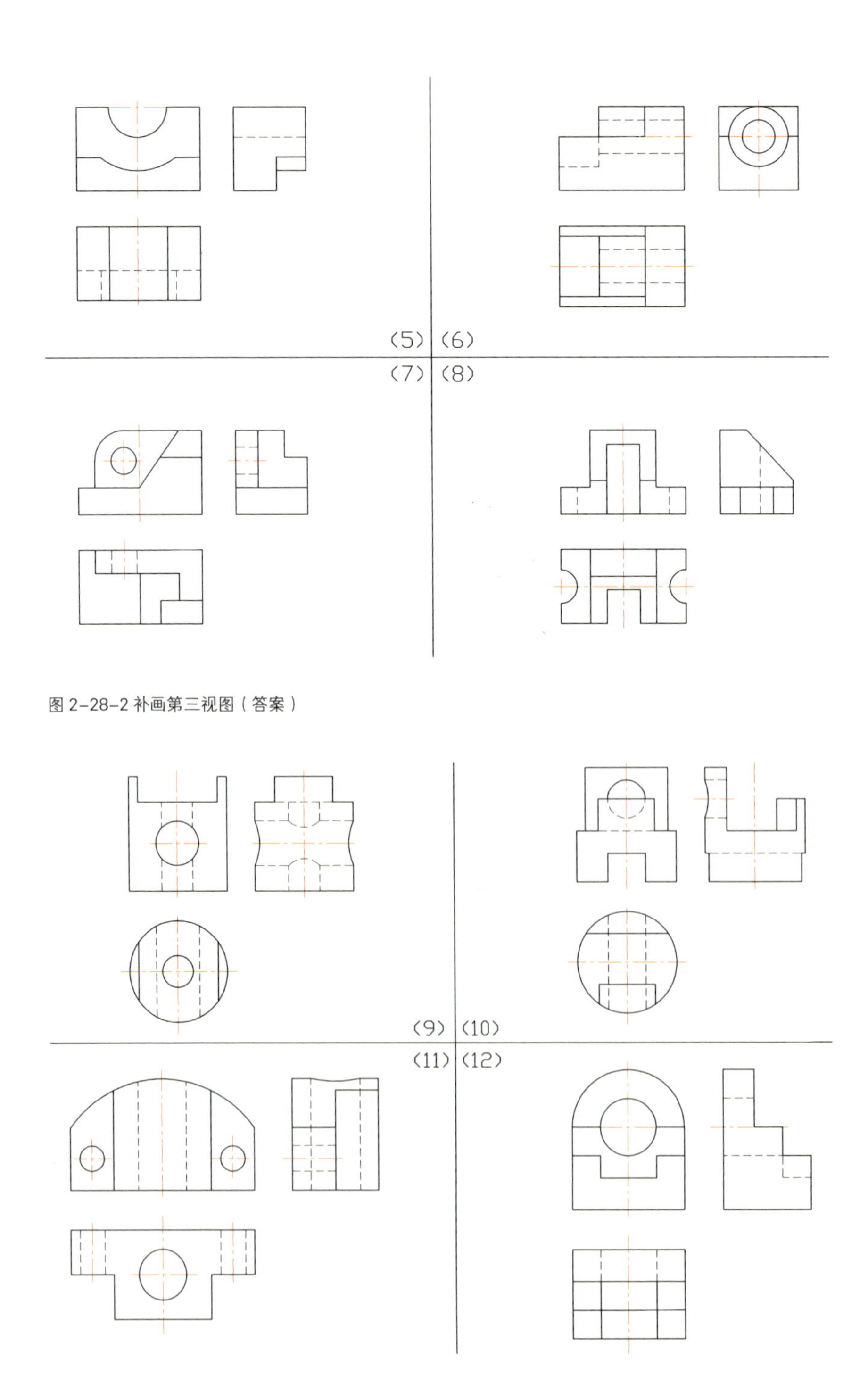

图 2-28-2 补画第三视图（答案）

图 2-28-3 补画第三视图（答案）

17.

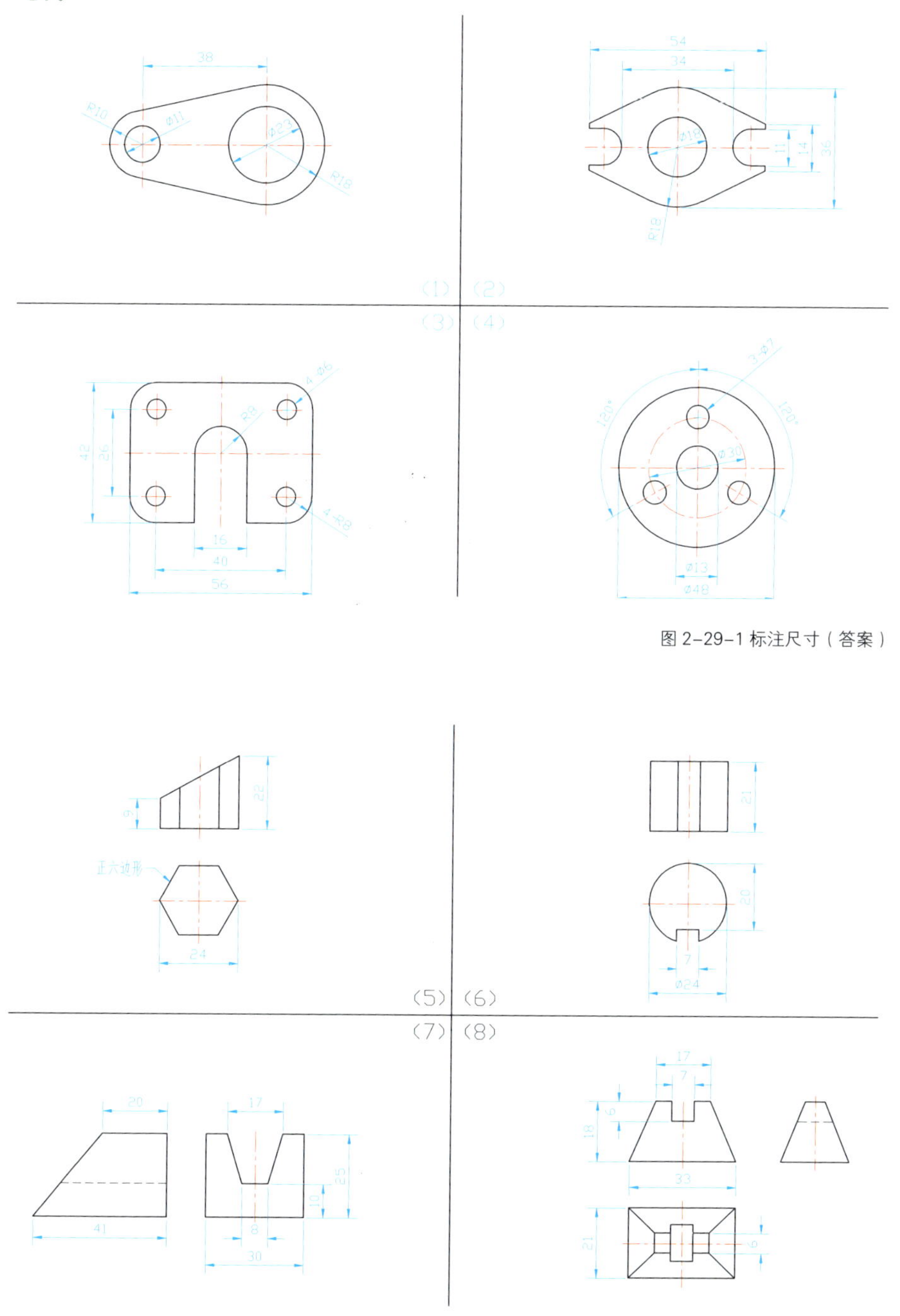

图 2-29-1 标注尺寸（答案）

图 2-29-2 标注尺寸（答案）

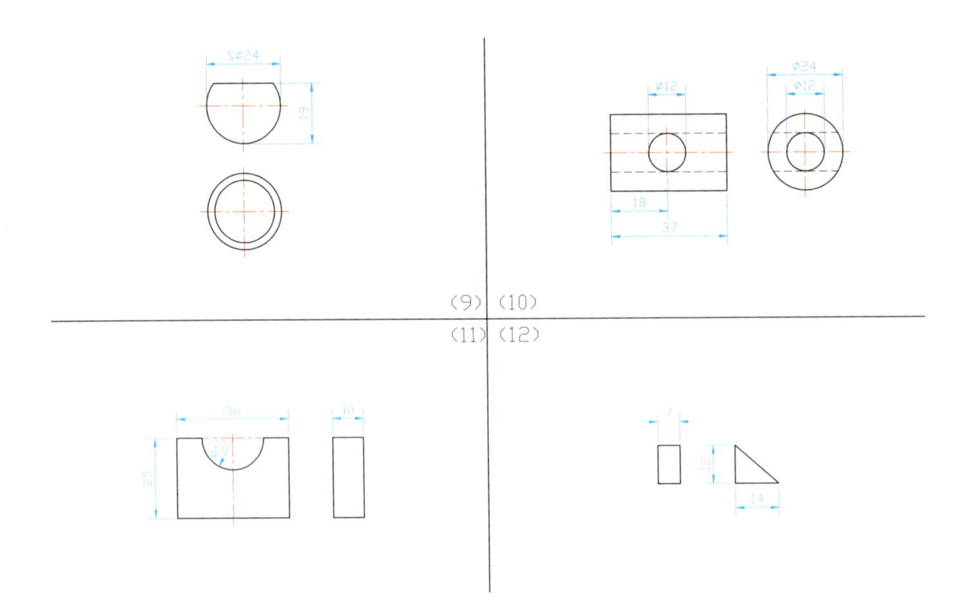

图 2-29-3 标注尺寸（答案）

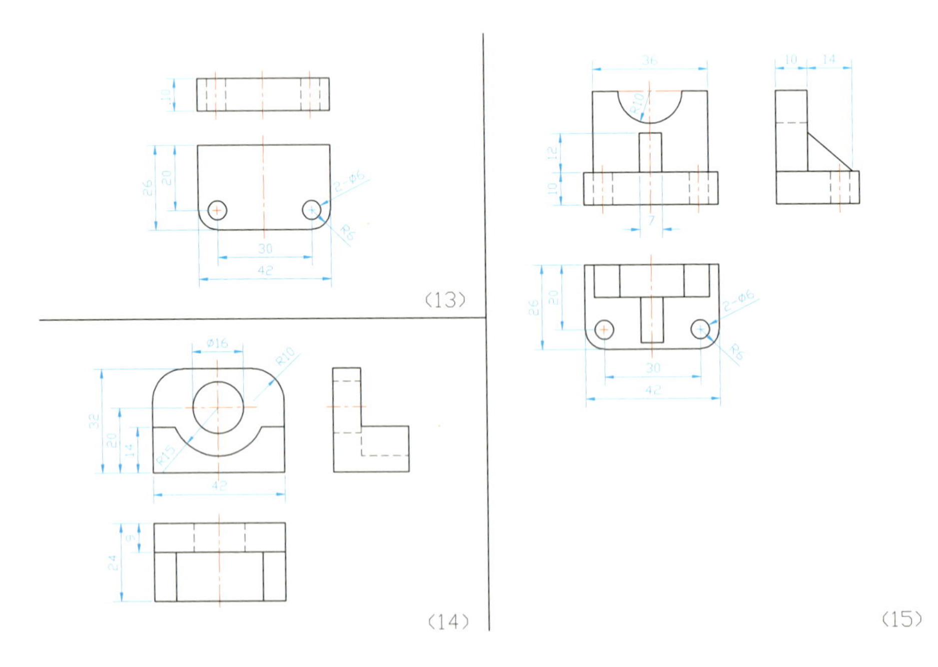

图 2-29-4 标注尺寸（答案）

18.

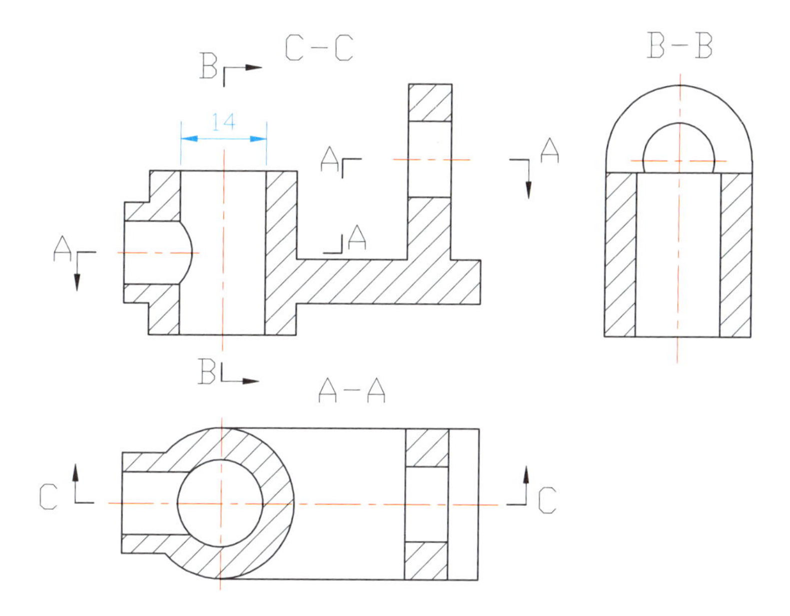

图 2-35 作三视图（答案）

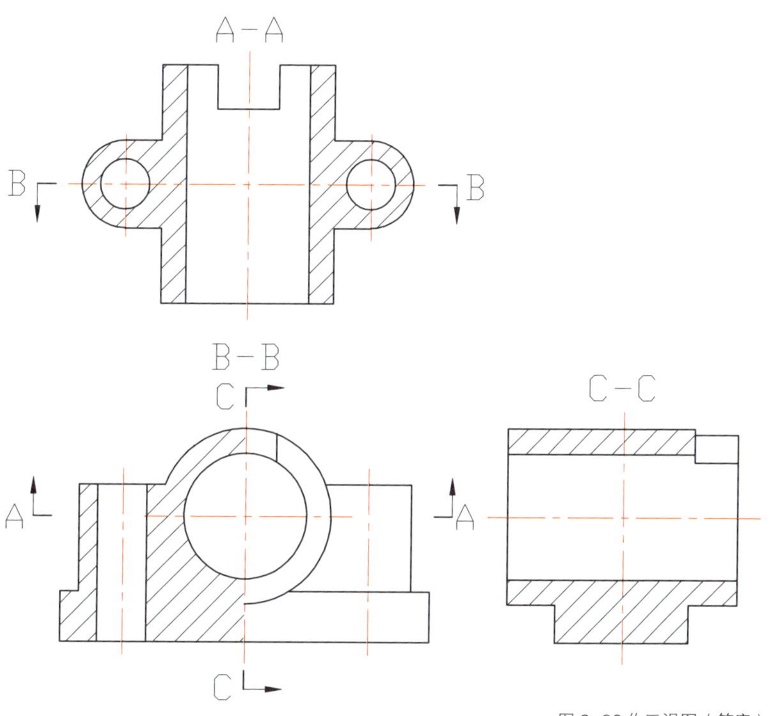

图 2-36 作三视图（答案）

19.

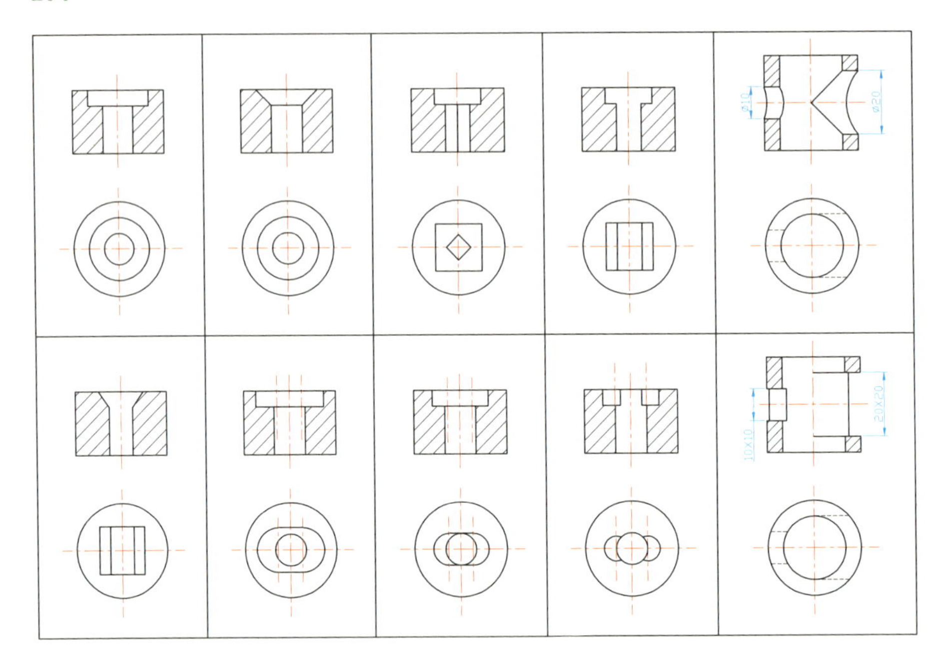

图 2-37 剖视改错（答案）

20.

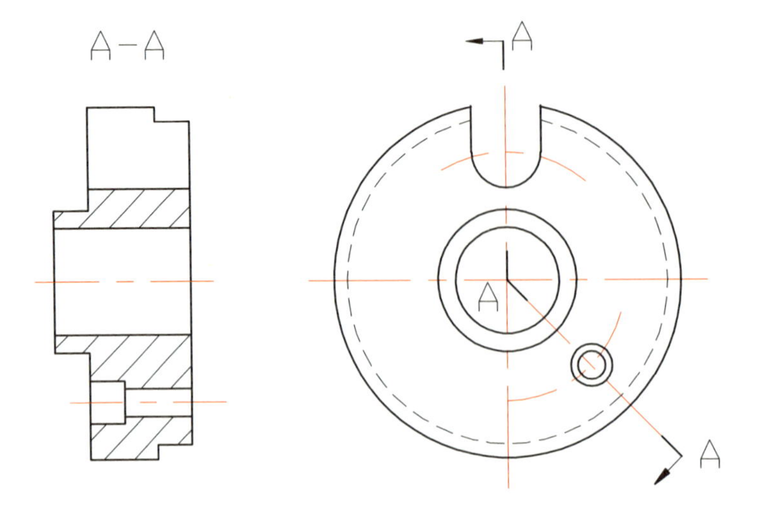

图 2-38 改为旋转剖视图（答案）

21.

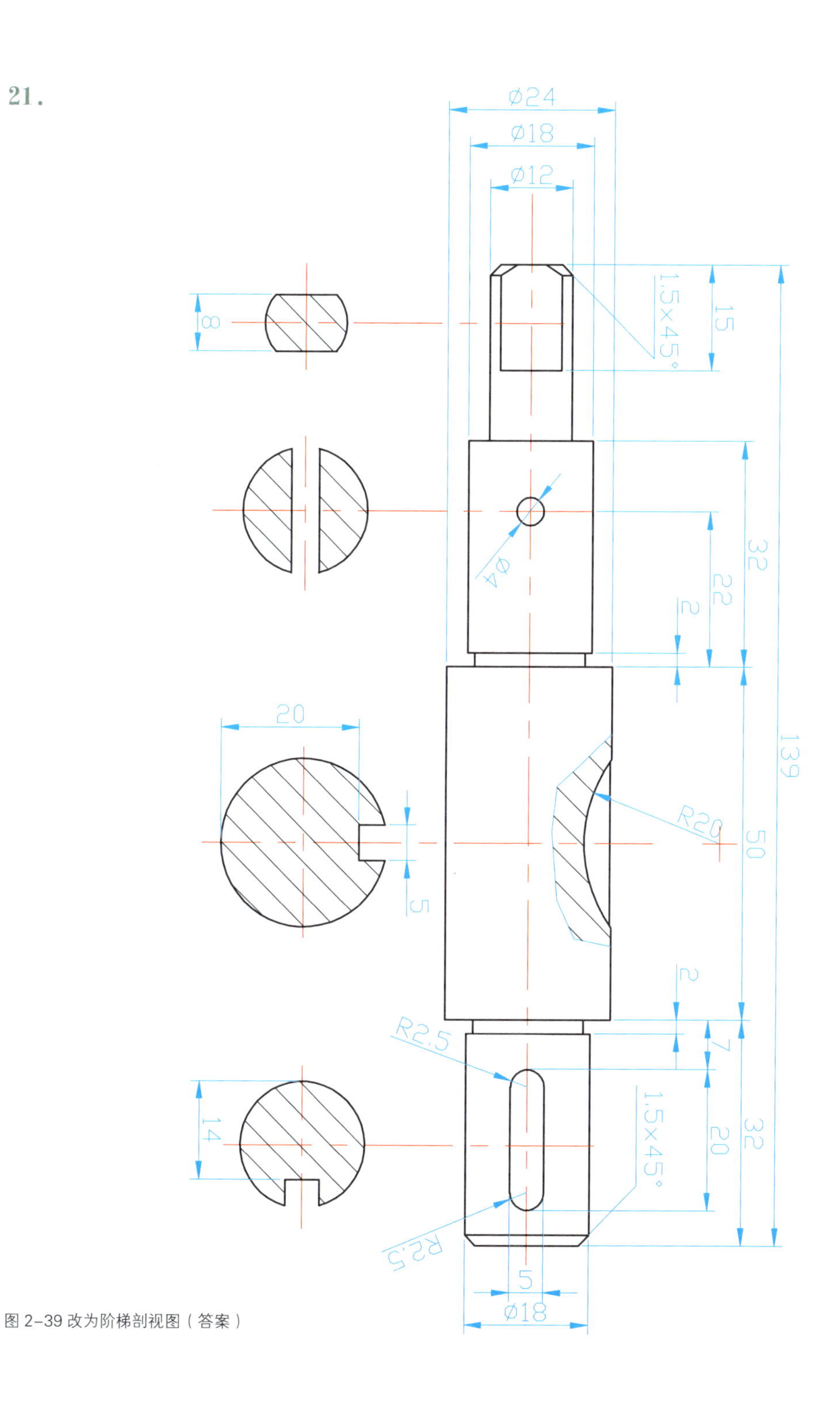

图 2-39 改为阶梯剖视图（答案）

22.

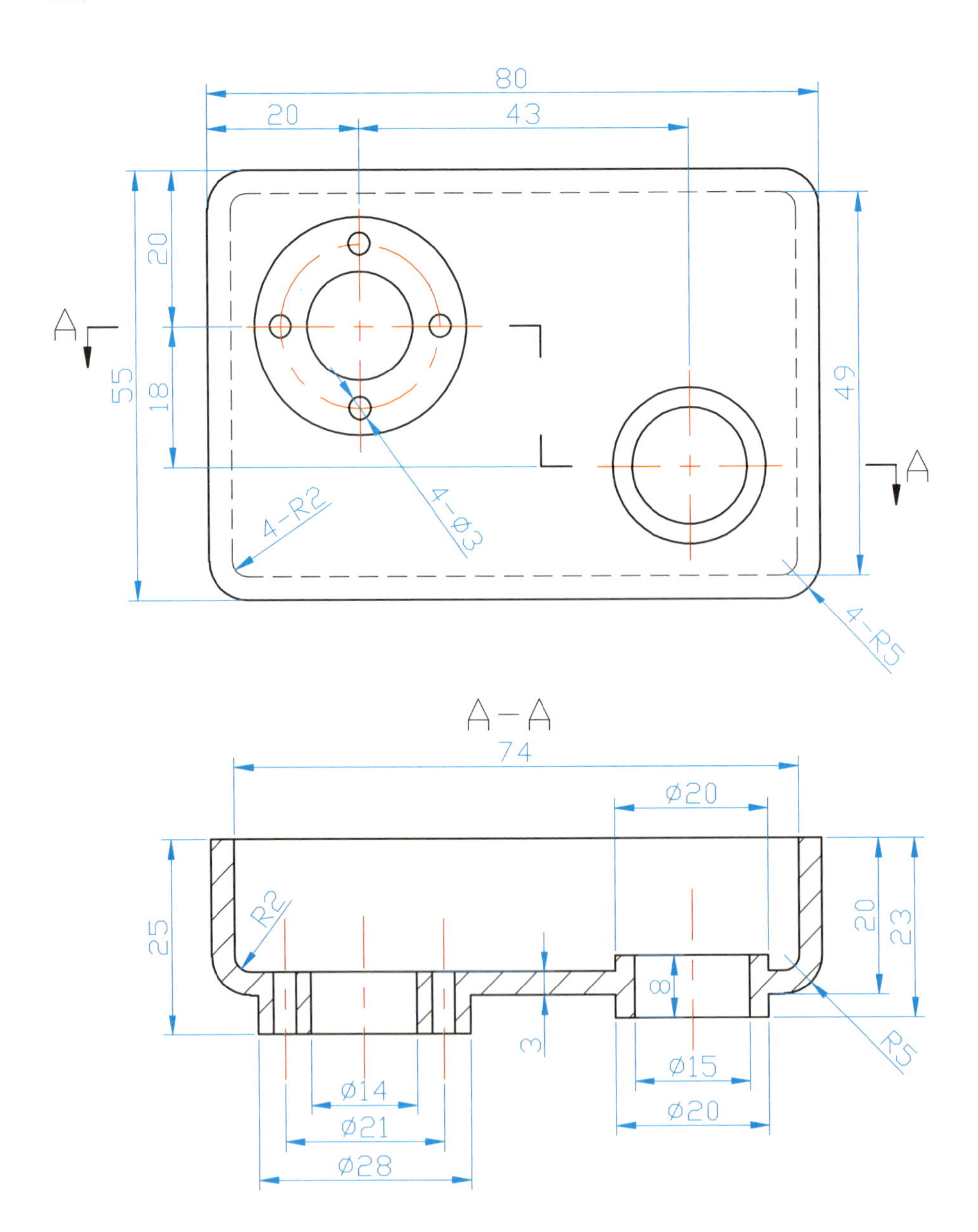

2-40 移出断面（答案）

第三章

测绘示范

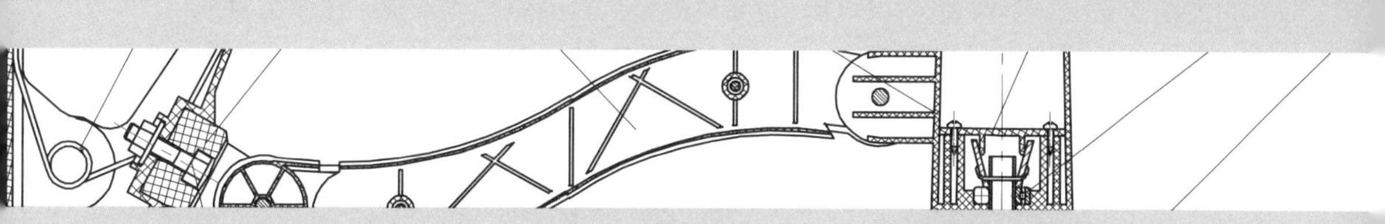

实物测绘是工程图学课程的最终作业，也是学生工程表达能力及其对产品结构、工作原理理解程度的综合体现。为更容易理解及更好地与今后的设计实践相结合，课堂中测绘的实物教材均选择日常生活中的常见物品。此章在讲授绘图方法、制图规范的同时，也将对典型的产品结构作剖析，使学生对形态、材料、工艺和结构之间的关系有较深入的理解。

本节以便携水杯为例，示范如何完成一套产品工程图，包括装配图及各个零件图。为使图示更清晰，中心线用红色表示，尺寸用蓝色表示。

绘图时以毫米为单位，按 1:1 绘制。

步骤一：

选择合适的产品进行拆解，作结构分析。理解其工作原理及零件之间的装配关系，规划装配图的视图选择及画法。运用游标卡尺等工具精确测量产品主要部位的尺寸，先外观再内部，并绘制草图进行记录。

图 3-1 便携水杯实物

步骤二：

作水平基准线和竖直基准线（确保在正交模式下作基准线）。

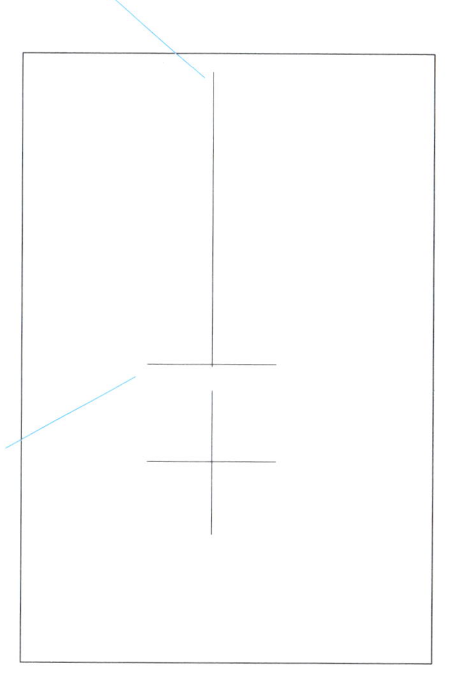

图 3-2-1 便携水杯

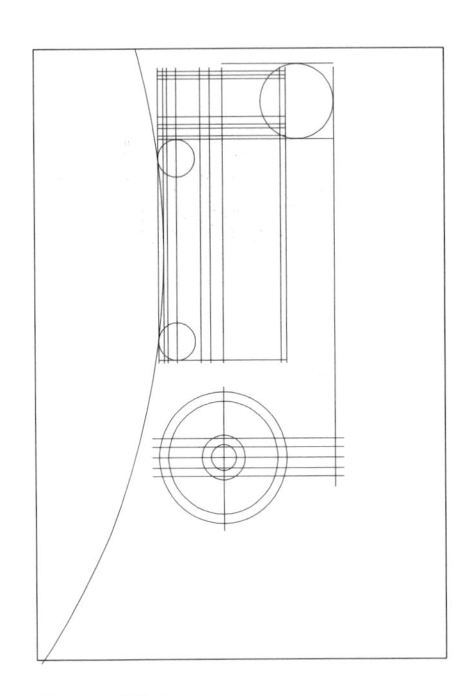

图 3-2-2 便携水杯

步骤三：

输入尺寸（偏移、圆、修剪……），对基本形体作图。不熟练时，应逐个零件分步绘制。

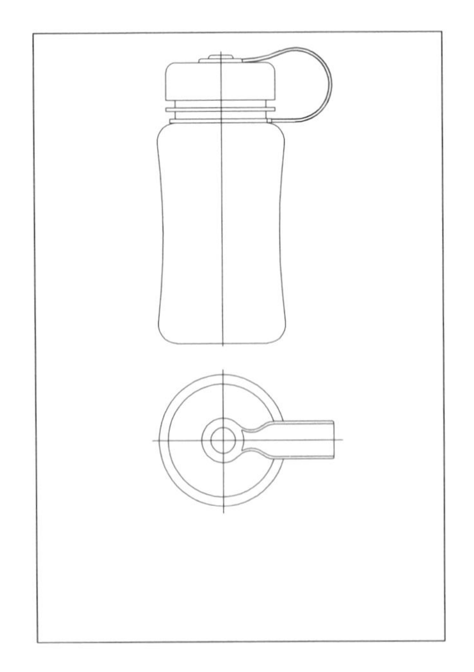

图 3-2-3 便携水杯

步骤四：

编辑整理，得到外观视图。本产品主体为回转体，用主视、俯视两个视图即能表达清楚其外观。如遇较复杂的产品，则需增加其他视图。

步骤五：

把主视图的一半做成剖视图来表达内部结构，仍未能表达清楚的地方增加局部剖视。

装配图主要阐明产品的工作原理和各零件之间的连接、装配关系，并不需要把每个零件的形状完全表达出来。应尽可能选能剖切到大多数零件的位置进行剖切，如有未能表达到的装配关系，则需增加剖视图或局部剖视图。

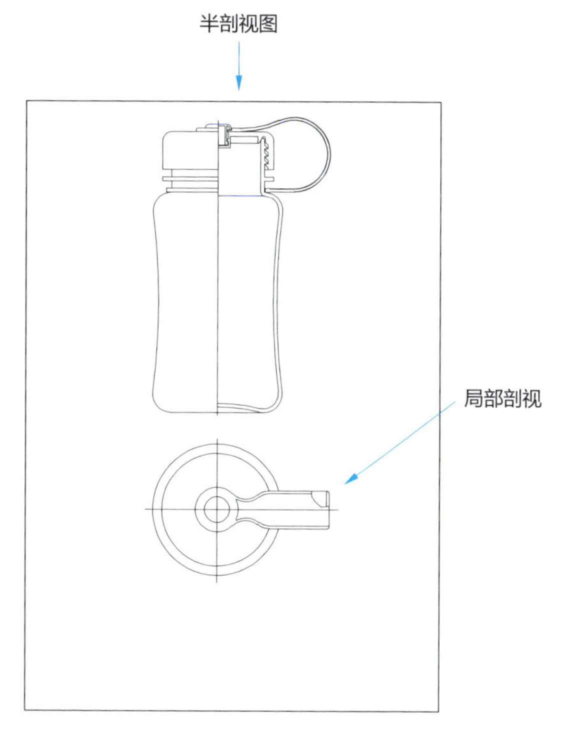

图 3-2-4 便携水杯

步骤六：

创建几个新图层（进入图层特性管理器，设定各层颜色、线型、线宽），转换图层，设定线型比例，填充剖面。

注意同一零件在各个视图中的剖面线方向和比例应一致。对于运动的零件，需要标明其运动极限位置，可用双点划线来表示。

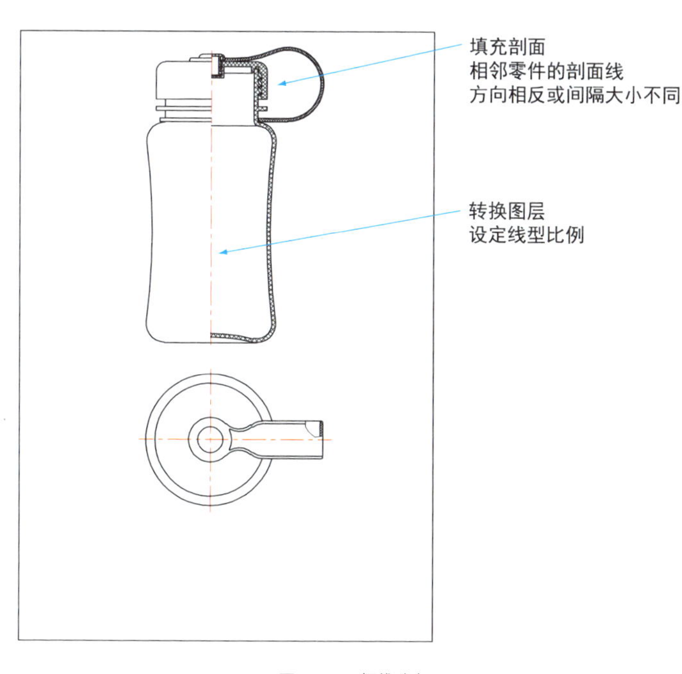

图 3-2-5 便携水杯

步骤七：

标注尺寸（装配图只标长、宽、高的最大尺寸），增加零件标号、图框、标题栏、零件明细表、技术要求、备注……装配图完成。

图纸幅面尺寸：A0——841×1189；A1——594×841；A2——420×594；A3——297×420；A4——210×297。

大一号的图纸长边为小一号图纸短边的两倍。

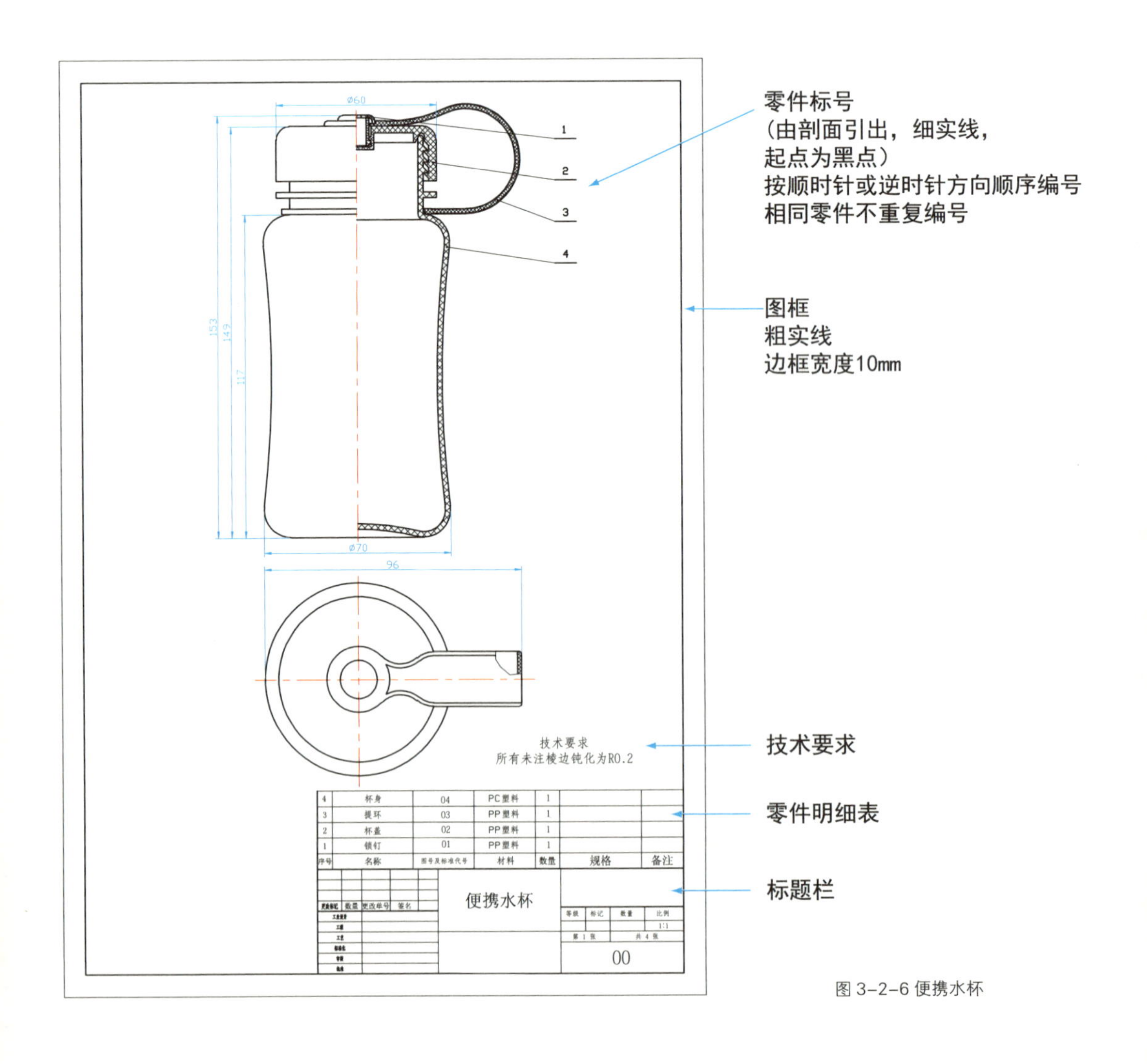

图 3-2-6 便携水杯

步骤八：

拆零件图（可复制一份装配图，保留某零件的所有图线，去掉其余图线）。

零件图是表示零件结构、大小及技术要求的图样。如从装配图复制、编辑而来的视图仍未能将其表达完整，则还需增加其他视图或剖视图。

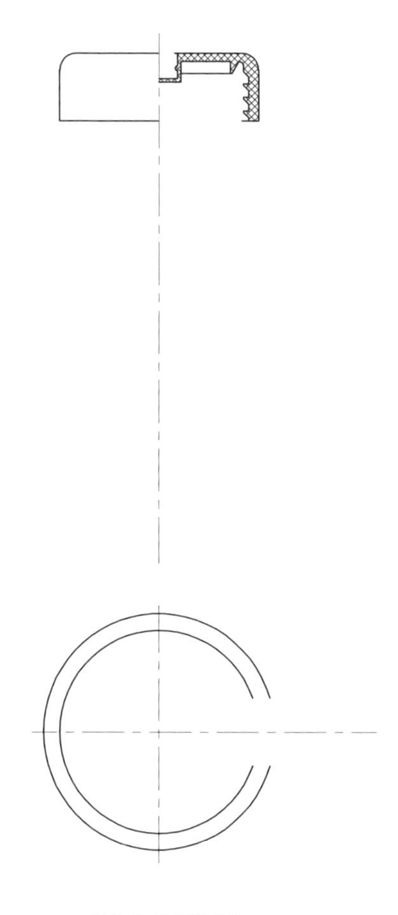

图 3-2-7 便携水杯

步骤九：

补回缺损了的内外轮廓线，标注尺寸（充分、必要的尺寸）、技术要求、图框、标题栏……编辑整理成一张完整的零件图。

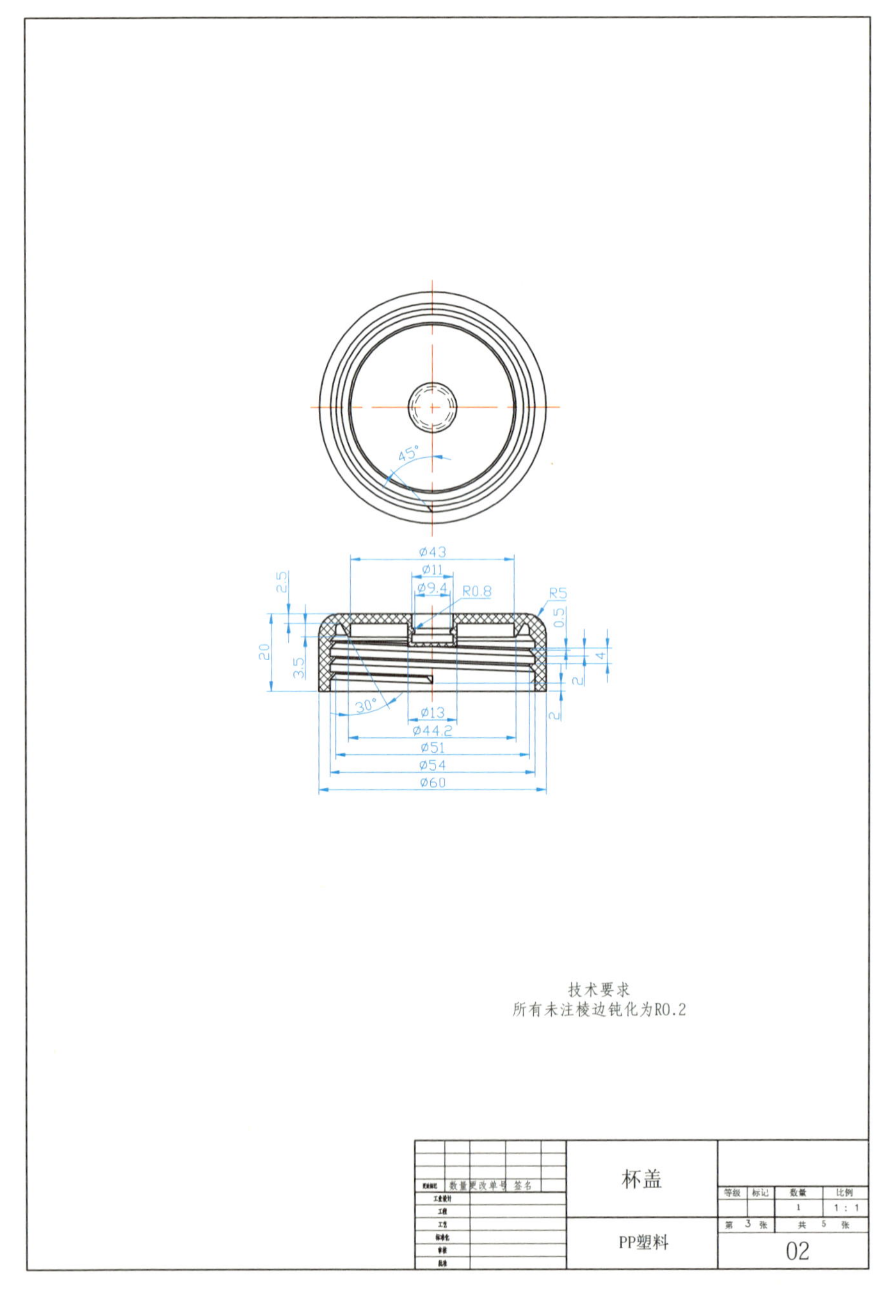

图 3-2-8 便携水杯

步骤十：

同理作出其他零件图。

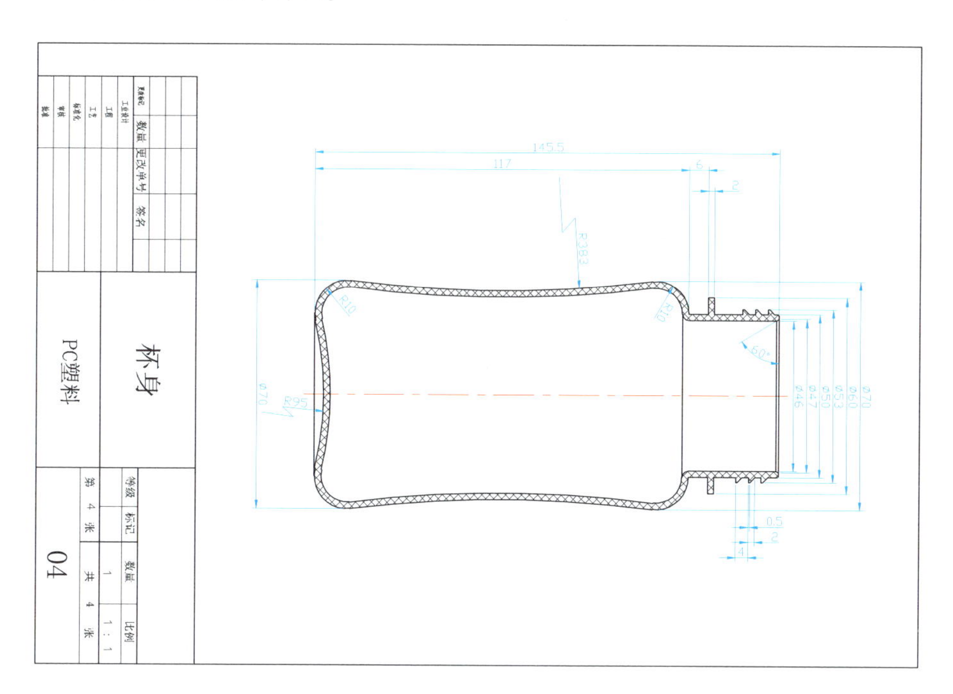

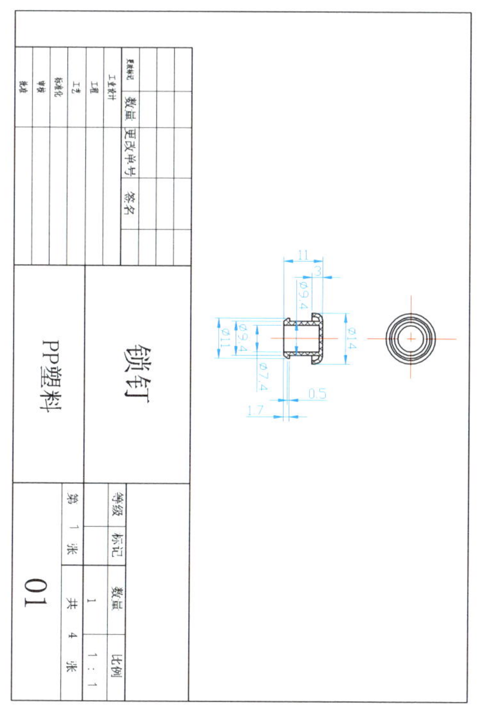

图 3-2-9 便携水杯

步骤十一：

柔性件的零件图以展开图的形式画出。

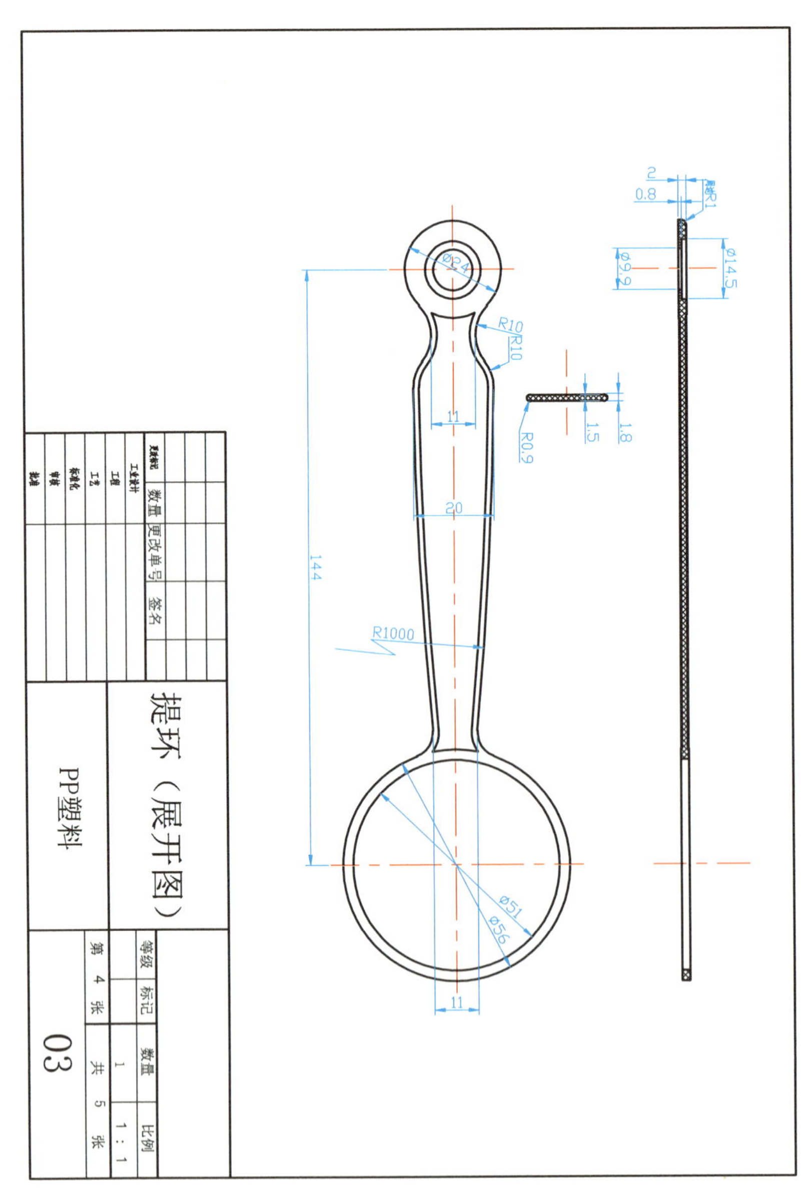

图 3-2-10 便携水杯

第四章

各种产品测绘图

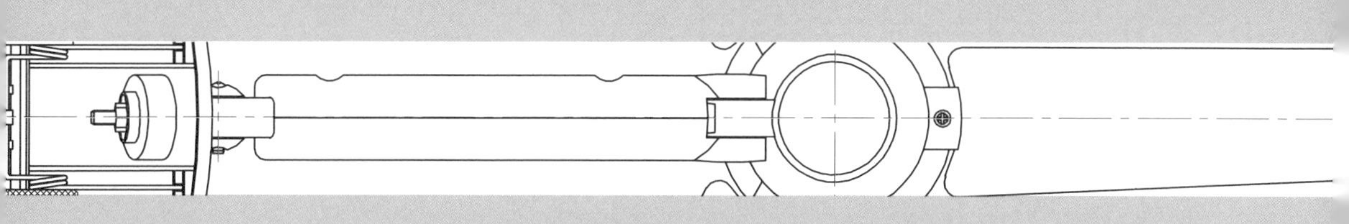

本章收录的各种产品测绘工程图，描绘的都是人们身边的常用产品。为使图纸更清晰，本章所有图纸中心线均用红色表示，尺寸、双点划线、虚线、电路板、柔性件及发泡材料的剖面线均用蓝色表示。

无绳电话装配图（截选）

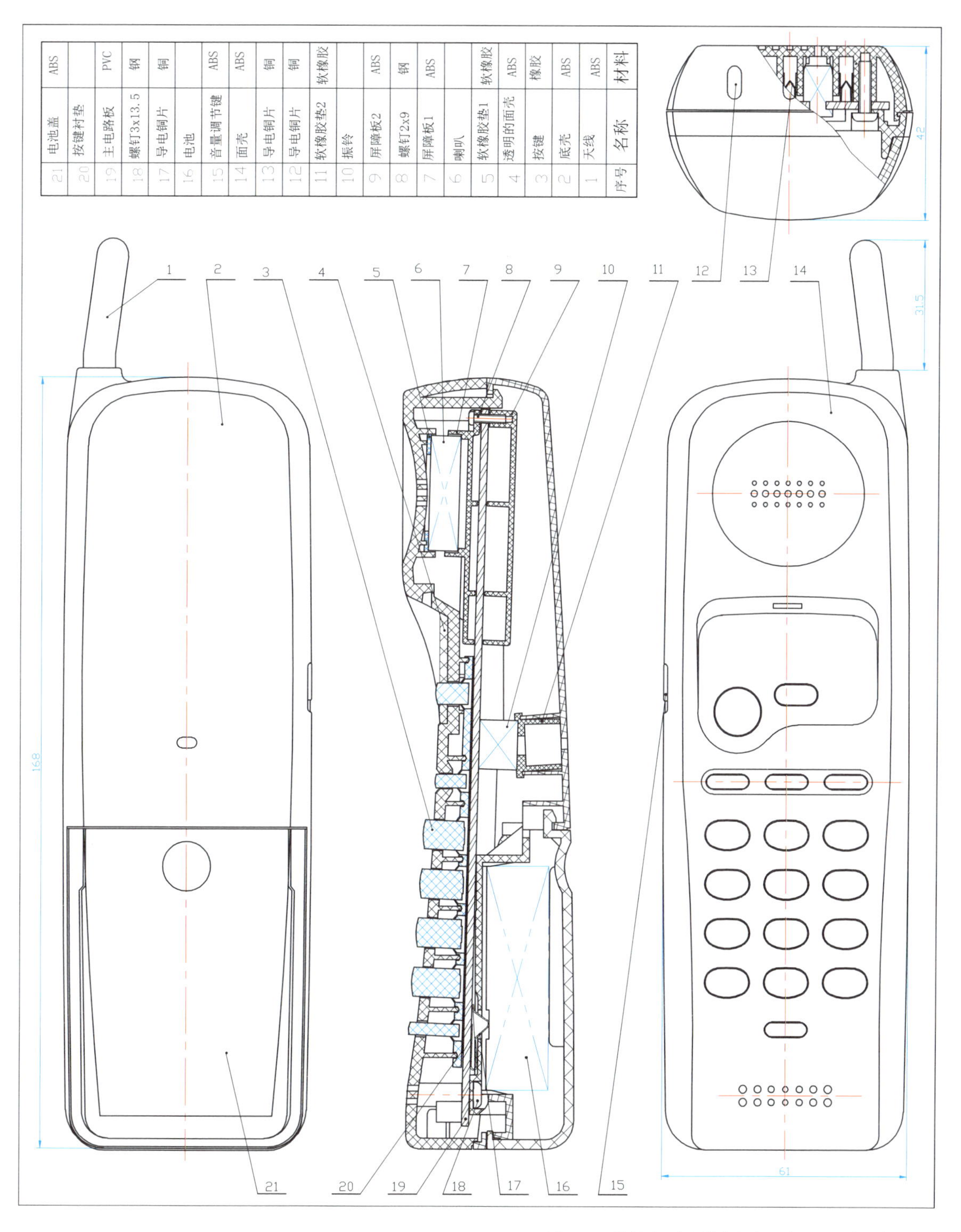

序号	名称	材料
1	天线	ABS
2	底壳	ABS
3	按键	橡胶
4	透明的面壳	ABS
5	软橡胶垫1	软橡胶
6	喇叭	
7	屏障板1	ABS
8	螺钉2x9	钢
9	屏障板2	ABS
10	振铃	
11	软橡胶垫2	软橡胶
12	导电铜片	铜
13	导电铜片	铜
14	面壳	ABS
15	音量调节键	ABS
16	电池	
17	导电铜片	铜
18	螺钉3x13.5	钢
19	主电路板	PVC
20	按键衬垫	
21	电池盖	ABS

图 4-1 无绳电话，广州美术学院 02 级工业设计，李道俭作

台式电话机装配图（截选）

台式电话机是常用电子产品的范例，其中包含了许多常见的产品结构，包括指示灯、按键、液晶屏等的安装结构，可活动部件的表达，上下壳体之间的装配关系等。此部分用了一个全剖 B–B、一个阶梯剖 A–A 和多个局部剖来表达零件间的装配结构，重叠的剖面采取移出剖面的形式。

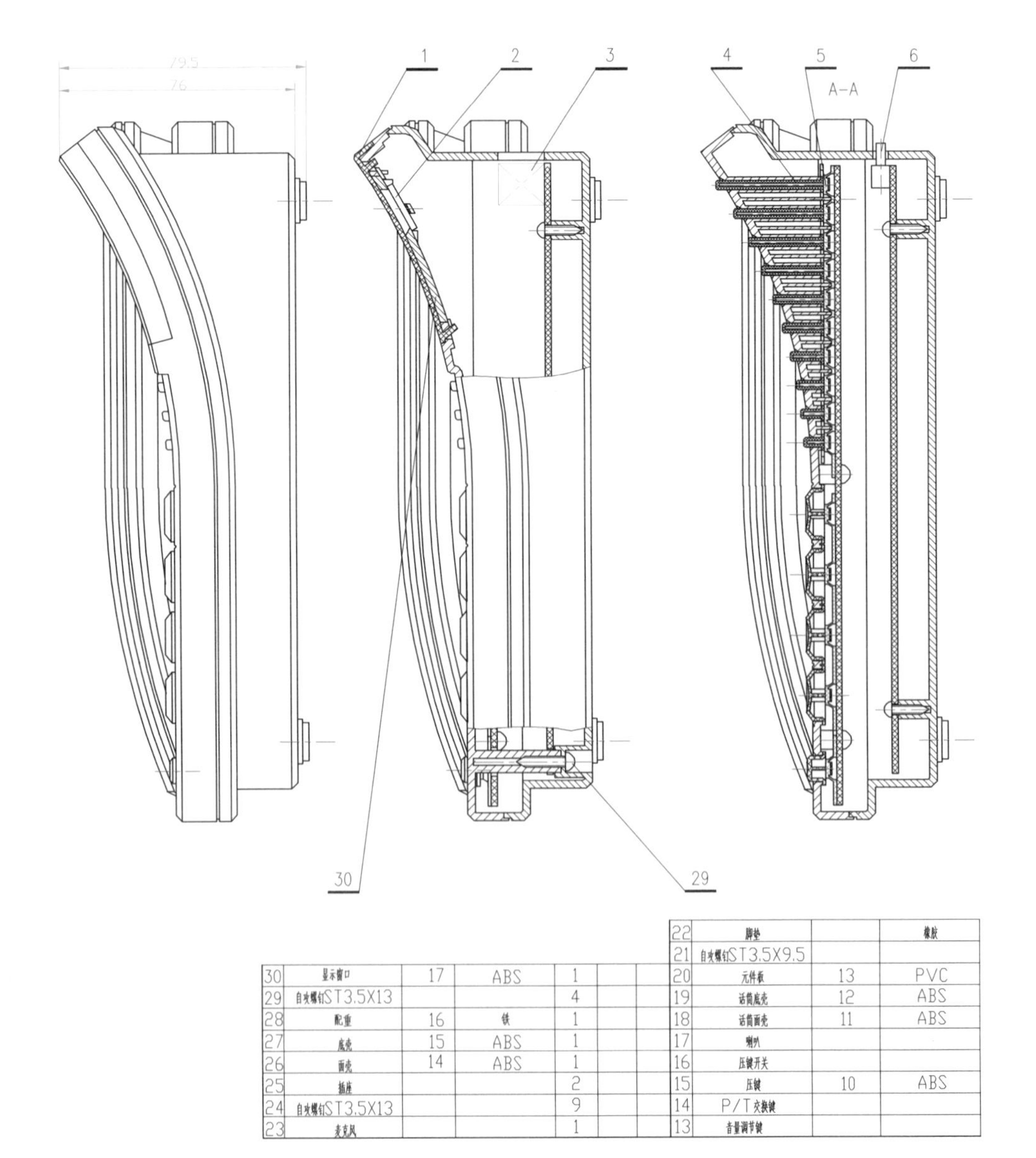

30	显示窗口	17	ABS	1		
29	自攻螺钉ST3.5X13			4		
28	配重	16	铁	1		
27	底壳	15	ABS	1		
26	面壳	14	ABS	1		
25	插座			2		
24	自攻螺钉ST3.5X13			9		
23	麦克风			1		

22	脚垫		橡胶
21	自攻螺钉ST3.5X9.5		
20	元件板	13	PVC
19	话筒底壳	12	ABS
18	话筒面壳	11	ABS
17	喇叭		
16	压键开关		
15	压键	10	ABS
14	P/T交换键		
13	音量调节键		

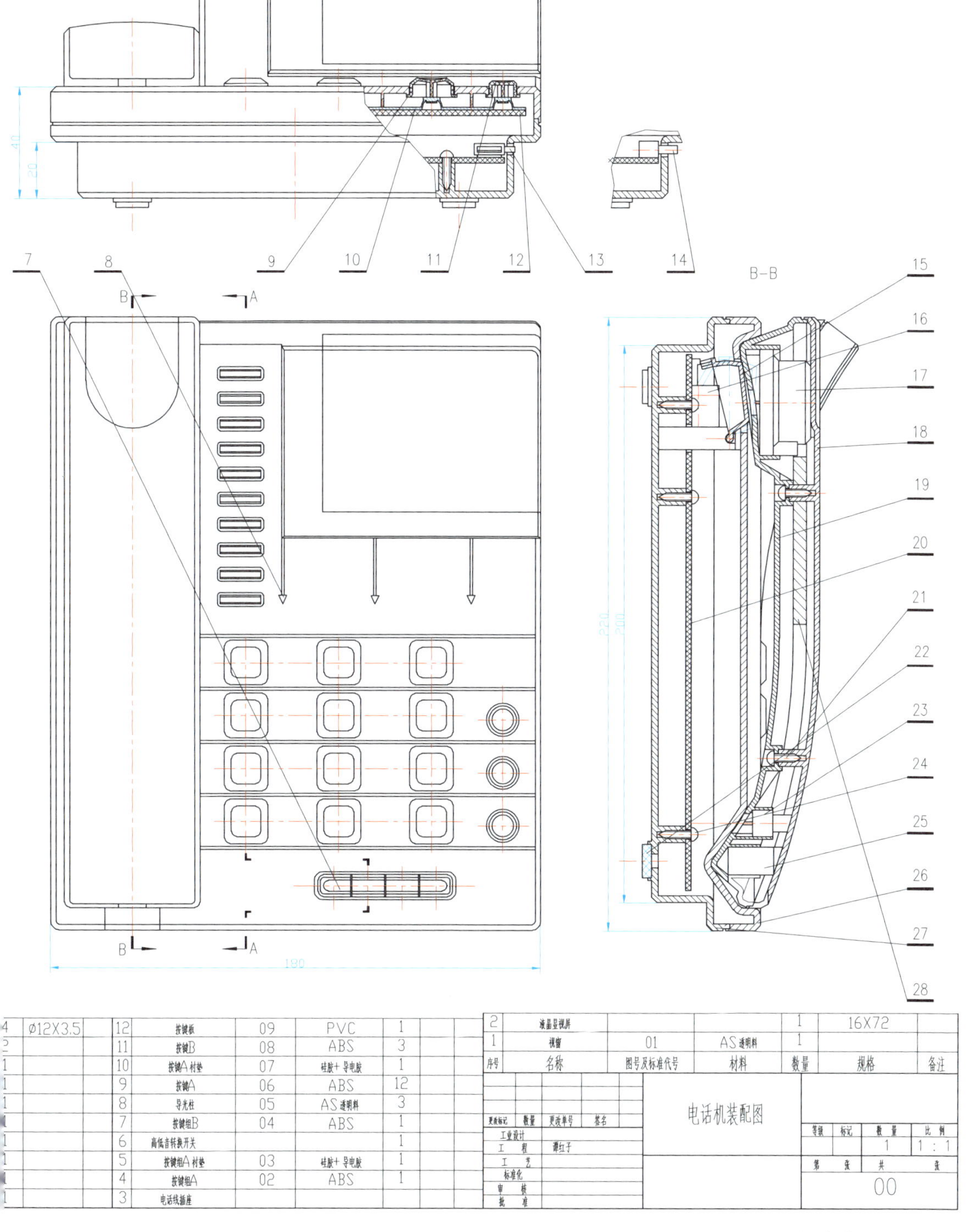

4	Ø12X3.5	
2		
1		
1		
1		
1		
1		
1		
1		
1		

序号	名称	图号及标准代号	材料	数量	规格	备注
12	按键板	09	PVC	1		
11	按键B	08	ABS	3		
10	按键A 衬垫	07	硅胶+ 导电胶	1		
9	按键A	06	ABS	12		
8	导光柱	05	AS 透明料	3		
7	按键组B	04	ABS	1		
6	高低音转换开关			1		
5	按键组A 衬垫	03	硅胶+ 导电胶	1		
4	按键组A	02	ABS	1		
3	电话线插座					
2	液晶显视屏			1	16X72	
1	视窗	01	AS 透明料	1		

图 4-2-1 电话机装配图，谭红子作

台式电话机零件图——面壳

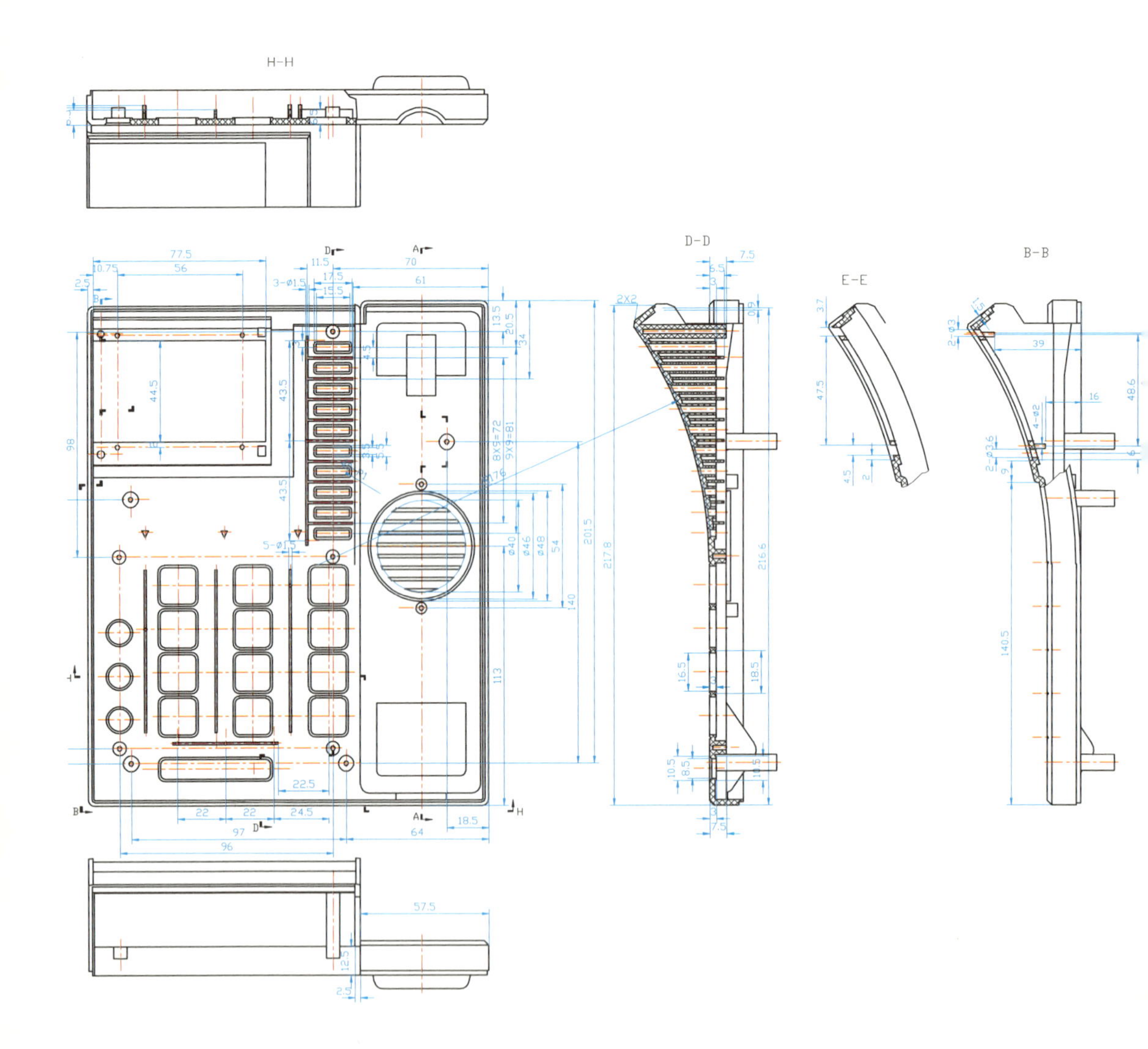

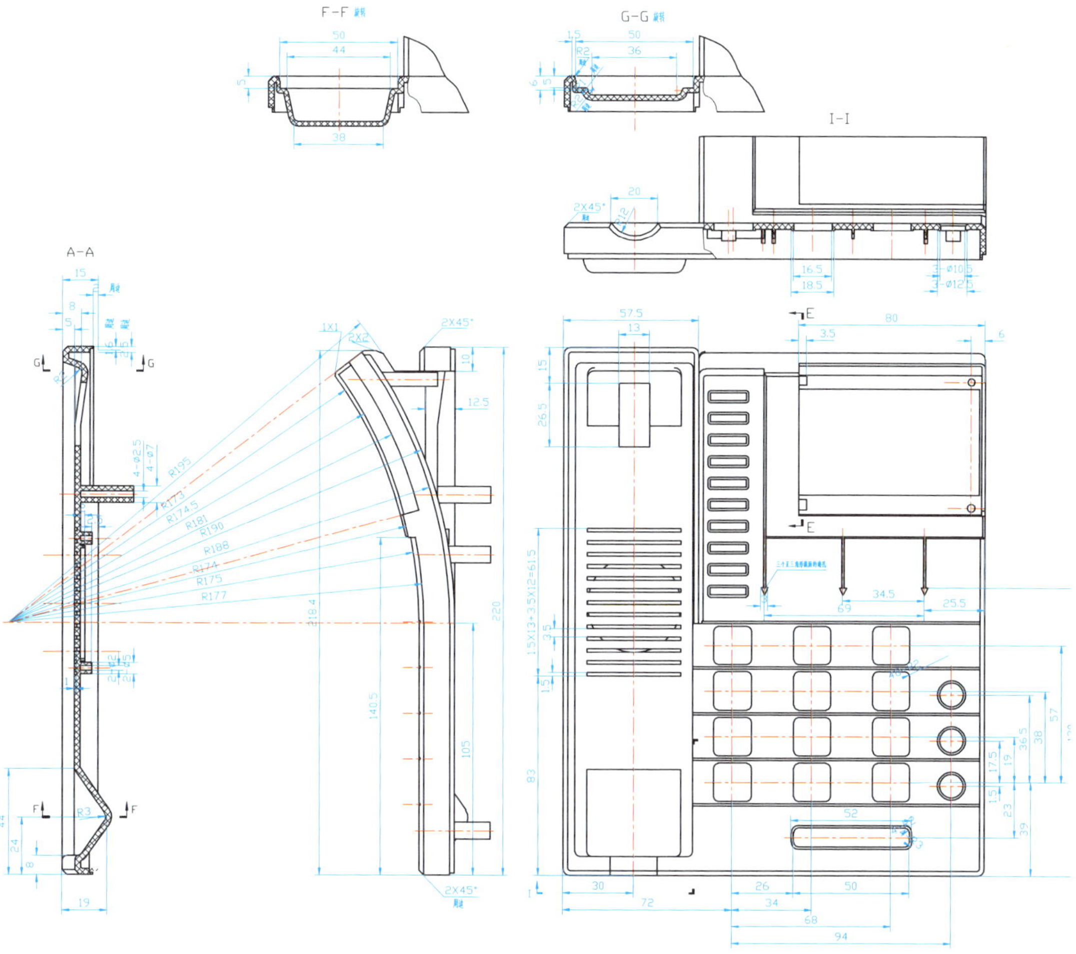

注：未注壁厚均为2.5mm。
装饰凹槽：宽1mm，深0.8mm。

更改标记	数量	更改单号	签名	面壳	等级	标记	数量	比例
工业设计							1	1:1
工　程				ABS	第　张		共　张	
工　艺	谭红子						14	
标准化								
审　核								
批　准								

图 4-2-2 电话机面壳，谭红子作

台式电话机零件图——底壳

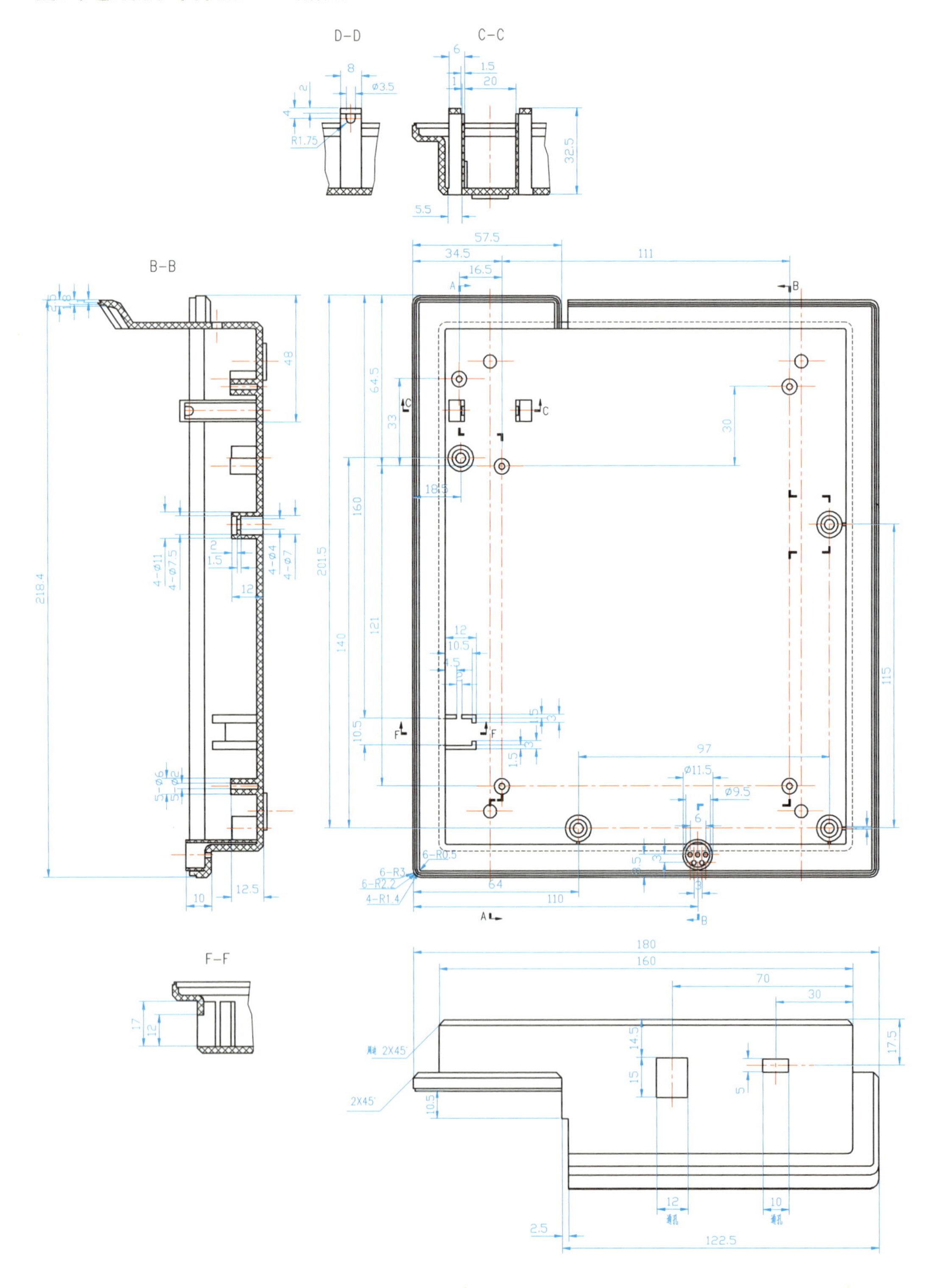

图 4-2-3 电话机底壳，谭红子作

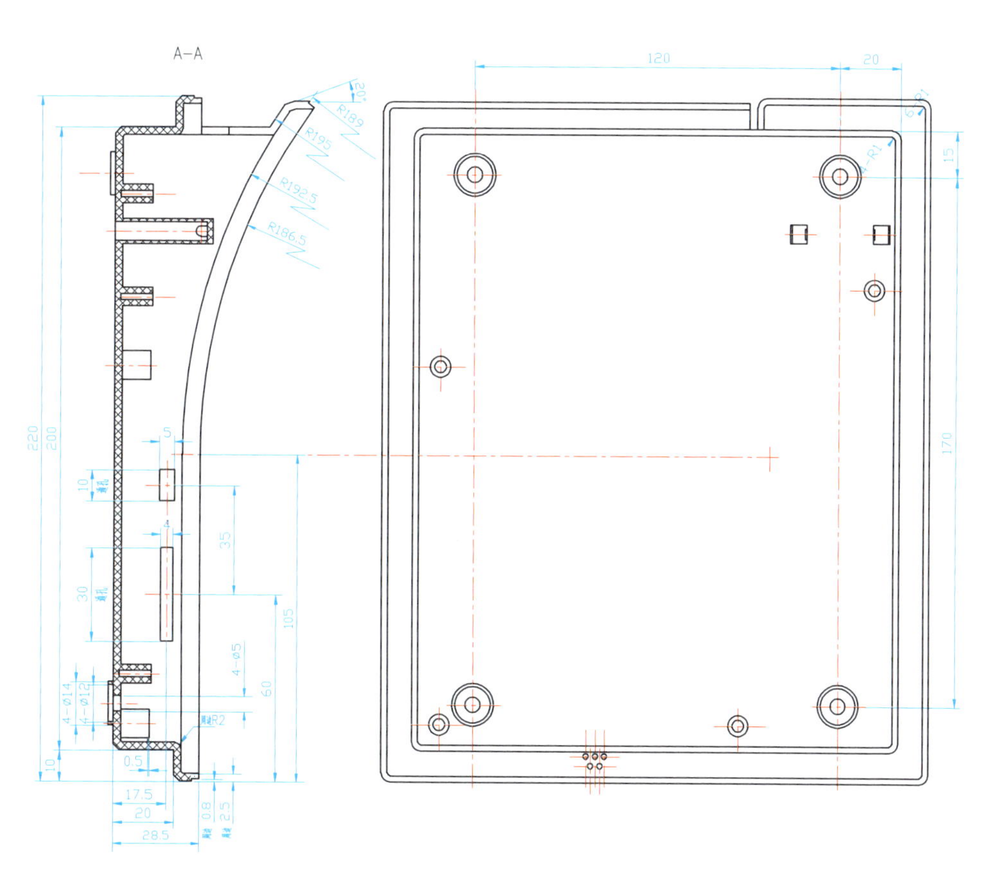

注：未注壁厚均为2.5mm。

					底壳				
更改标记	数量	更改单号	签名						
工业设计						等级	标记	数量	比例
工　程	谭红子							1	1∶1
工　艺					ABS	第　张		共　张	
标准化						15			
审　核									
批　准									

台式电话机零件图——按键组 A

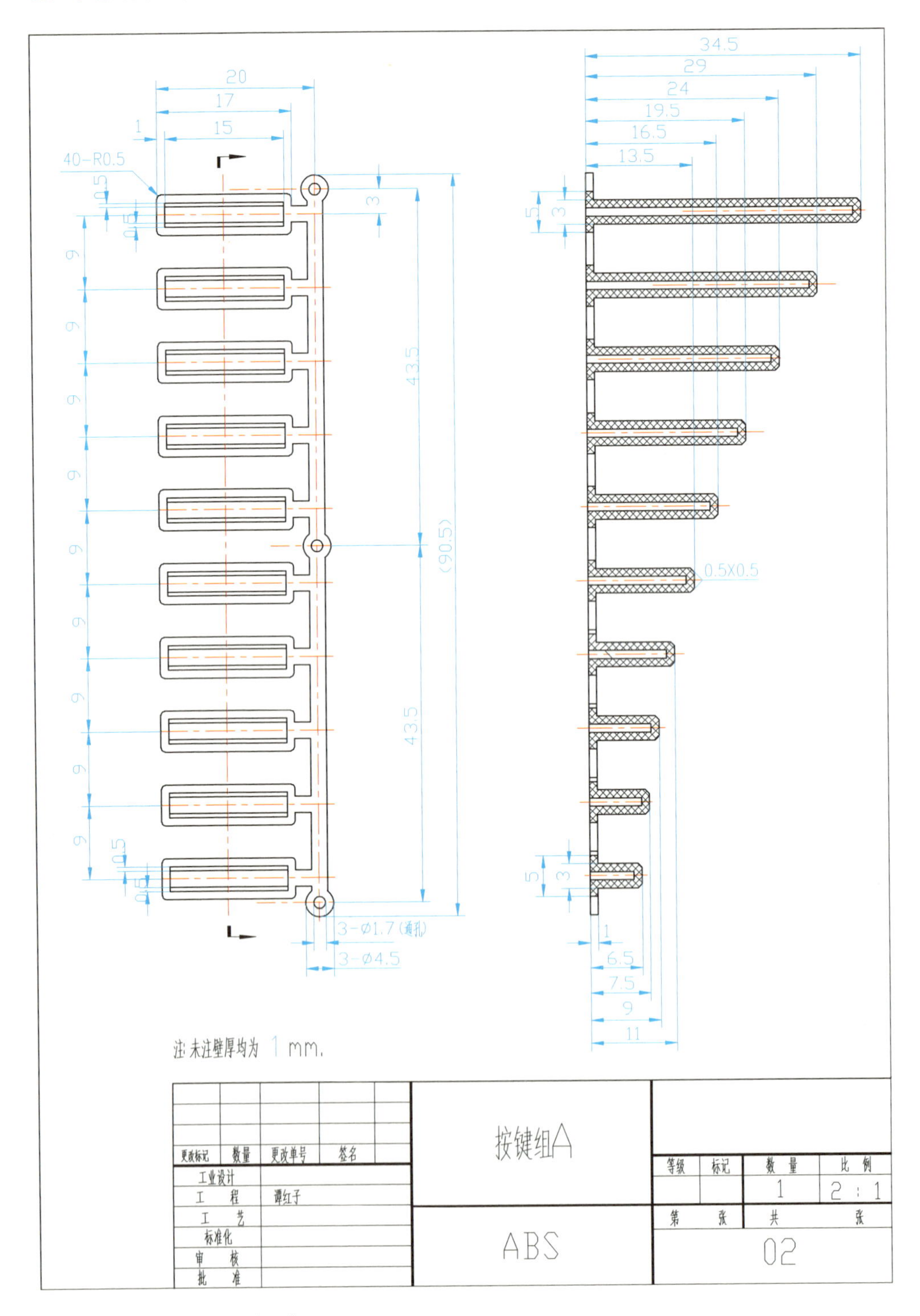

图 4-2-4 电话机按键组 A，谭红子作

台式电话机零件图——按键组 A 衬垫

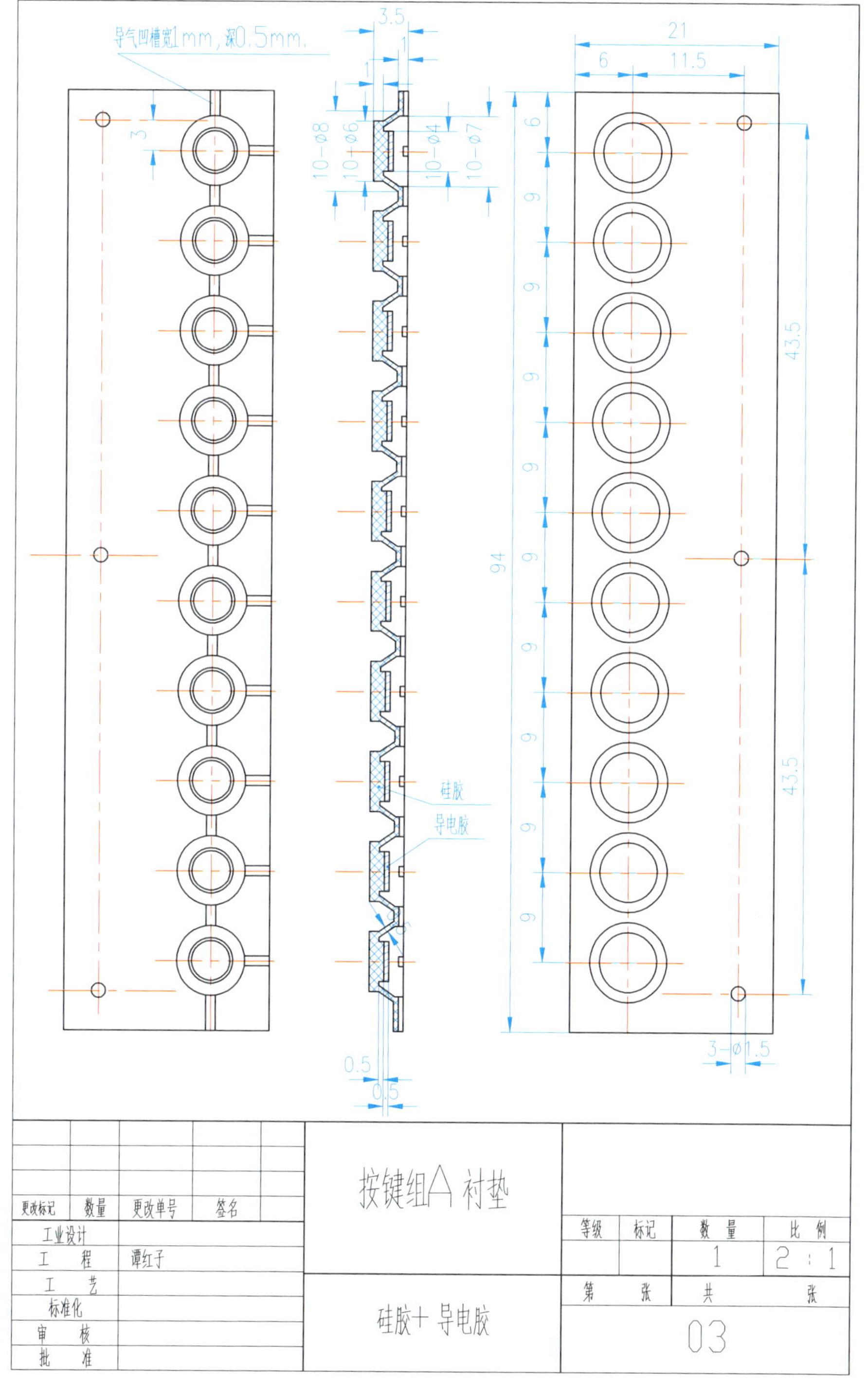

图 4-2-5 电话机按键组 A 衬垫，谭红子作

台式电话机零件图——按键组 B

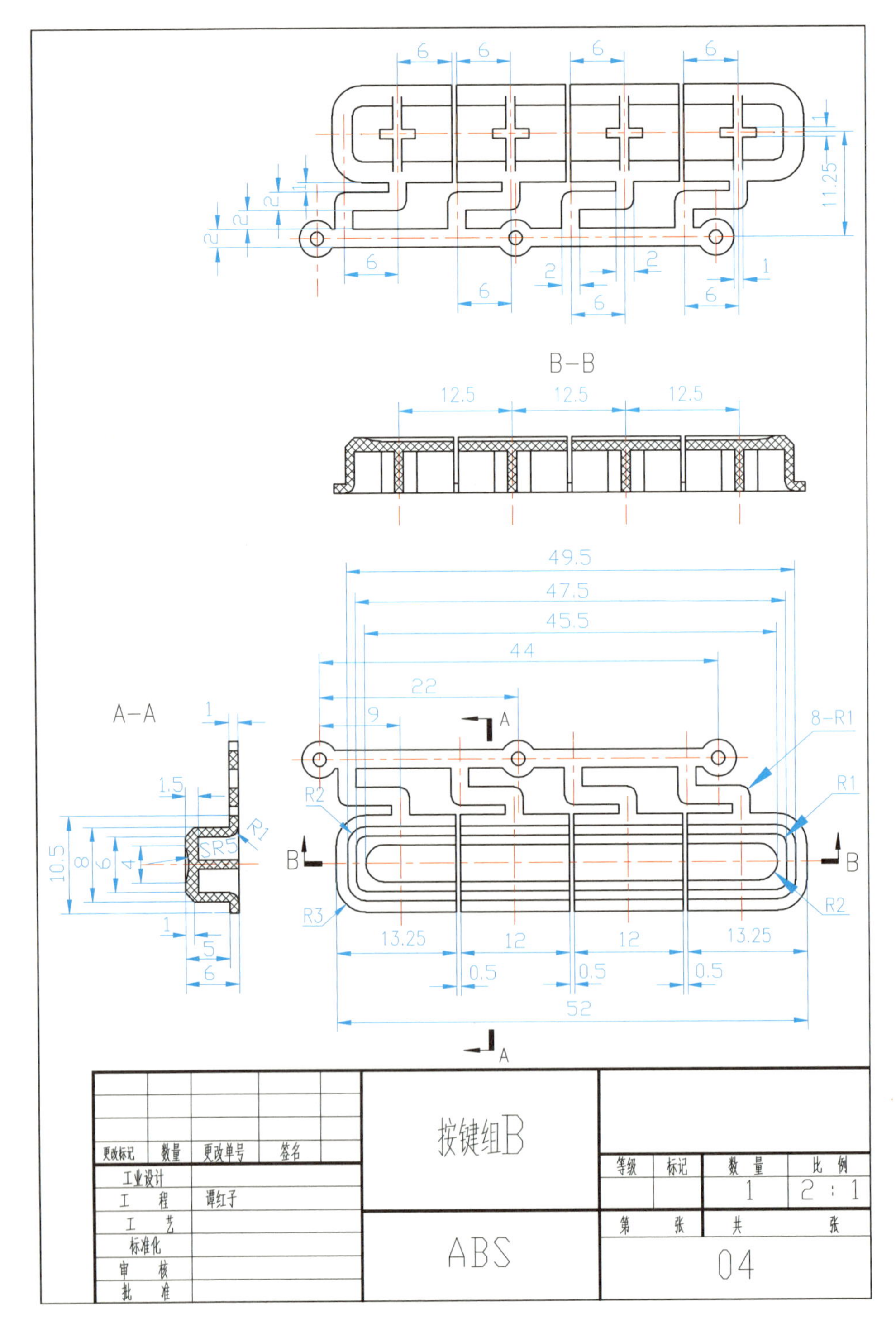

图 4-2-6 电话机按键组 B，谭红子作

几种常用部件的设计

（1）隐藏螺钉：螺钉沉孔巧妙地被防滑垫遮挡。

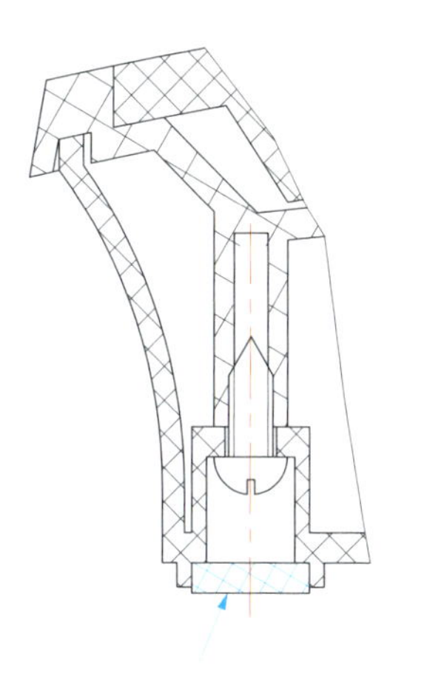

图 4-3 隐藏螺钉的设计，广州美术学院 04 级设计学，颜健莹作

（2）减少螺钉数：部分螺钉被插接取代，装配更加便捷。

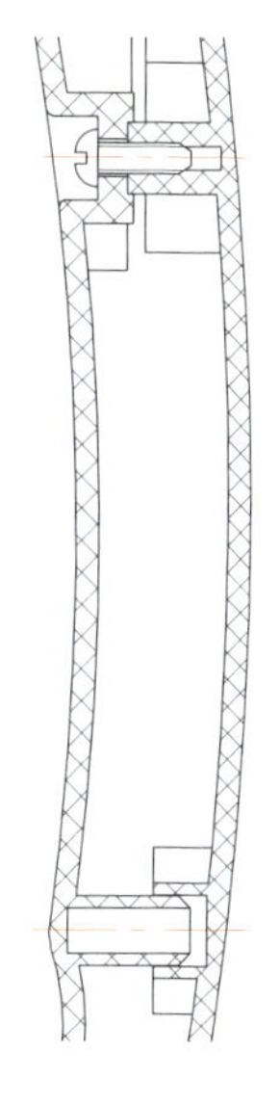

图 4-4 减少螺钉数的设计，广州美术学院 02 级工业设计，黄侃作

（3）按键组的固定：插接既可靠，又方便装配。

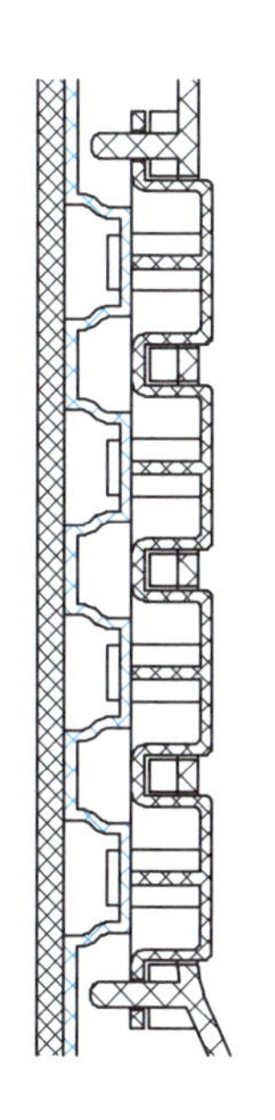

图 4-5 按键组的固定，广州美术学院 02 级工业设计，黄侃作

（4）立柱端面留缝隙：以保证外壳完全吻合。

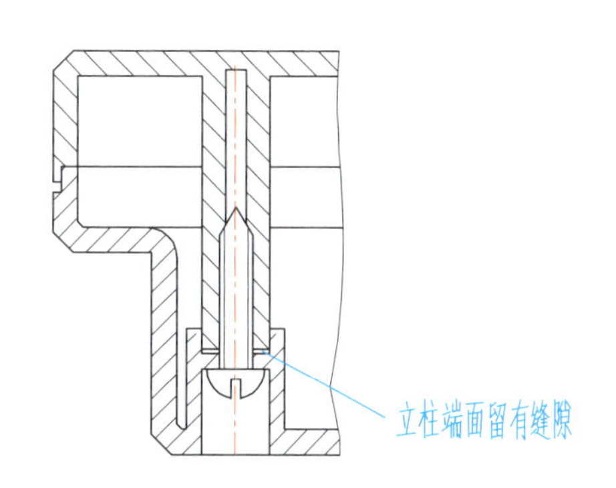

图 4-6 立柱端面留有缝隙，广州美术学院 02 级工业设计，王臻作

直板手机装配图

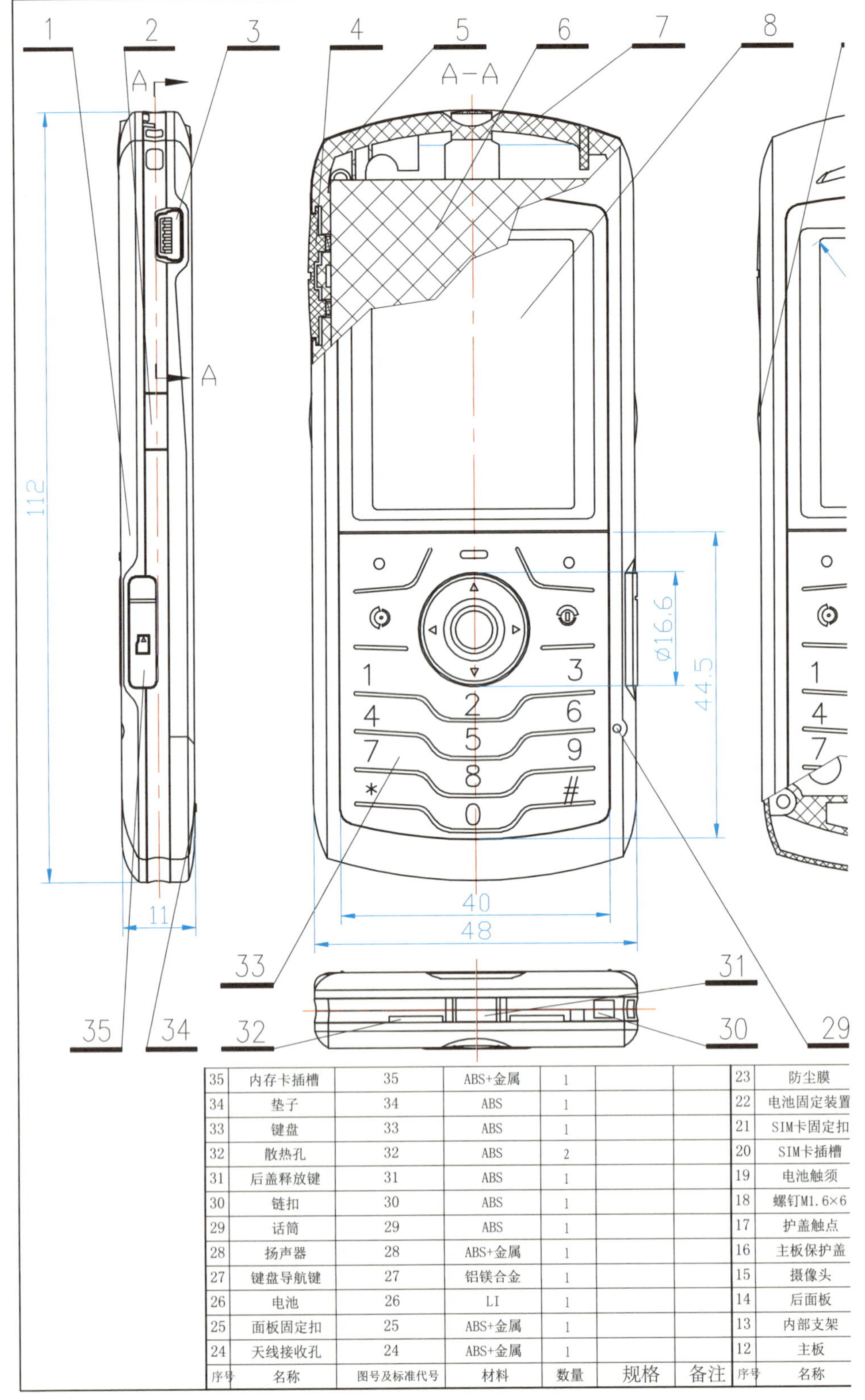

序号	名称	图号及标准代号	材料	数量	规格	备注
35	内存卡插槽	35	ABS+金属	1		
34	垫子	34	ABS	1		
33	键盘	33	ABS	1		
32	散热孔	32	ABS	2		
31	后盖释放键	31	ABS	1		
30	链扣	30	ABS	1		
29	话筒	29	ABS	1		
28	扬声器	28	ABS+金属	1		
27	键盘导航键	27	铝镁合金	1		
26	电池	26	LI	1		
25	面板固定扣	25	ABS+金属	1		
24	天线接收孔	24	ABS+金属	1		

序号	名称
23	防尘膜
22	电池固定装置
21	SIM卡固定扣
20	SIM卡插槽
19	电池触须
18	螺钉M1.6×6
17	护盖触点
16	主板保护盖
15	摄像头
14	后面板
13	内部支架
12	主板

图 4-7 直板手机，广州美术学院 07 级设计学，林剑锋作

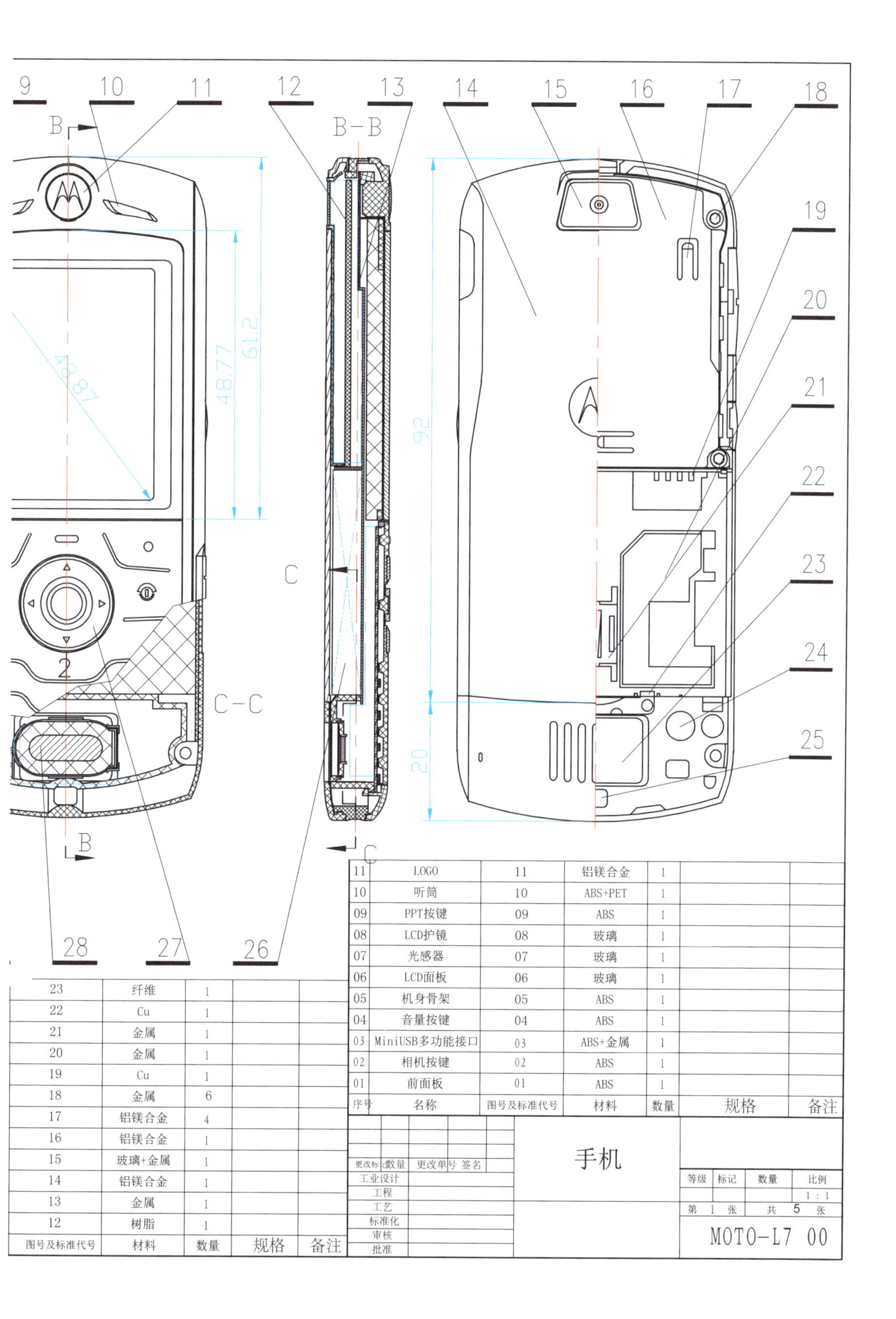

序号	名称	图号及标准代号	材料	数量	规格	备注
11	LOGO	11	铝镁合金	1		
10	听筒	10	ABS+PET	1		
09	PPT按键	09	ABS	1		
08	LCD护镜	08	玻璃	1		
07	光感器	07	玻璃	1		
06	LCD面板	06	玻璃	1		
05	机身骨架	05	ABS	1		
04	音量按键	04	ABS	1		
03	MiniUSB多功能接口	03	ABS+金属	1		
02	相机按键	02	ABS	1		
01	前面板	01	ABS	1		

图号及标准代号	材料	数量	规格	备注
23	纤维	1		
22	Cu	1		
21	金属	1		
20	金属	1		
19	Cu	1		
18	金属	6		
17	铝镁合金	4		
16	铝镁合金	1		
15	玻璃+金属	1		
14	铝镁合金	1		
13	金属	1		
12	树脂	1		

更改标记	数量	更改单号	签名	手机	等级	标记	数量	比例
工业设计								1:1
工程					第 1 张		共 5 张	
工艺					MOTO-L7 00			
标准化								
审核								
批准								

翻盖手机装配图（截选）

29	塑胶盖	塑胶	23	天线外帽	钢	17	电路板	复合材料	11	卡扣	塑料	5	弹簧	铜
28	铰链	塑料	22	键盘	塑料	16	排线	复合材料	10	电路信息接口	复合材料	4	卡键	塑料
27	绝缘泡沫	泡沫	21	大液晶屏	复合材料	15	防震垫	泡沫	9	麦克	复合材料	3	防震垫	泡沫垫
26	天线导电片	铜	20	金属罩	铜片	14	摄像头	复合材料	8	金属键	合金	2	金属罩	铜片
25	线圈	铜	19	按键	塑料	13	金属卡扣	铜	7	导电橡胶	导电橡胶	1	外壳	塑料
24	天线内罩	钢	18	小液晶屏	复合材料	12	触碰按键	复合材料	6	电路板	复合材料	**序号**	**名称**	**材料**
33	按键板	复合材料												
32	侧面按键	塑料												
31	电路板	复合材料												
30	耳机插口	复合材料												

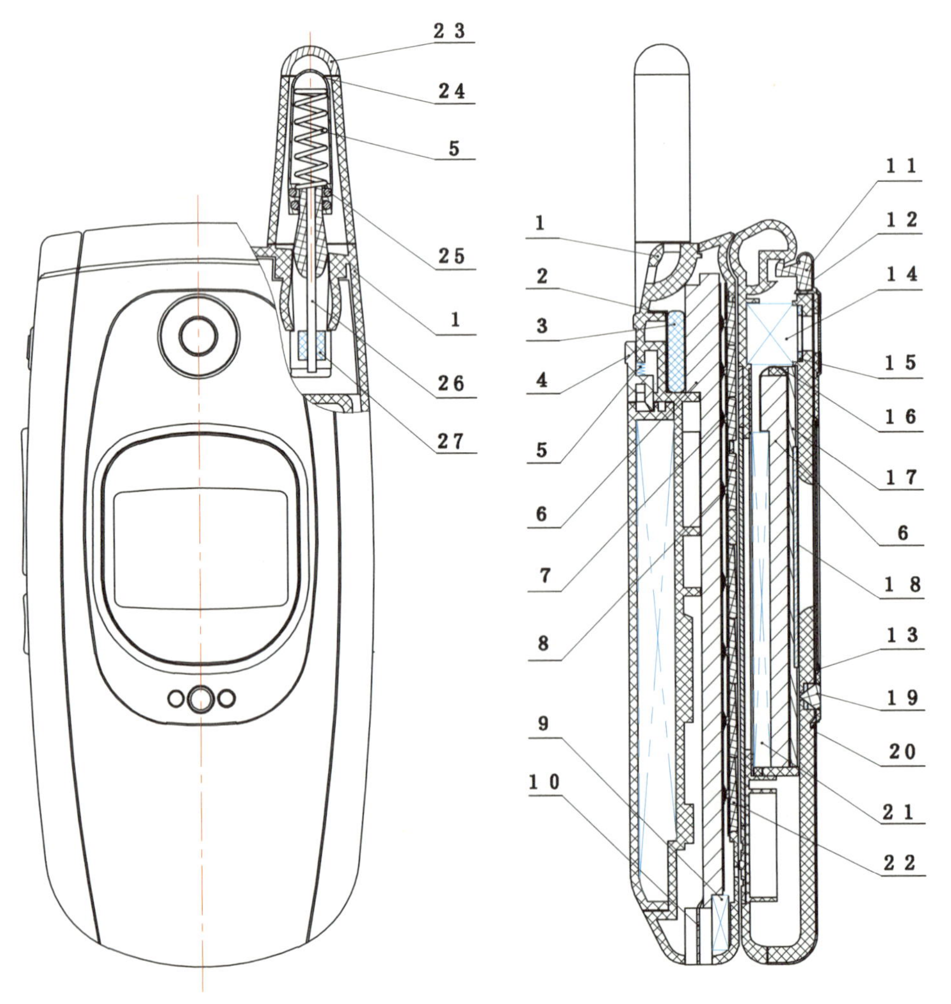

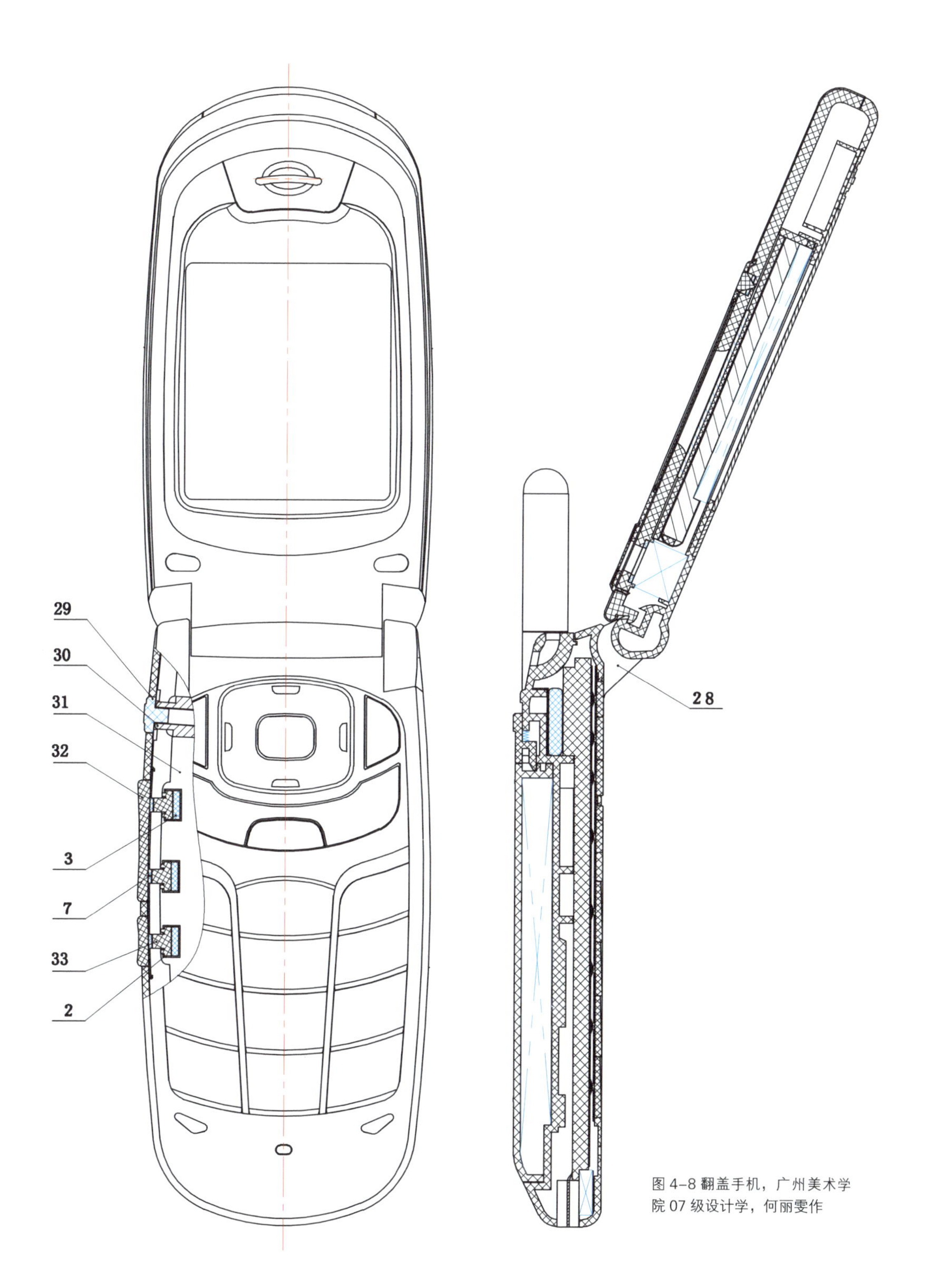

图 4-8 翻盖手机，广州美术学院 07 级设计学，何丽雯作

收音机 1 装配图

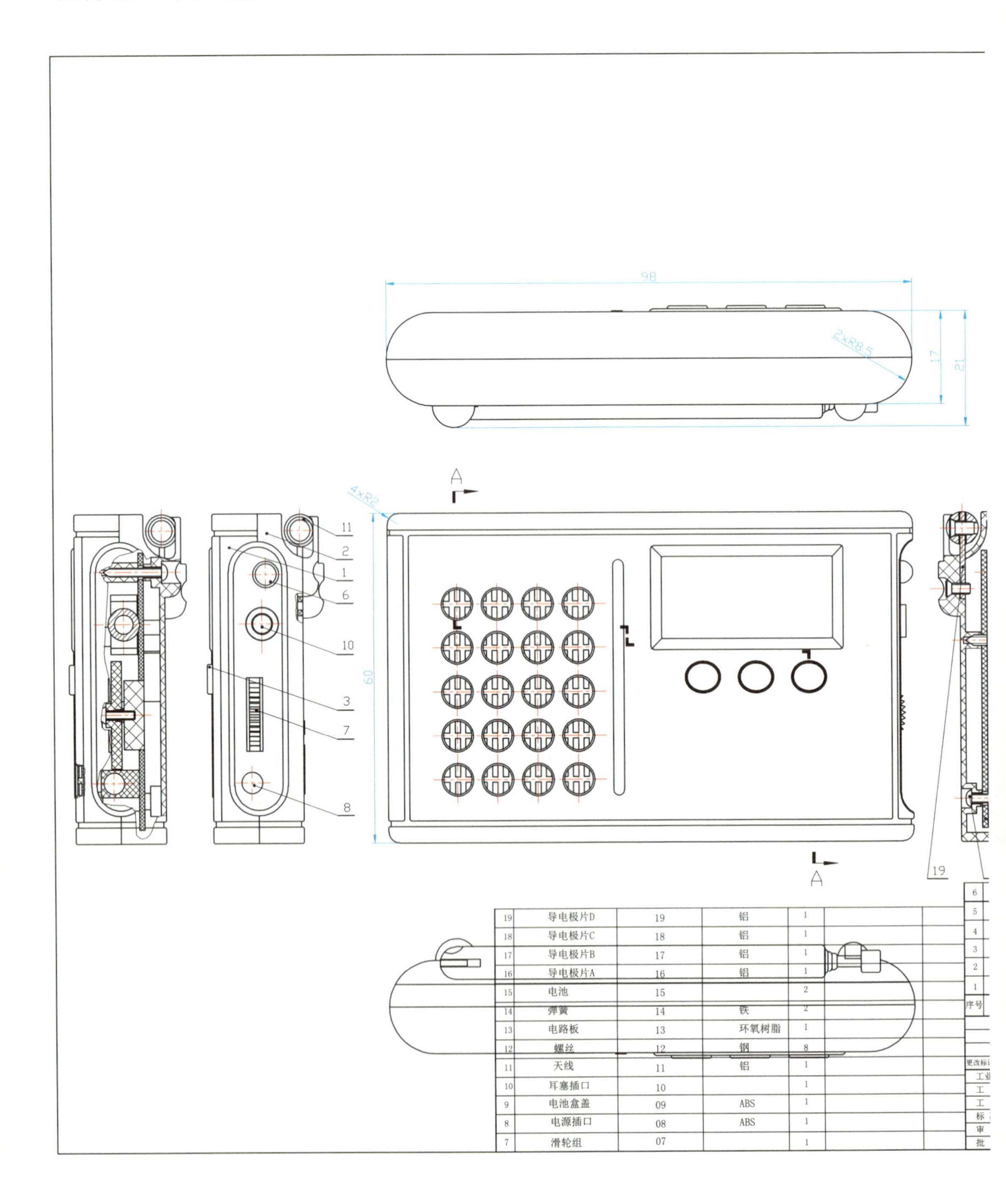

19	导电极片D	19	铝	1
18	导电极片C	18	铝	1
17	导电极片B	17	铝	1
16	导电极片A	16	铝	1
15	电池	15		2
14	弹簧	14	铁	2
13	电路板	13	环氧树脂	1
12	螺丝	12	钢	8
11	天线	11	铝	1
10	耳塞插口	10		1
9	电池盒盖	09	ABS	1
8	电源插口	08	ABS	1
7	滑轮组	07		1

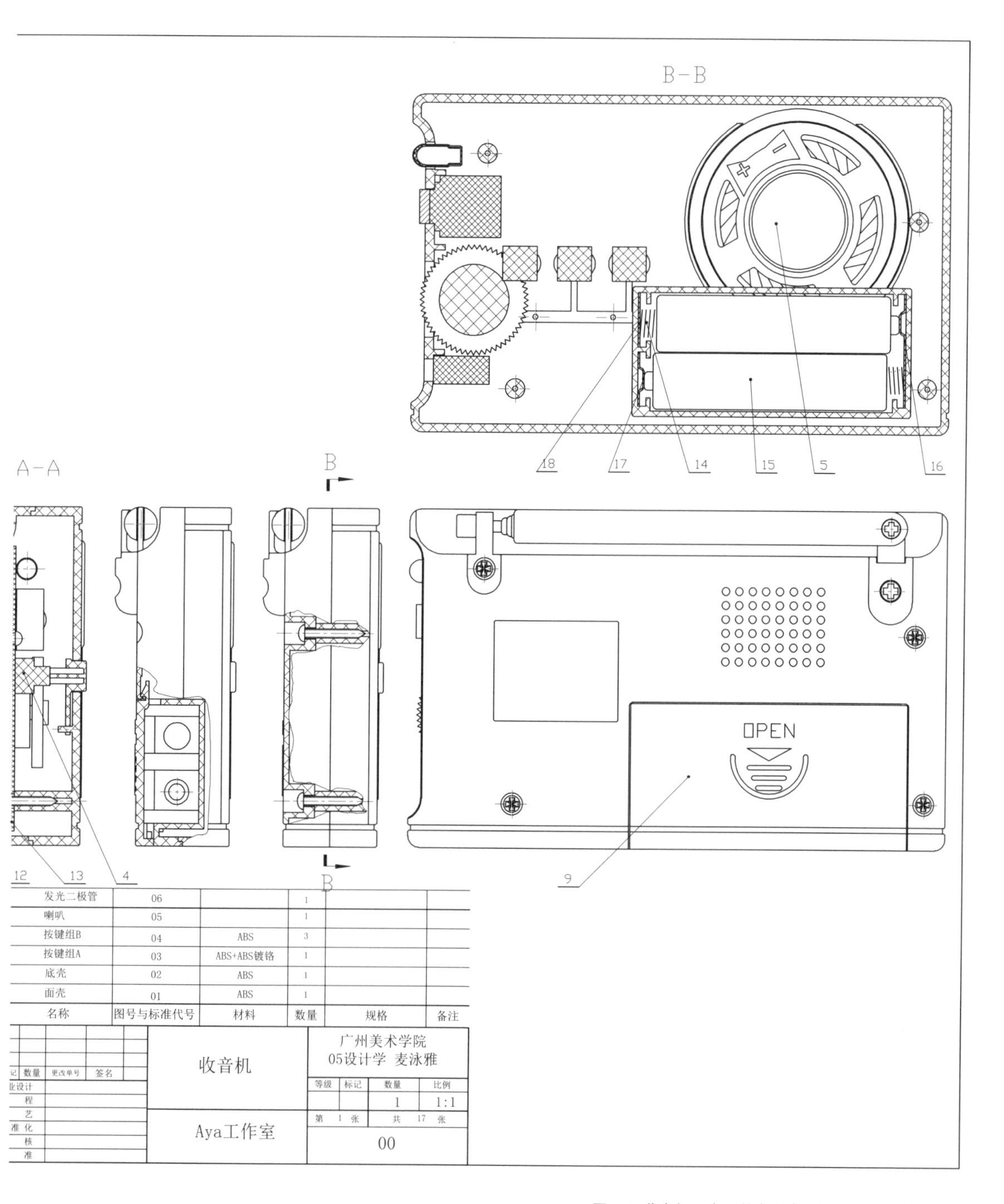

图 4-9 收音机，广州美术学院 05 级设计学，麦泳雅作

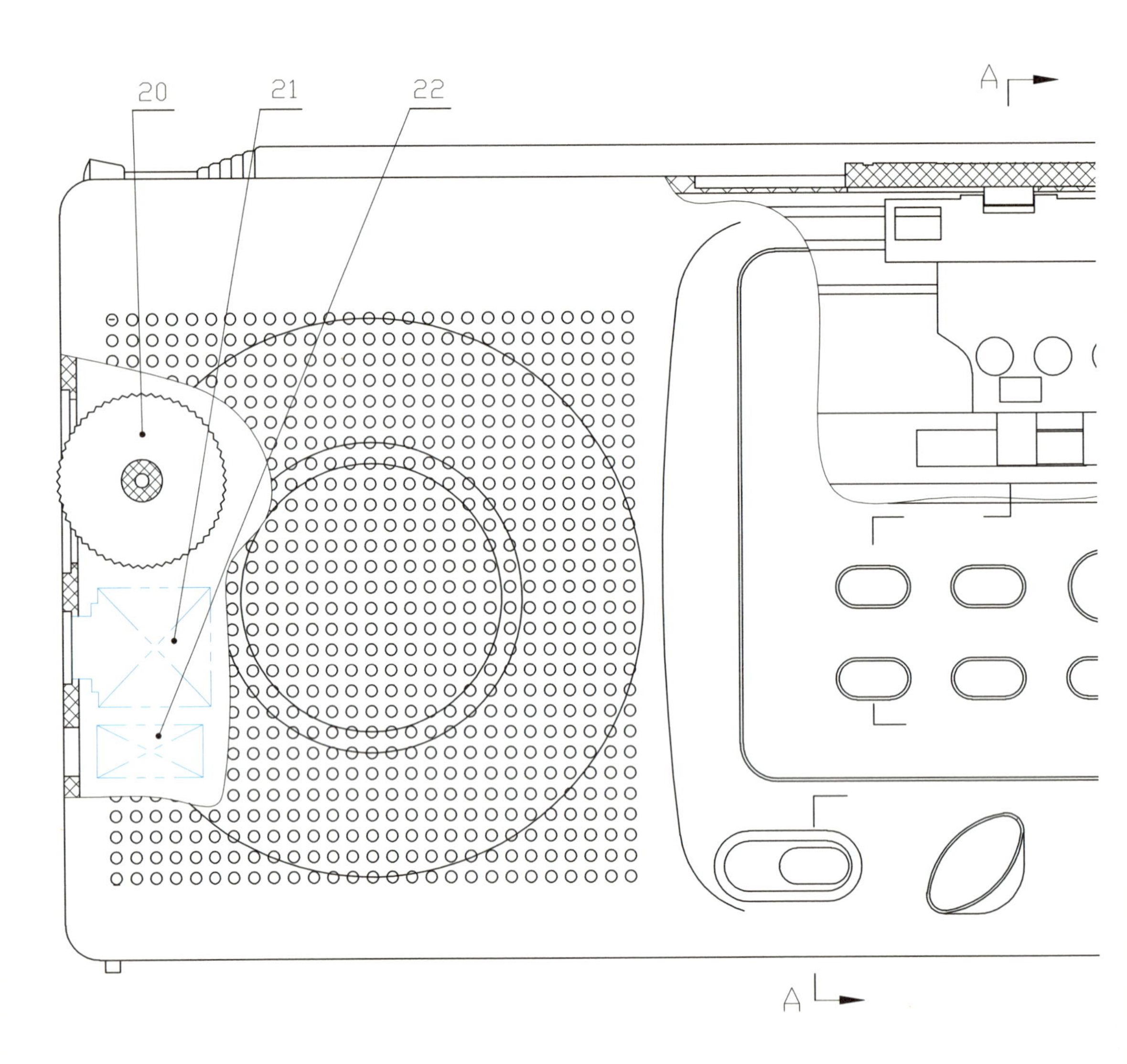

收音机 2 装配图（截选）

通过阶梯剖视表达出主要结构，未能剖切到的结构可用局部剖视灵活表达。零件编号应按逆时针或顺时针顺序编排。

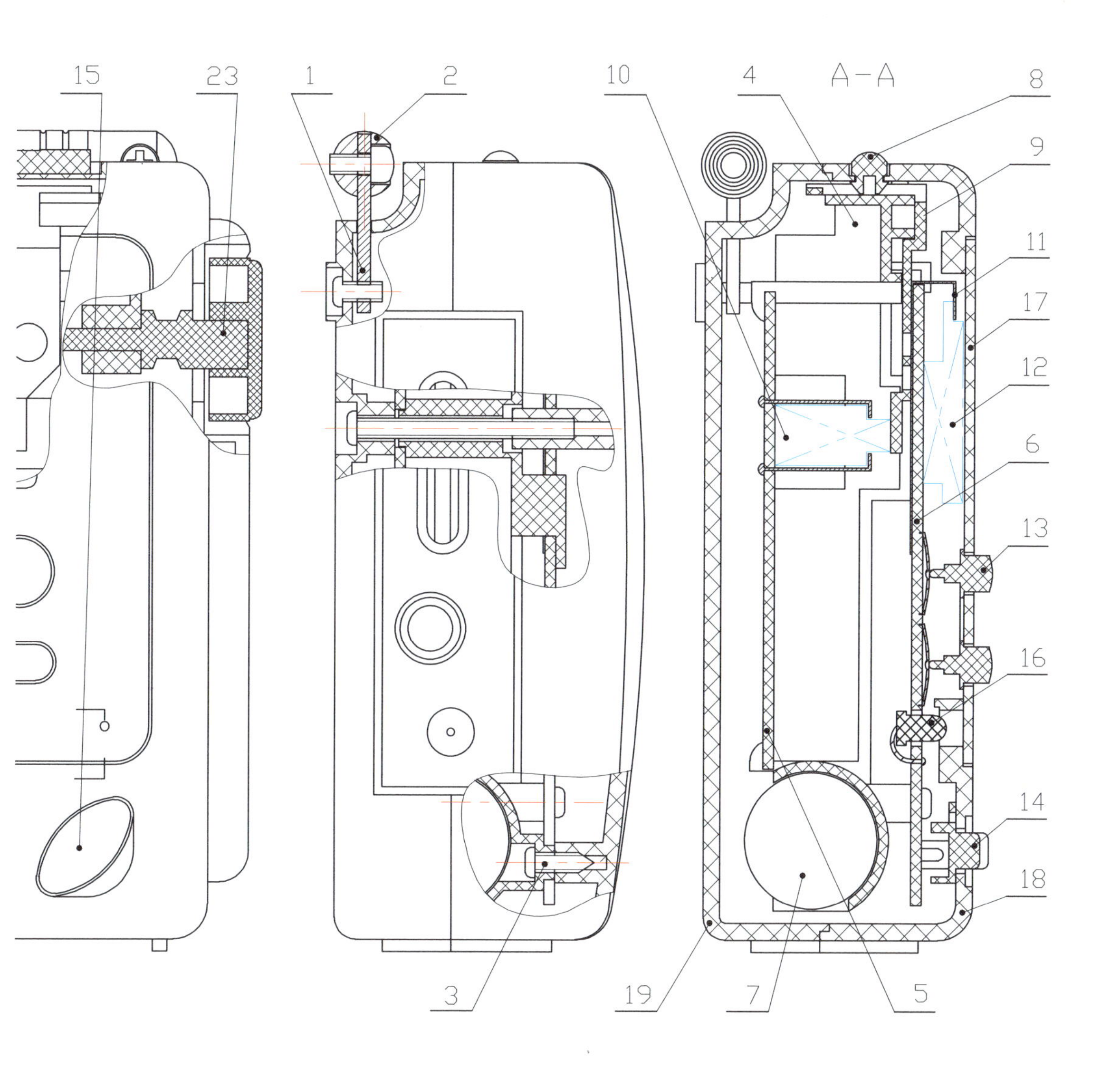

序号	名称	材料
1	导电极片A	铝
2	天线	铝
3	螺钉	钢
4	夹层壳	塑料
5	电路板A	环氧树脂
6	电路板B	环氧树脂
7	电池	
8	滑键A	塑料
9	滑键A附件	塑料
10	滑键A零件	塑料+铝
11	导电极片B	铝
12	屏幕	液晶
13	按键组A	塑料
14	滑键B	塑料+铝
15	按键组B	塑料
16	发光双极管	
17	面壳B	塑料
18	面壳A	塑料
19	底壳	塑料
20	滑轮组A	塑料+钢
21	耳塞插口	塑料+铝
22	电源插口	塑料
23	滑轮组B	塑料
24	喇叭	

图 4–10 收音机，广州美术学院 07 级设计学，陈妍冰作

收音机 3 装配图

正等轴测图

爆炸图是装配图的立体表达方式。在轴测图中，将装配中的各个组件沿装配方向拆开，即离开组件实际的装配位置，从而将产品的结构和装配关系更清晰地显示出来。

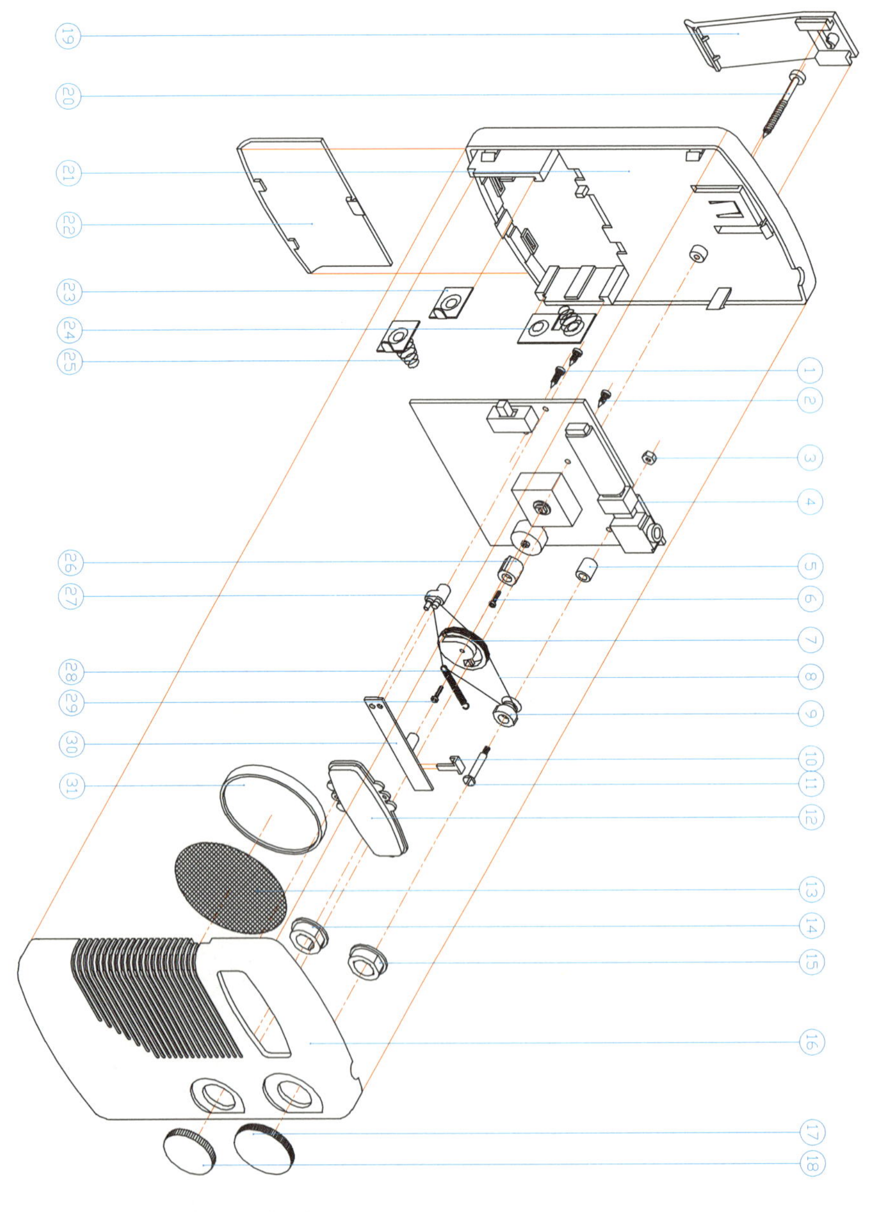

图 4-11 收音机轴测爆炸图，谭红子作

三维建模绘制的正等轴测图

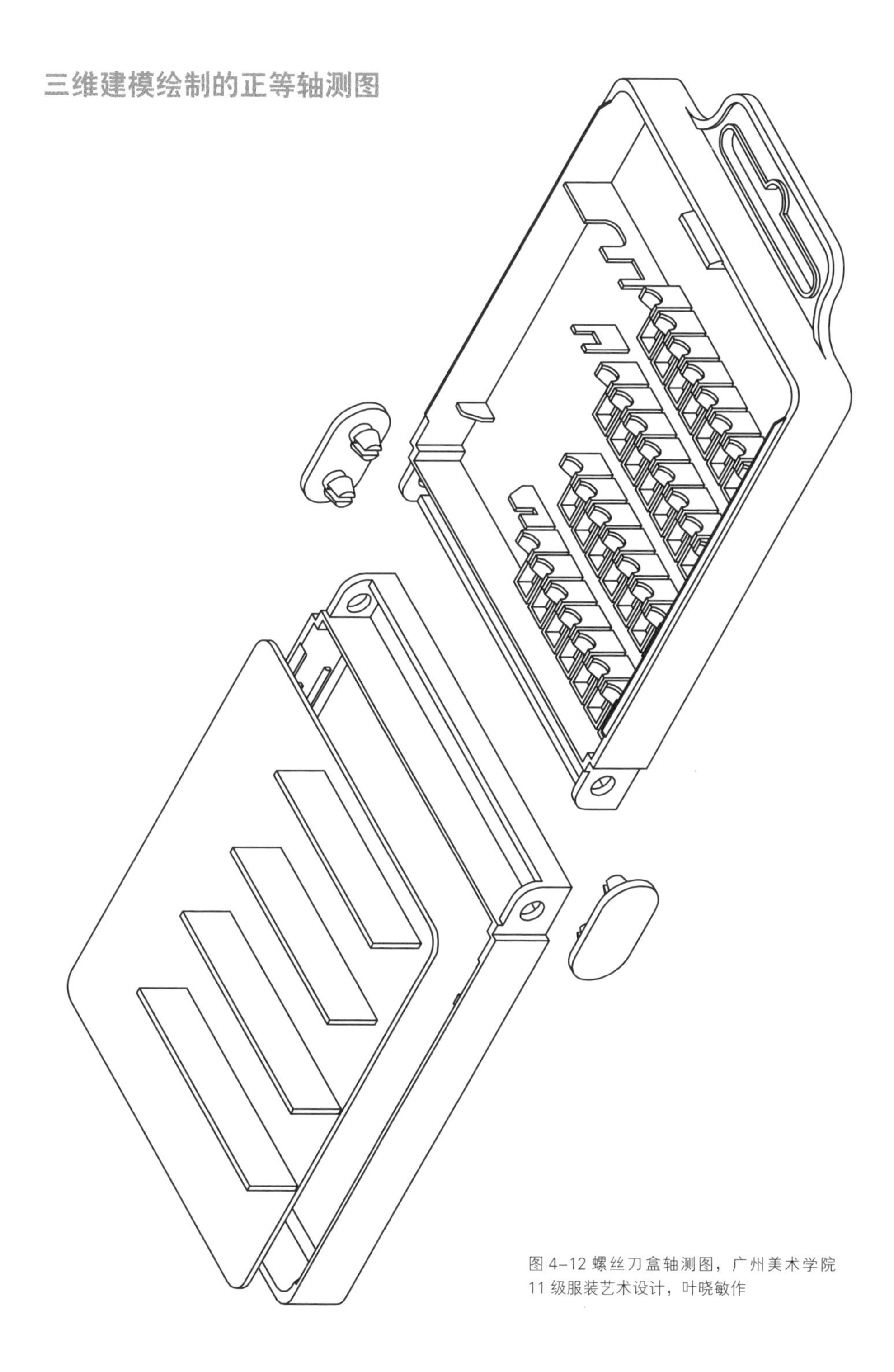

图 4-12 螺丝刀盒轴测图，广州美术学院 11 级服装艺术设计，叶晓敏作

遥控器装配图（截选）

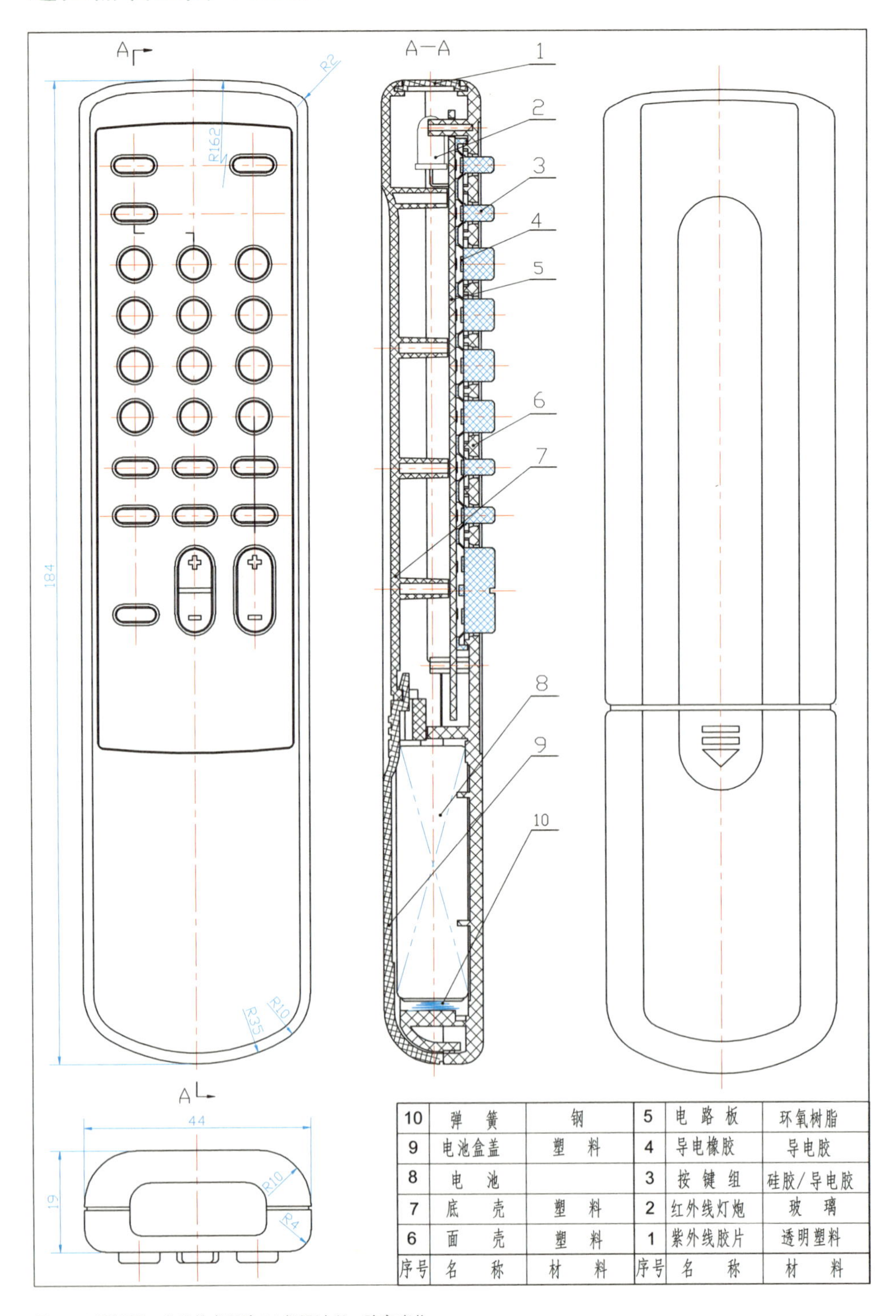

10	弹簧	钢	5	电路板	环氧树脂
9	电池盒盖	塑料	4	导电橡胶	导电胶
8	电池		3	按键组	硅胶/导电胶
7	底壳	塑料	2	红外线灯炮	玻璃
6	面壳	塑料	1	紫外线胶片	透明塑料
序号	名称	材料	序号	名称	材料

图 4-13 遥控器，广州美术学院 04 级设计学，陆宣晓作

电子游戏机装配图（截选）

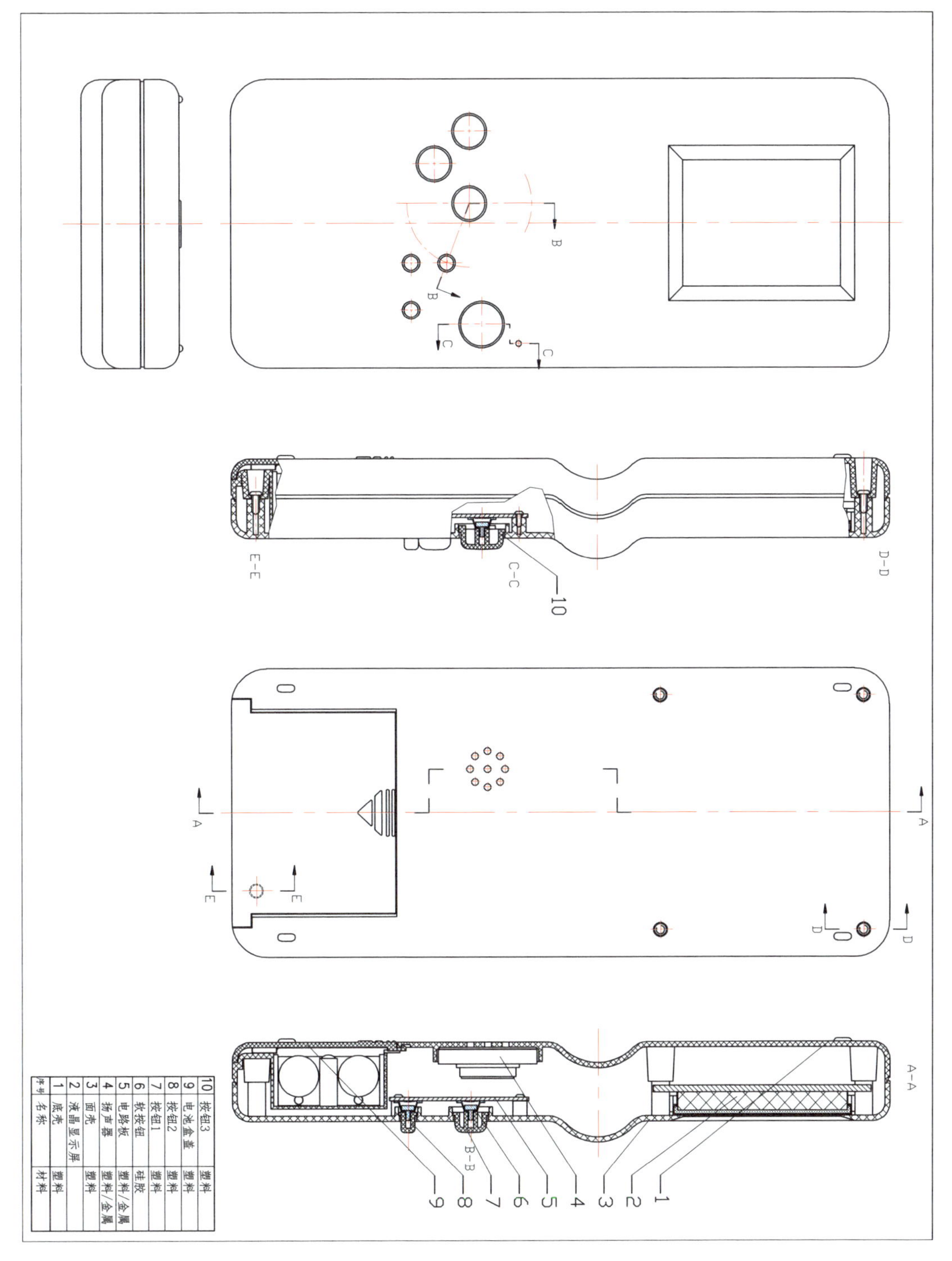

图 4-14 电子游戏机，广州美术学院 05 级设计学，黎晓珠作

游戏手柄装配图

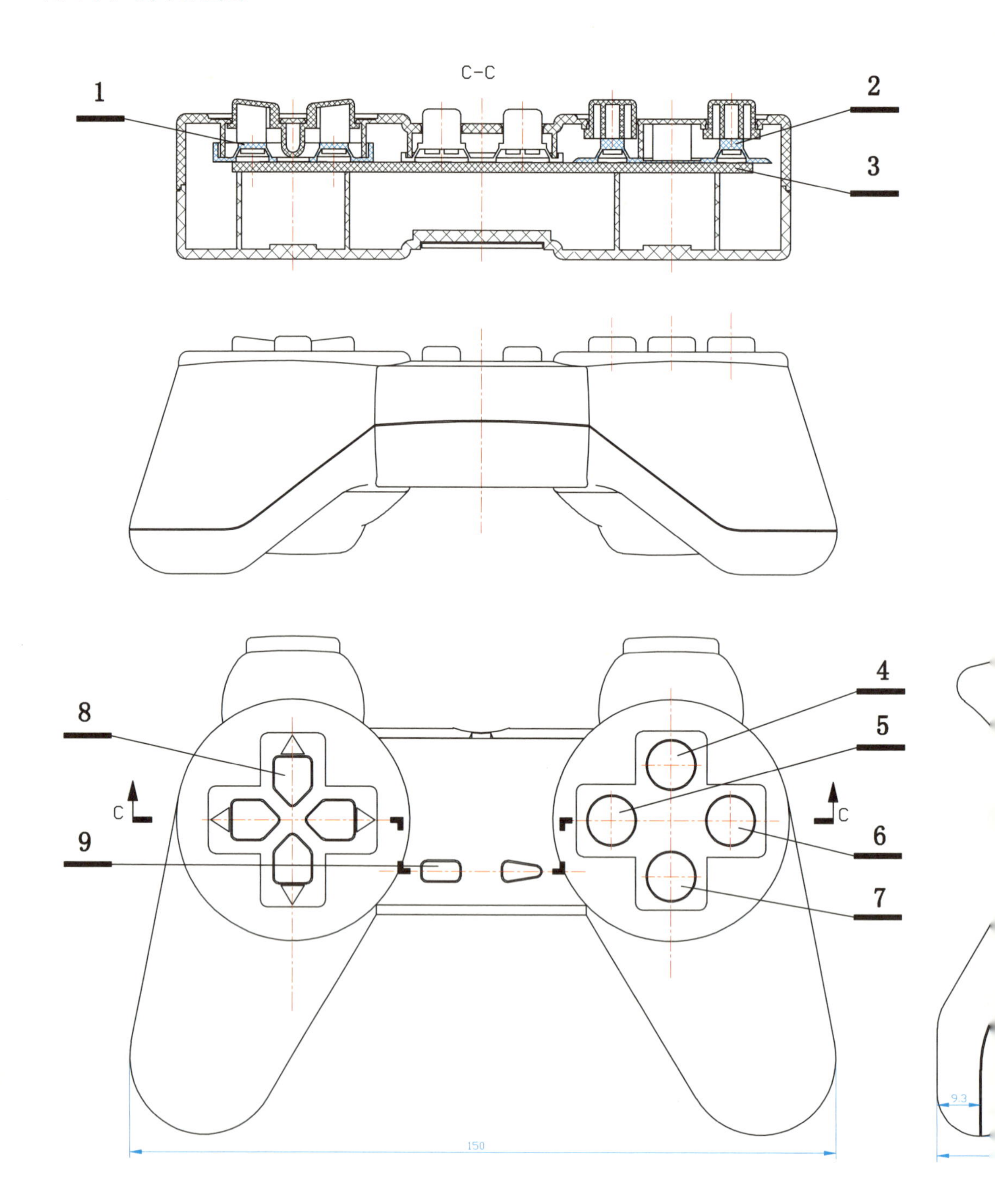

16	底壳	ABS	8	按键B	ABS
15	按键E-b	ABS	7	按键组C-d	ABS
14	按键E-a	ABS	6	按键组C-c	ABS
13	面壳	ABS	5	按键组C-b	ABS
12	螺钉		4	按键组C-a	ABS
11	电路板B		3	电路板A	
10	按键组E衬垫	硅胶和导电胶	2	按键组C衬垫	硅胶和导电胶
9	按键D	硅胶和导电胶	1	按键A衬垫	硅胶和导电胶
序号	名称	材料	序号	名称	材料

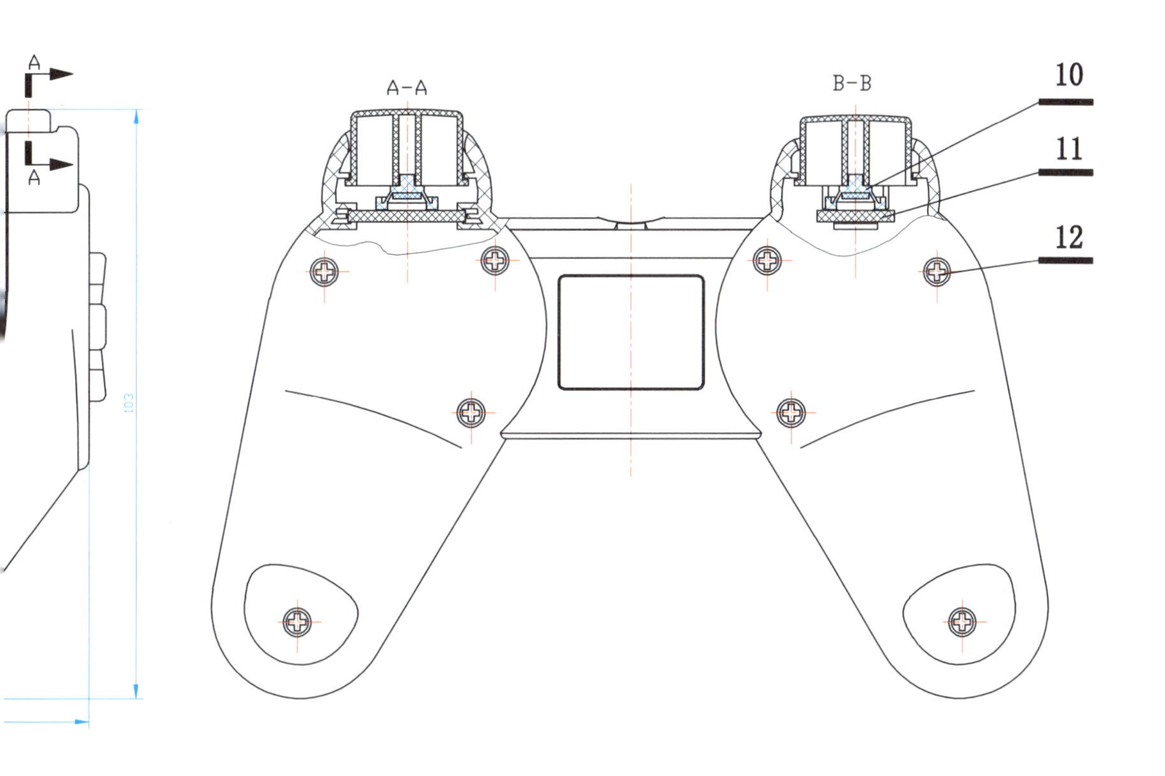

图 4-15 游戏手柄，广州美术学院 05 级设计学，周瑞娟作

IC 卡录入器装配图

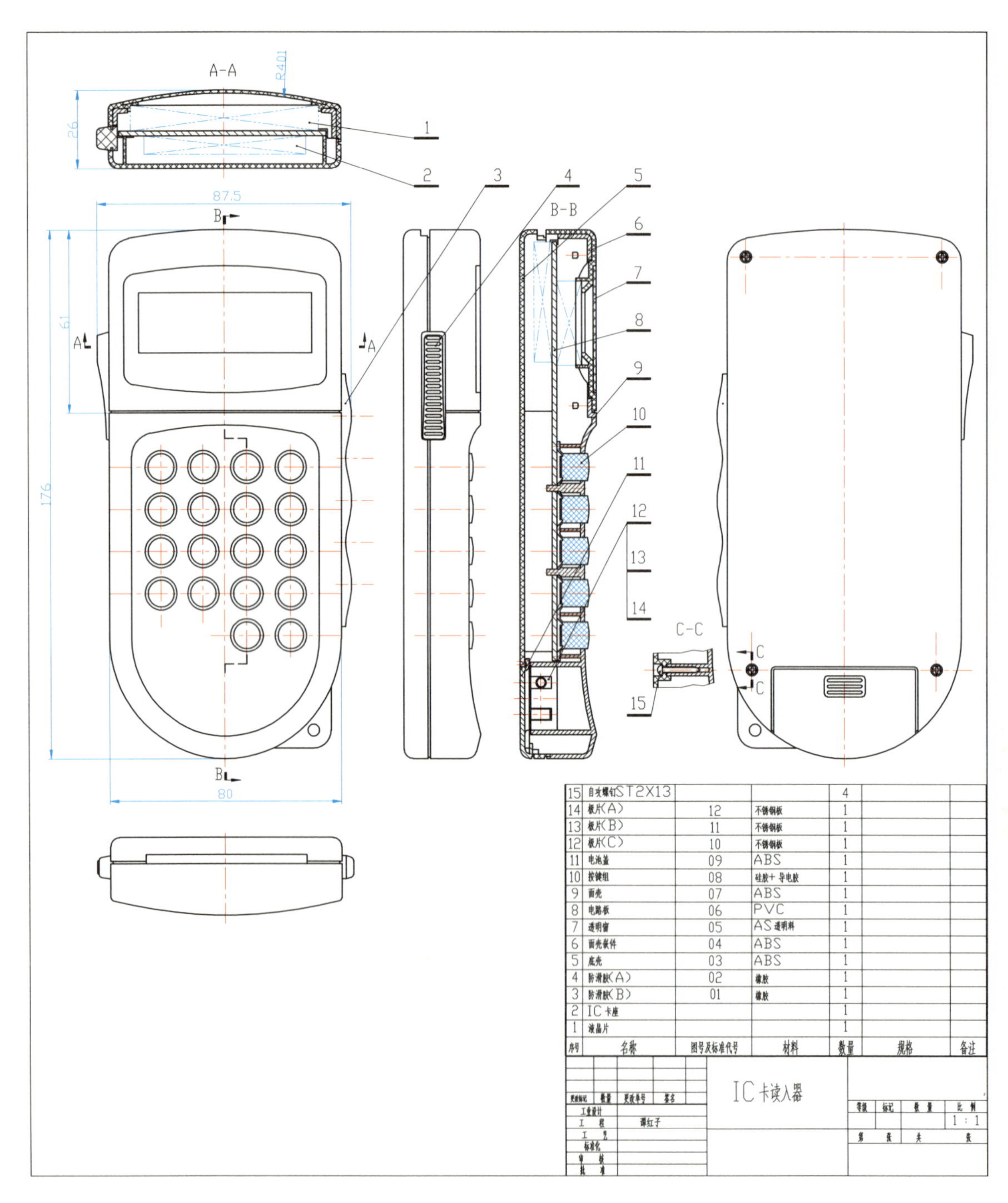

15	自攻螺钉ST2X13			4		
14	极片(A)	12	不锈钢板	1		
13	极片(B)	11	不锈钢板	1		
12	极片(C)	10	不锈钢板	1		
11	电池盖	09	ABS	1		
10	按键组	08	硅胶+ 导电胶	1		
9	面壳	07	ABS	1		
8	电路板	06	PVC	1		
7	透明窗	05	AS透明料	1		
6	面壳嵌件	04	ABS	1		
5	底壳	03	ABS	1		
4	防滑胶(A)	02	橡胶	1		
3	防滑胶(B)	01	橡胶	1		
2	IC卡座			1		
1	液晶片			1		
序号	名称	图号及标准代号	材料	数量	规格	备注

更改标记	数量	更改单号	签名	IC 卡读入器	等级	标记	数量	比例
工业设计								1 : 1
工程	谭红子				第	张	共	张
工艺								
标准化								
审核								
批准								

图 4–16 IC 卡录入器，谭红子作

保温瓶装配图（截选）

此图中的蓝色图线代表密封胶垫。

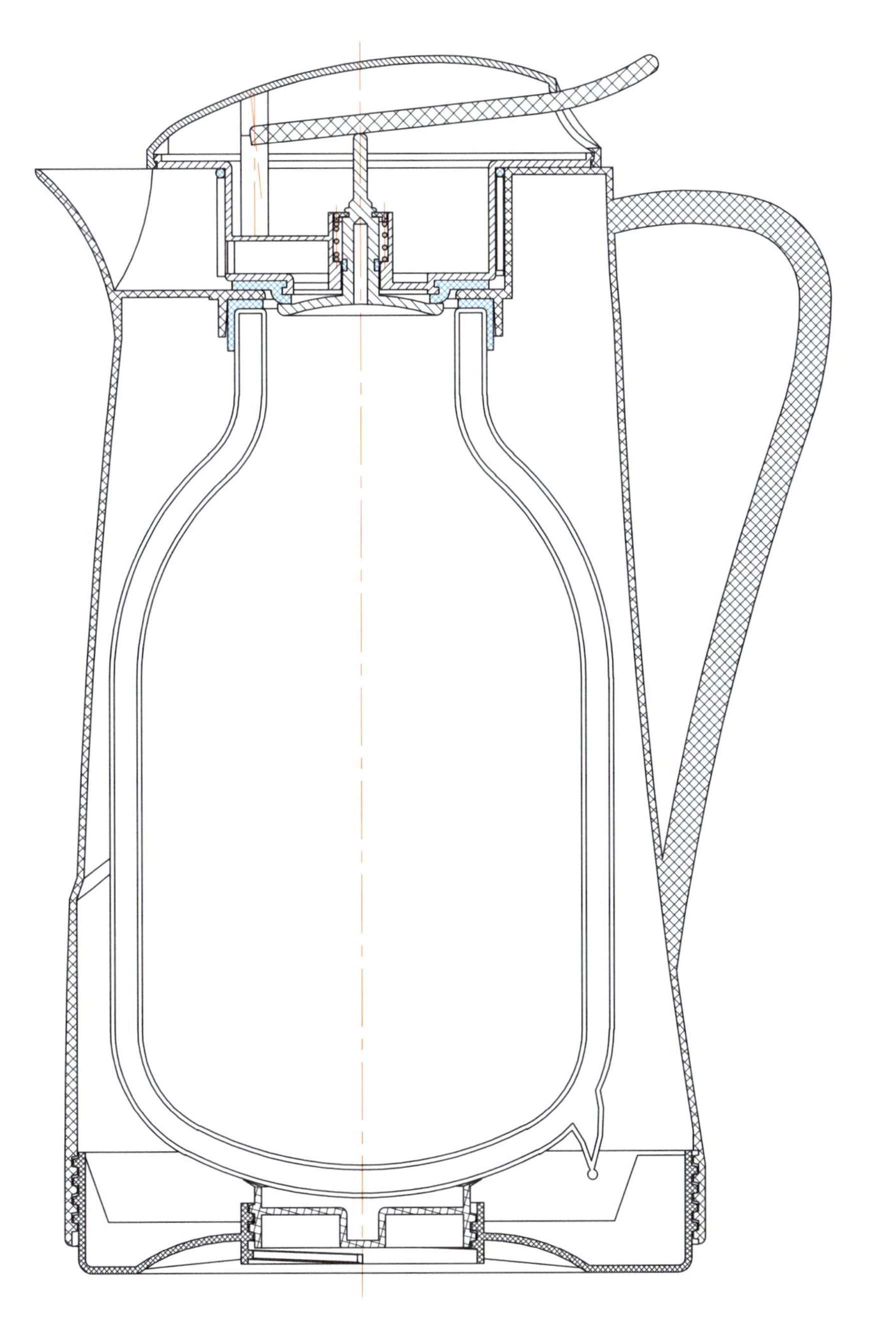

图 4-17 保温瓶，谭红子作

摇摇杯装配图

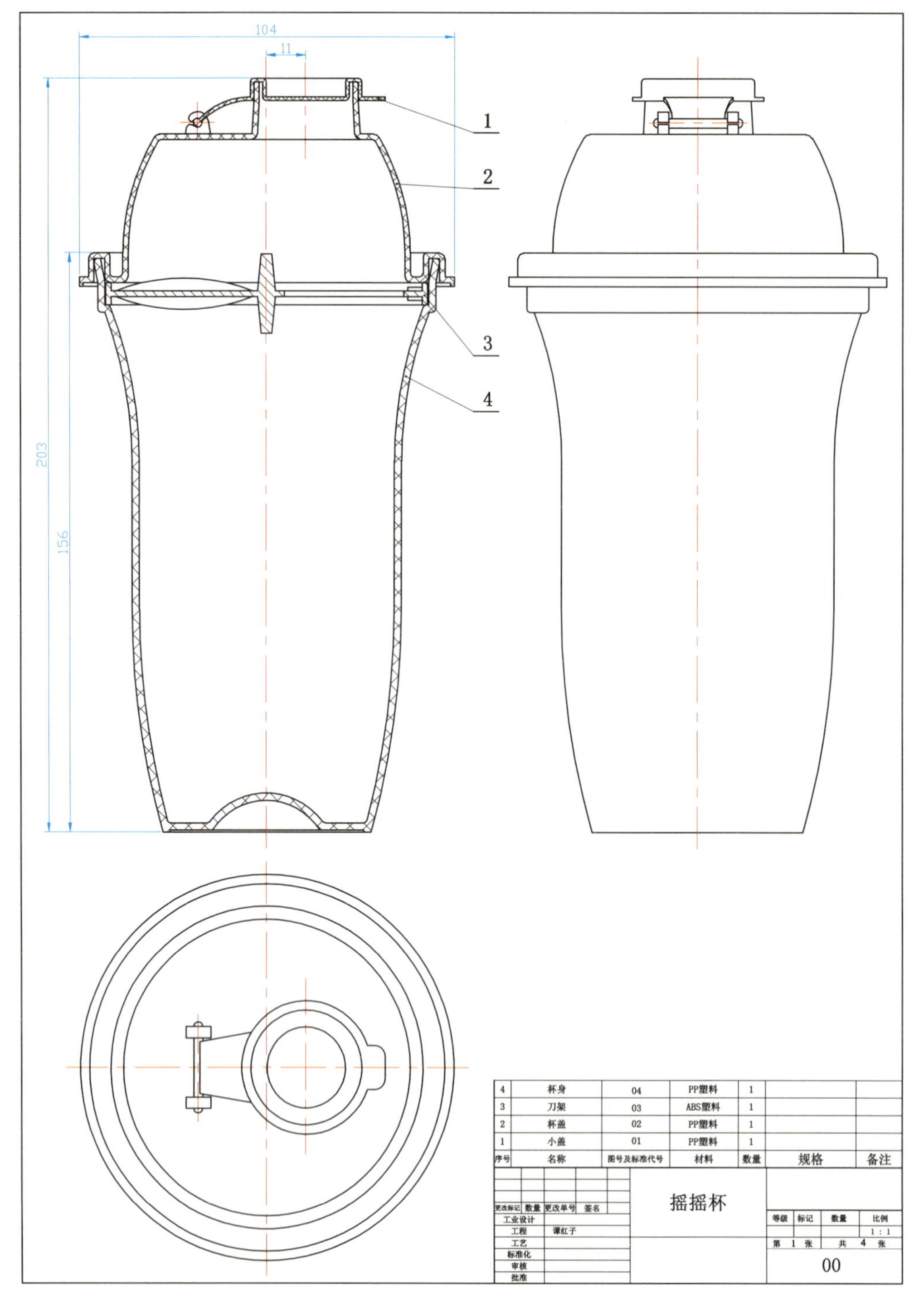

图 4-18 摇摇杯，谭红子作

乐扣水杯 1 装配图（截选）

局部放大图应用细实线圈出，断面线分隔，并标注出编号和放大比例，局部放大图清晰地展示了水杯的密封结构，利用 pp 耐弯折的特性所设计的锁扣结构能够压紧密封圈。

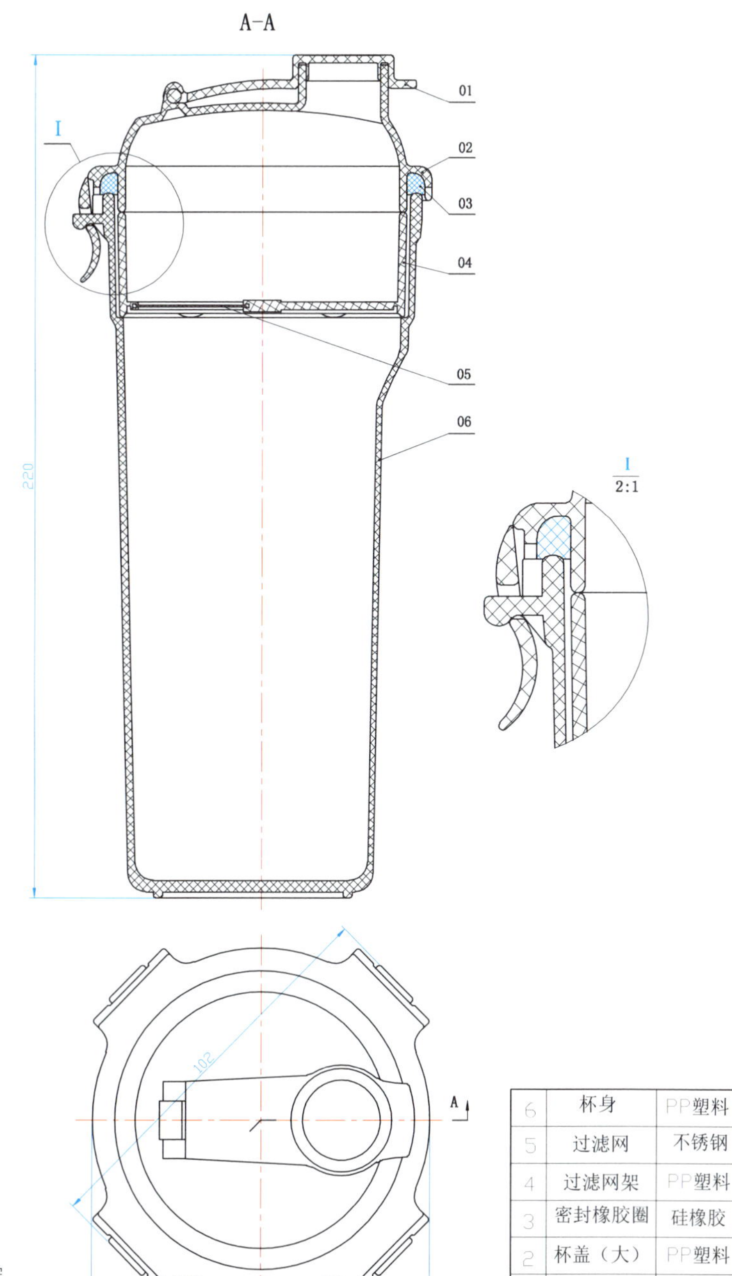

序号	名称	材料
6	杯身	PP塑料
5	过滤网	不锈钢
4	过滤网架	PP塑料
3	密封橡胶圈	硅橡胶
2	杯盖（大）	PP塑料
1	杯盖（小）	PE塑料

图 4-19 乐扣水杯，广州美术学院 09 级设计学，朱茜作

乐扣水杯 2 装配图

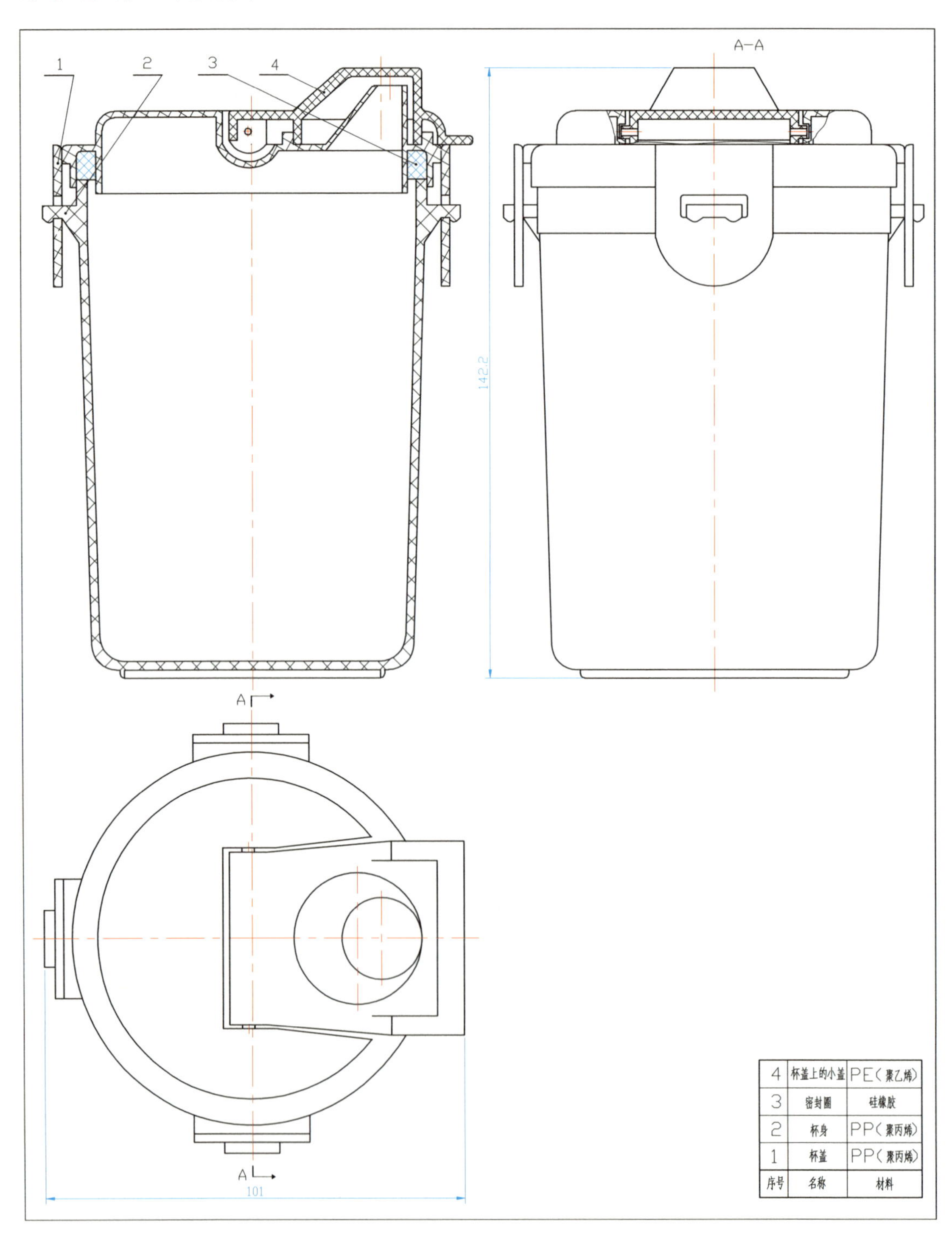

4	杯盖上的小盖	PE（聚乙烯）
3	密封圈	硅橡胶
2	杯身	PP（聚丙烯）
1	杯盖	PP（聚丙烯）
序号	名称	材料

图 4-20 乐扣水杯，广州美术学院 09 级工业设计，冯泳仪作

水壶装配图（截选）

壶盖活动极限位置用双点划线绘出。

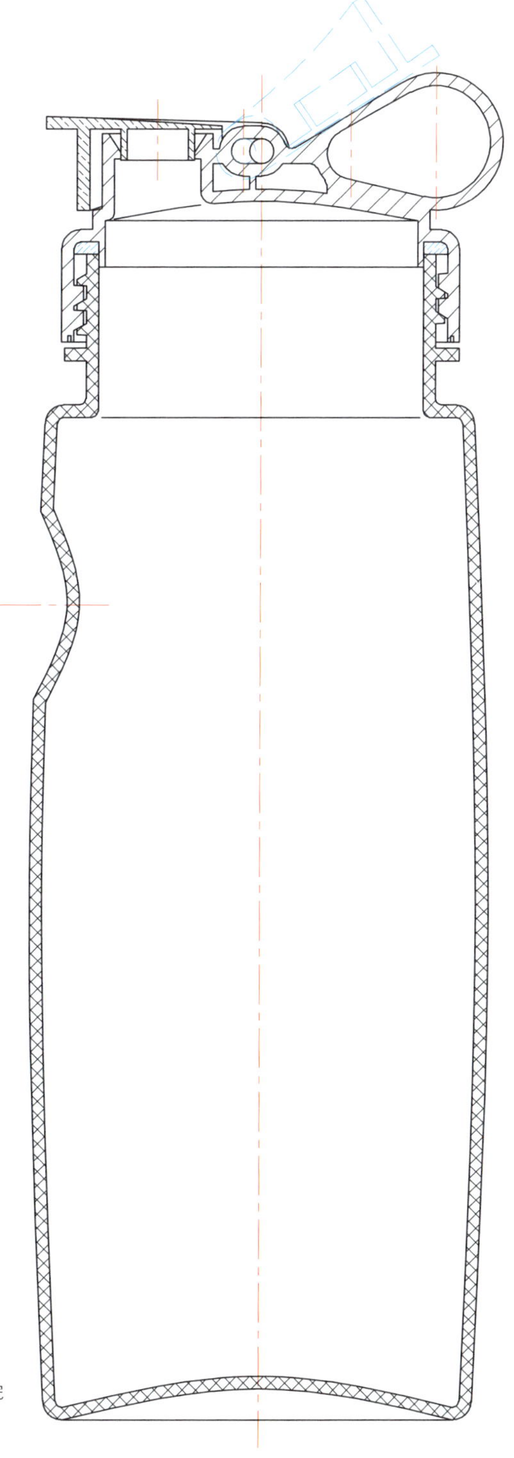

图 4-21 水壶，广州美术学院 11 级工业设计，严杰敏作

奶瓶装配图（截选）

单纯回转体，装配关系通过一个视图就能完整表达。

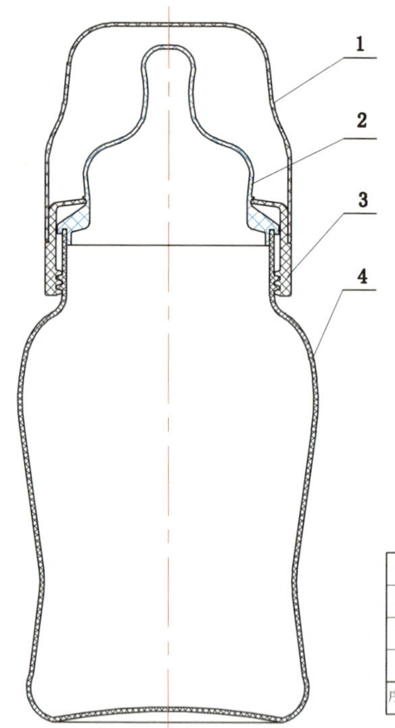

序号	名称	材料
4	瓶身	PP塑料
3	旋盖	PP塑料
2	奶嘴	硅橡胶
1	瓶盖	PP塑料

图 4-22 奶瓶，广州美术学院 09 级设计学，陈竹萌作

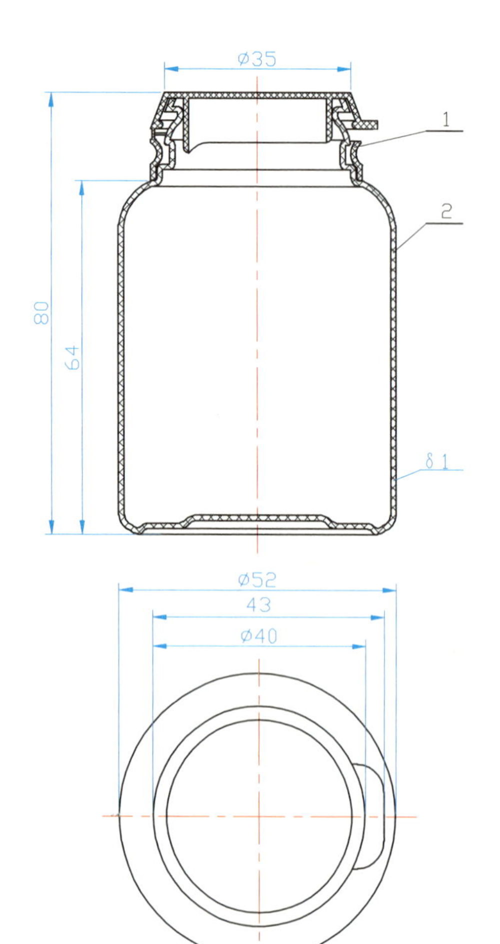

口香糖瓶装配图（截选）

盖子非回转结构，需要两个视图才能完整表达。

图 4-23 口香糖瓶，广州美术学院设计学，魏庆涛作

眼药水瓶装配图（截选）

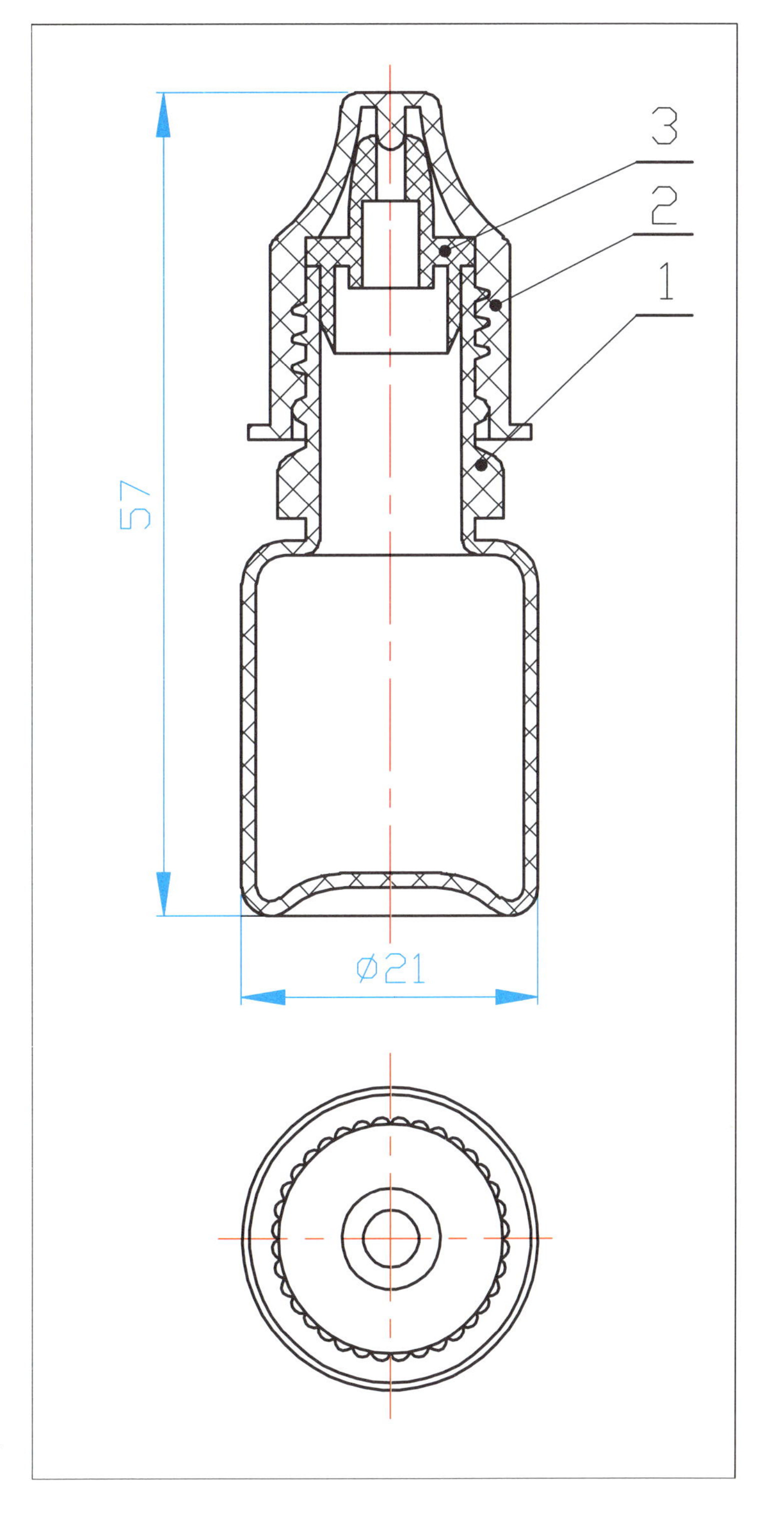

图 4–24 眼药水瓶，广州美术学院 10 级设计学，许三煌作

塑料饭盒装配图

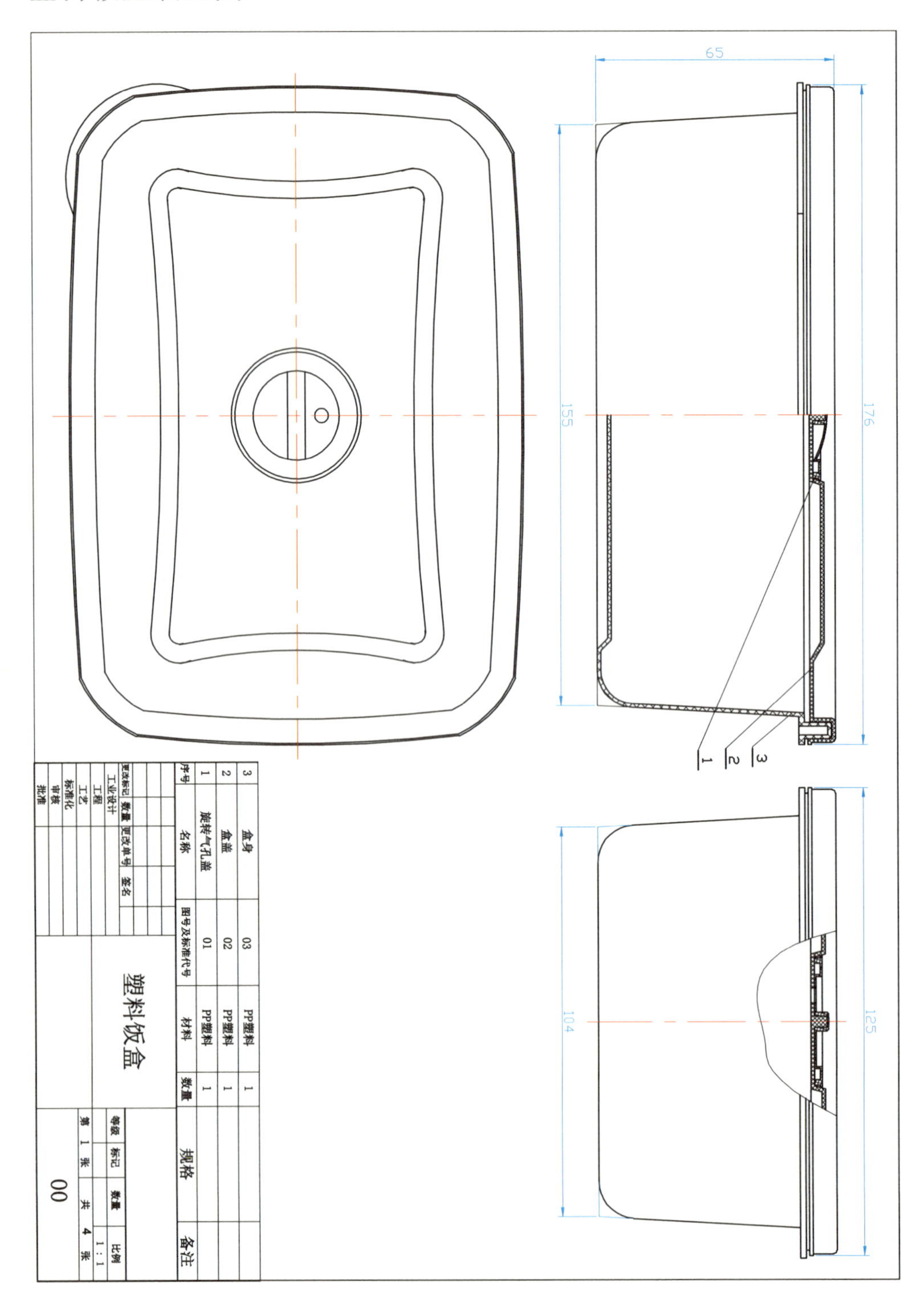

图 4-25 塑料饭盒，广州美术学院 09 级设计学，蔡骏星作

压泵瓶现有泵头结构及工作原理分析

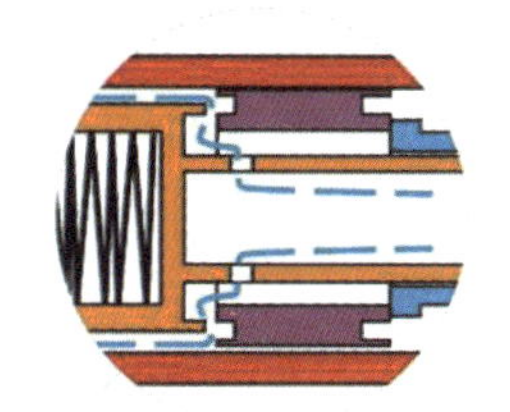

当泵头向下压的时候，泵内储藏的液体给底下黄色的圆球施加压力，使它塞住底下的洞。橙色与紫色的塞子分开，液体从中流出。

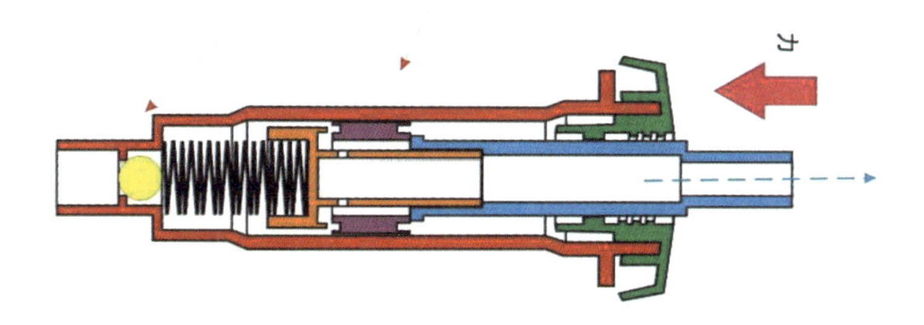

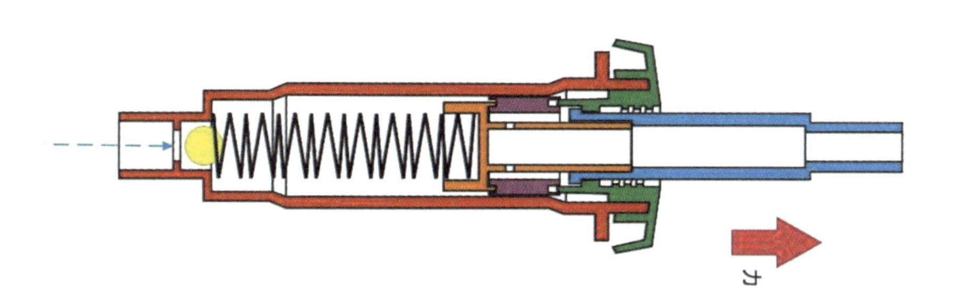

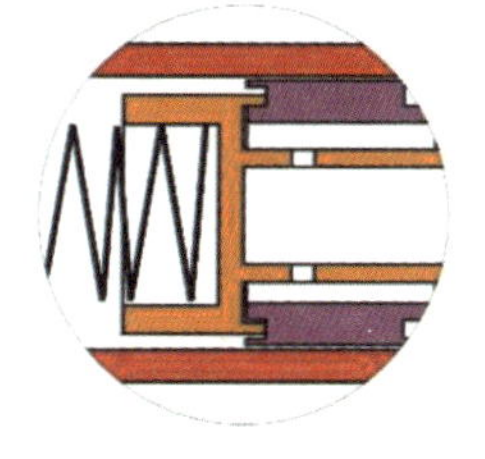

当泵头弹回去，橙色与紫色的塞子闭合，压强使黄色圆球原本塞住的洞打开，使液体从下方进入泵头容器里。

图 4-26-1 压泵分析，广州美术学院 04 级设计学，吴建业作

压泵瓶的改良设计（可调压泵）

此为学生在学习制图过程中掌握了压泵瓶的结构及工作原理后所作的改良设计，已申请专利。

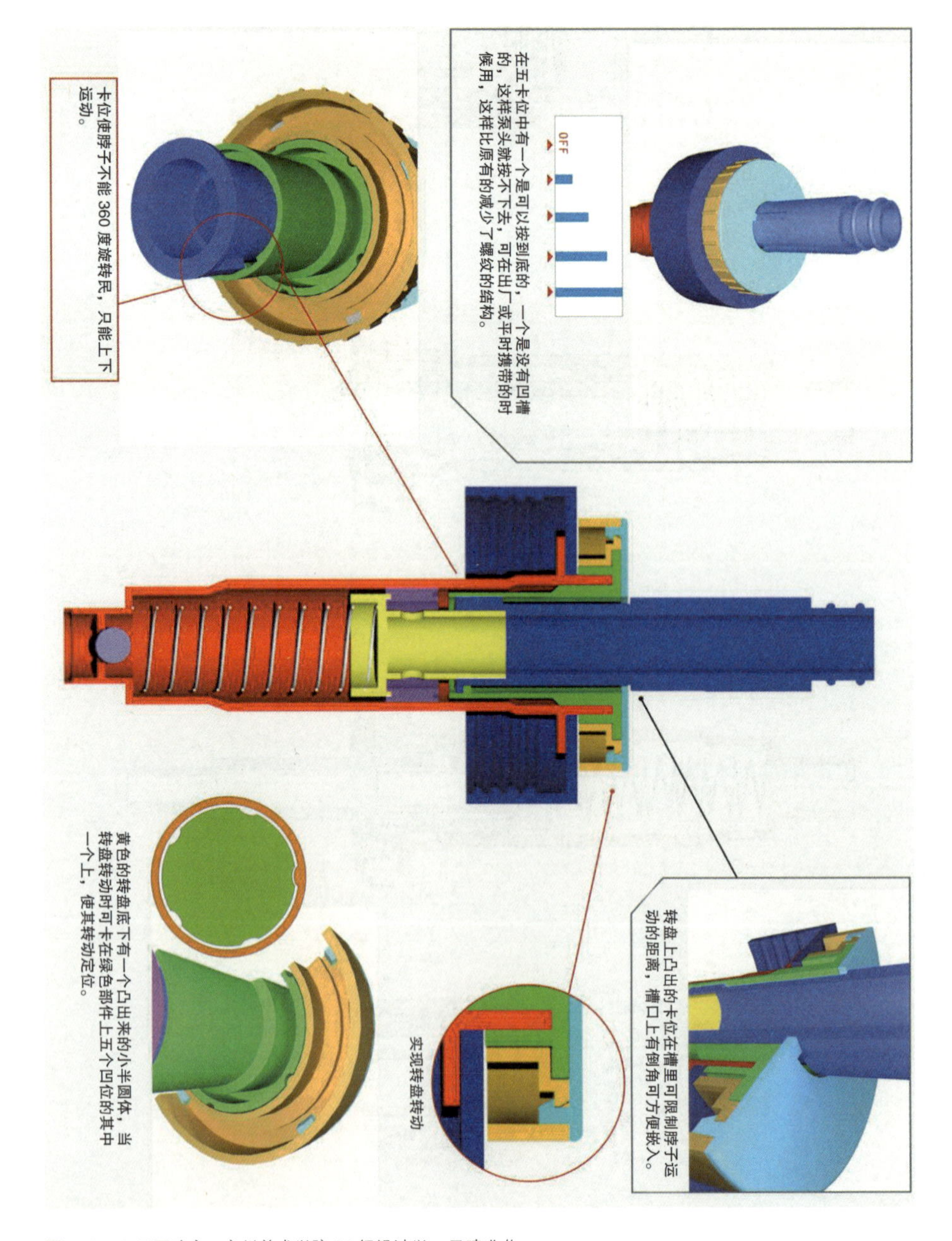

图 4-26-2 压泵改良，广州美术学院 04 级设计学，吴建业作

可调压泵使用说明

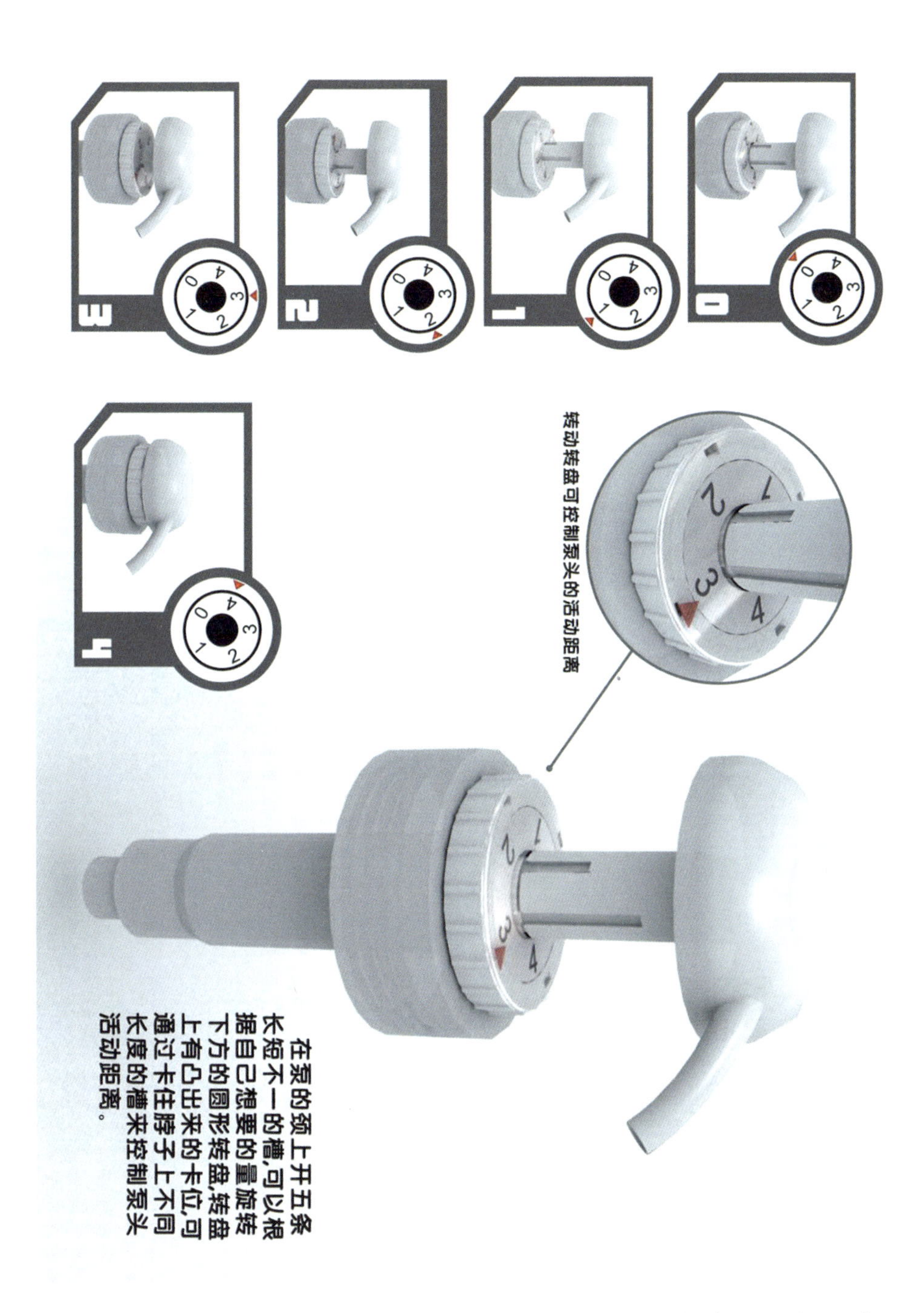

图 4-26-3 可调压泵使用说明，广州美术学院 04 级设计学，吴建业

喷雾瓶装配图与零件图

下图为一套完整的喷雾瓶装配图与零件图，第一张为产品的外观尺寸图，是工业设计师最常用的产品图示。第二张为装配图，是结构设计的基地。其他图均为零件图，它们均是从装配图中拆出的。

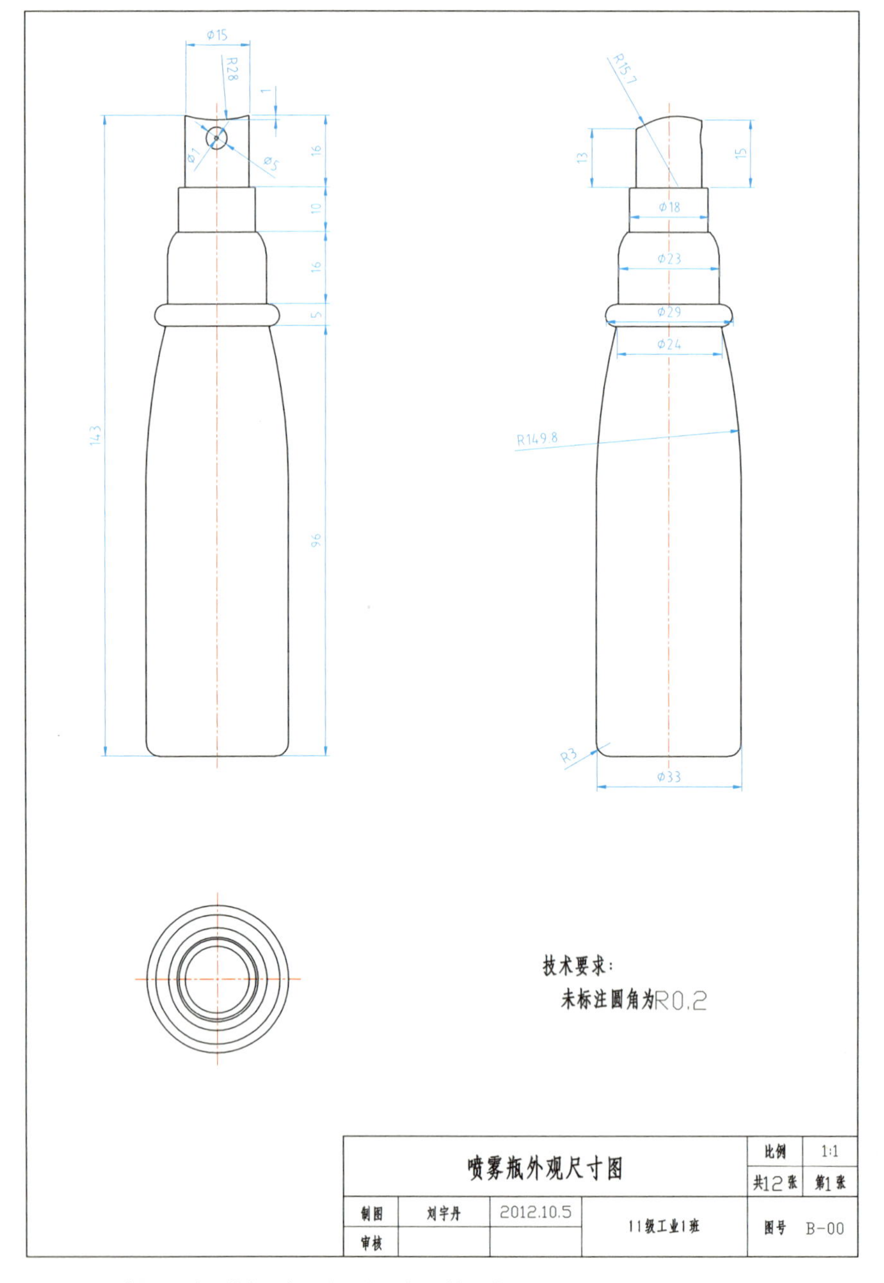

图 4-27-1 喷雾瓶，广州美术学院 11 级工业设计，刘宇丹作

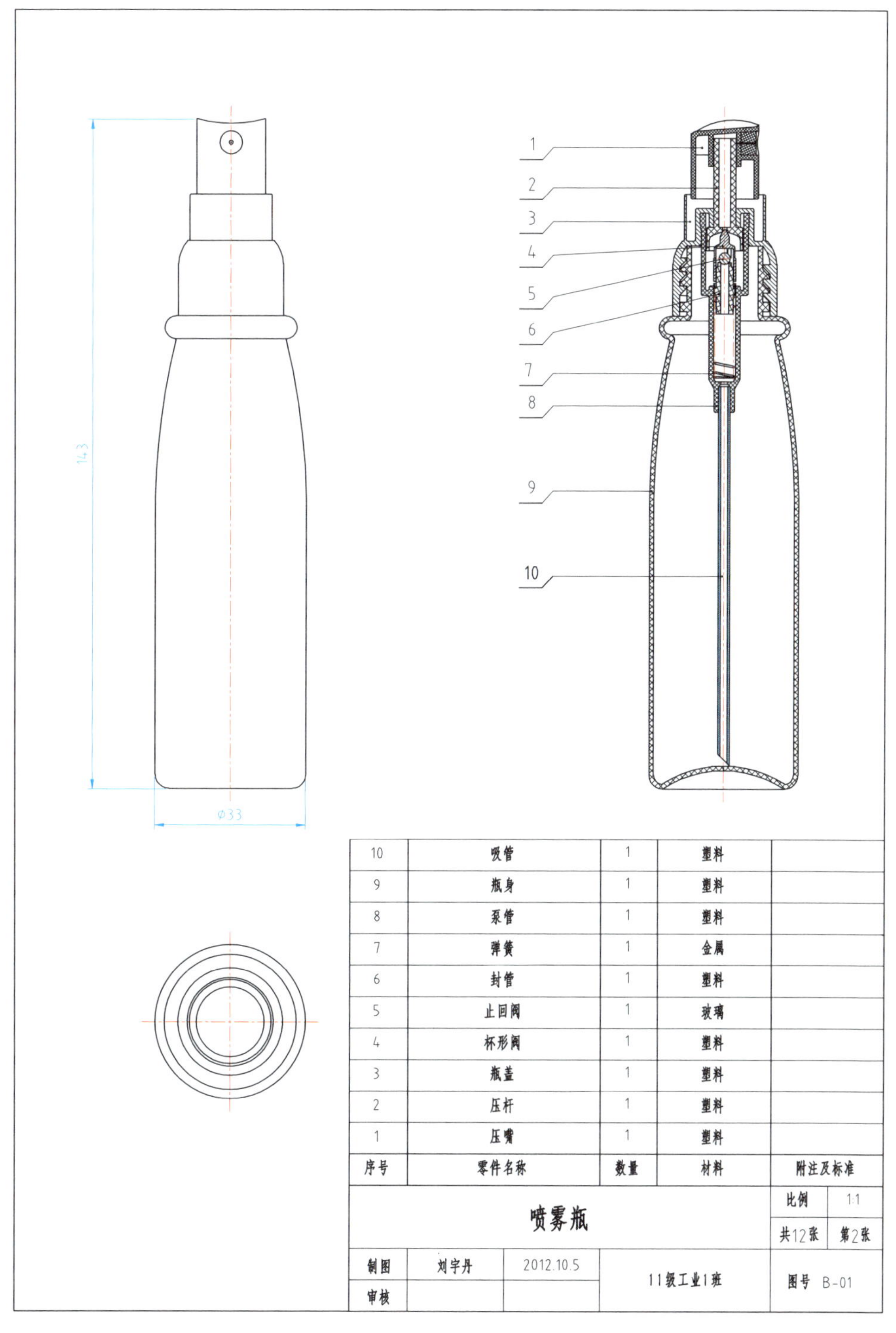

序号	零件名称	数量	材料	附注及标准
10	吸管	1	塑料	
9	瓶身	1	塑料	
8	泵管	1	塑料	
7	弹簧	1	金属	
6	封管	1	塑料	
5	止回阀	1	玻璃	
4	杯形阀	1	塑料	
3	瓶盖	1	塑料	
2	压杆	1	塑料	
1	压嘴	1	塑料	

图 4-27-2 喷雾瓶，广州美术学院 11 级工业设计，刘宇丹作

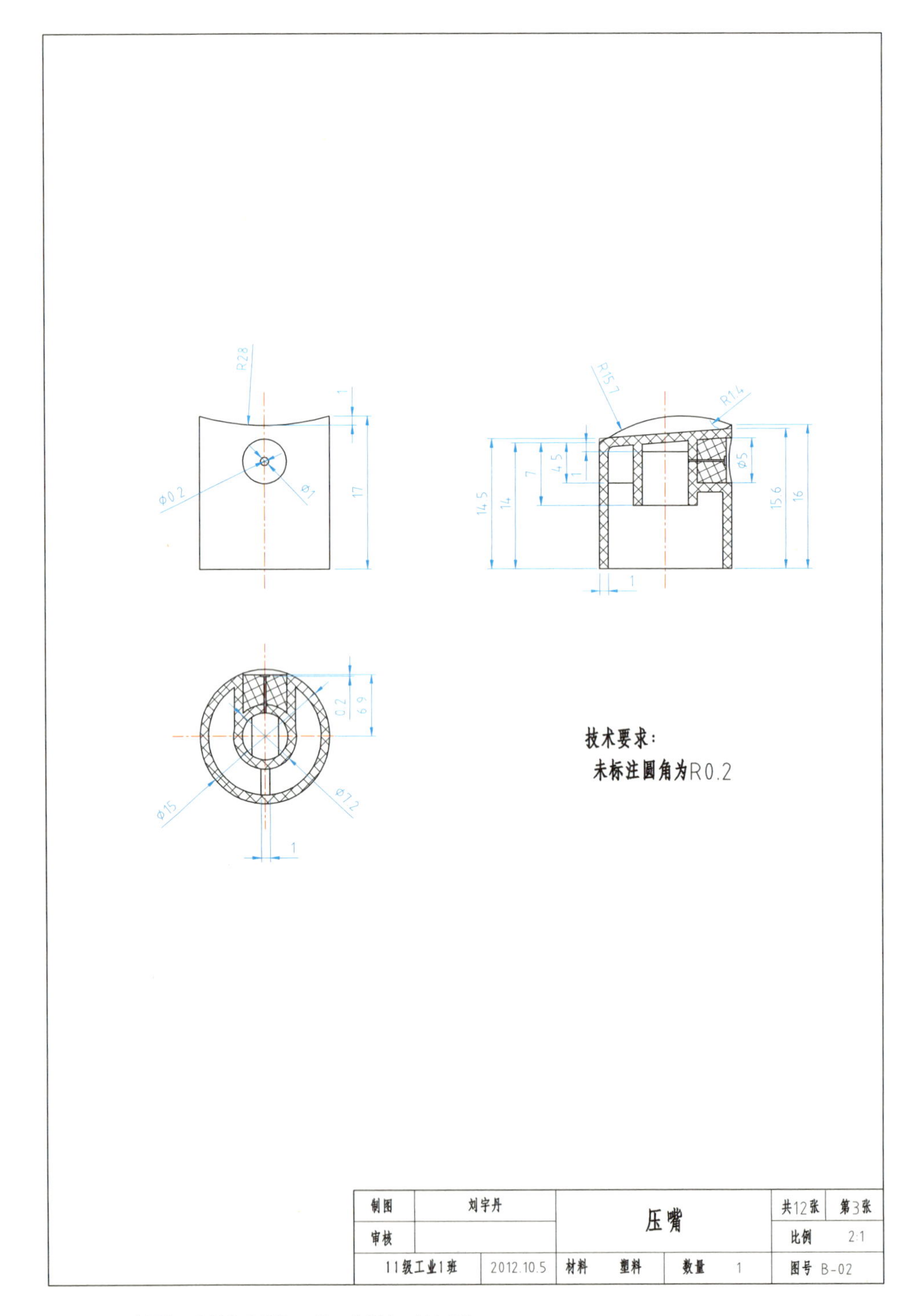

图 4-27-3 喷雾瓶，广州美术学院 11 级工业设计，刘宇丹作

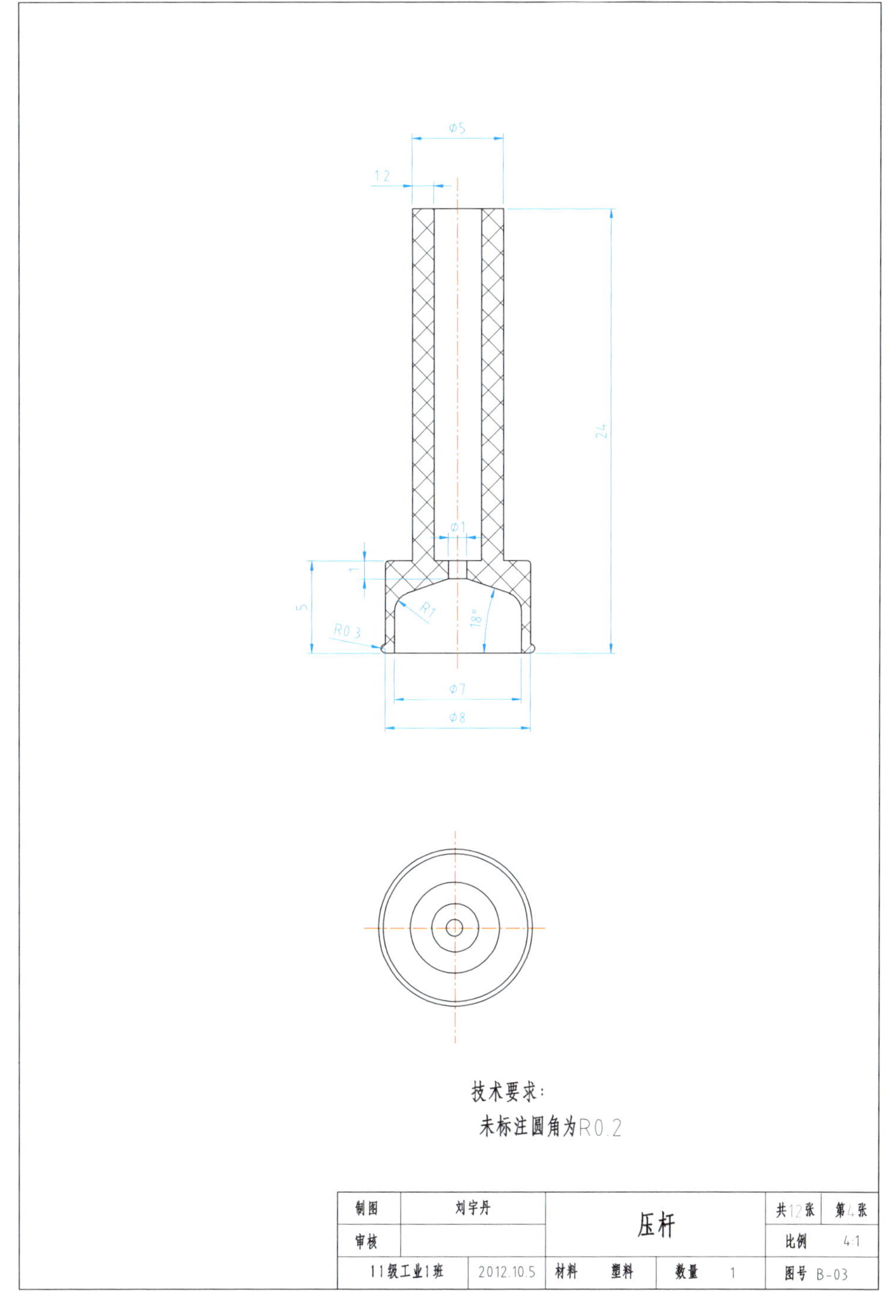

图 4-27-4 喷雾瓶，广州美术学院 11 级工业设计，刘宇丹作

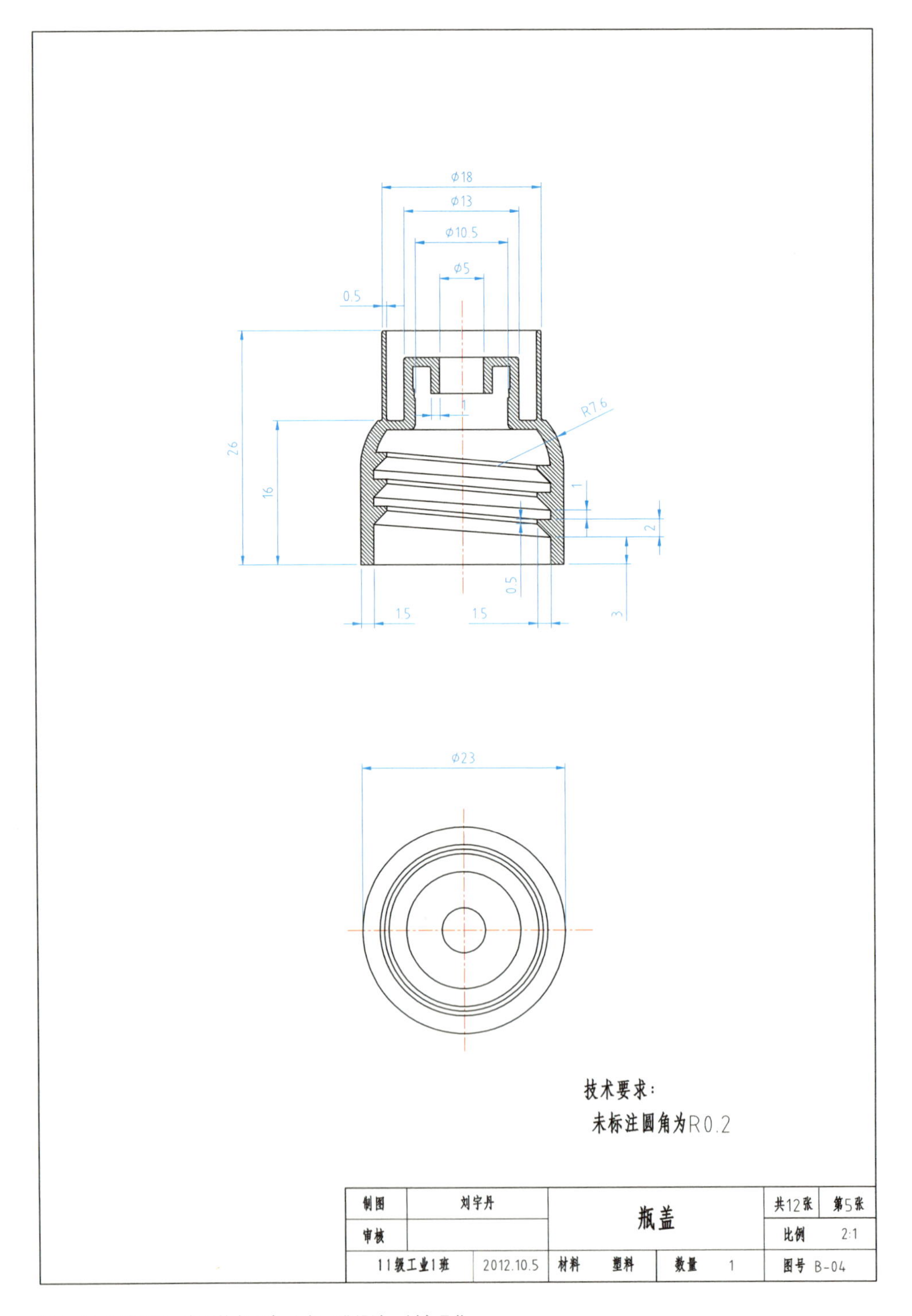

图 4-27-5 喷雾瓶，广州美术学院 11 级工业设计，刘宇丹作

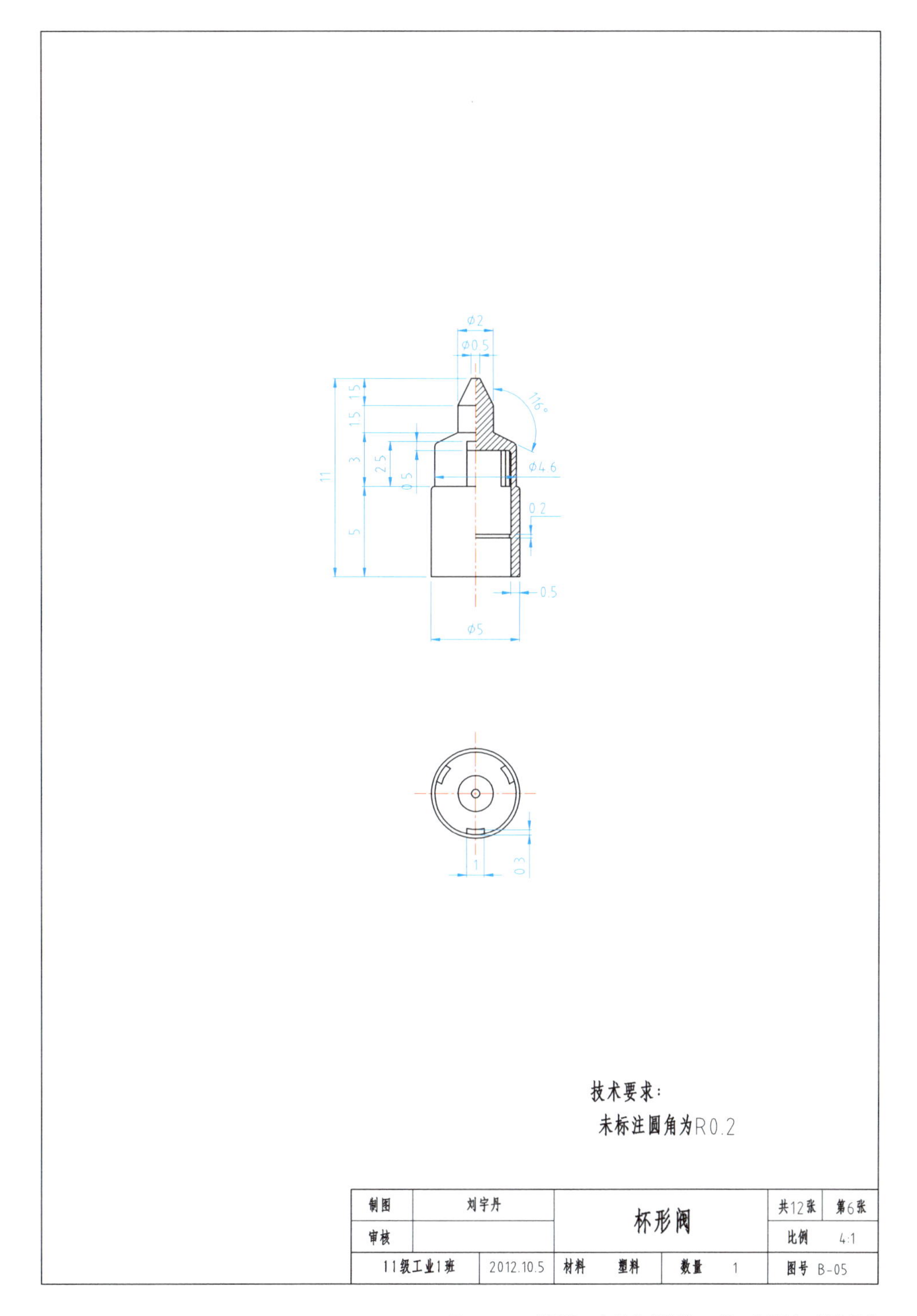

图 4-27-6 喷雾瓶，广州美术学院 11 级工业设计，刘宇丹作

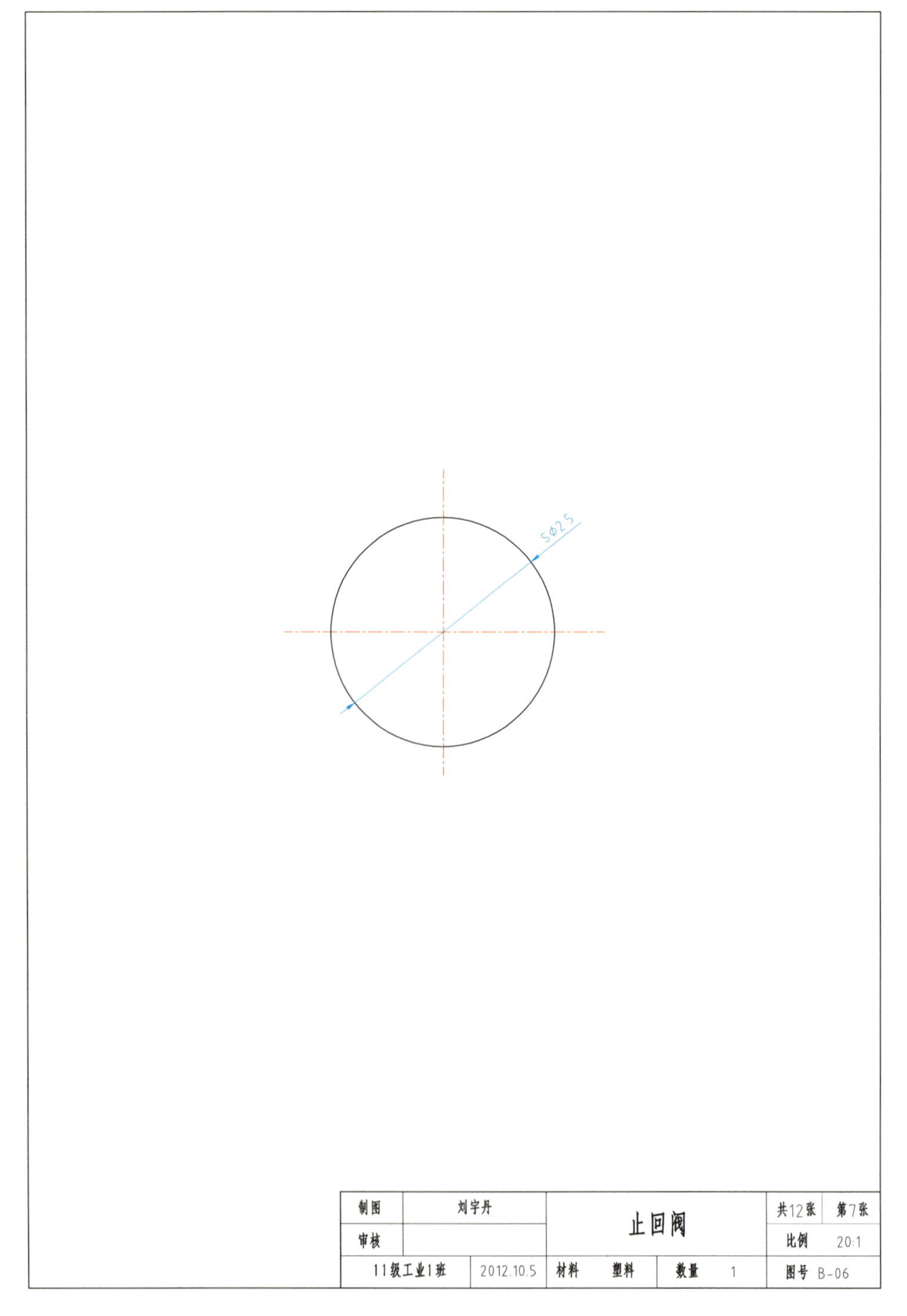

图 4-27-7 喷雾瓶，广州美术学院 11 级工业设计，刘宇丹作

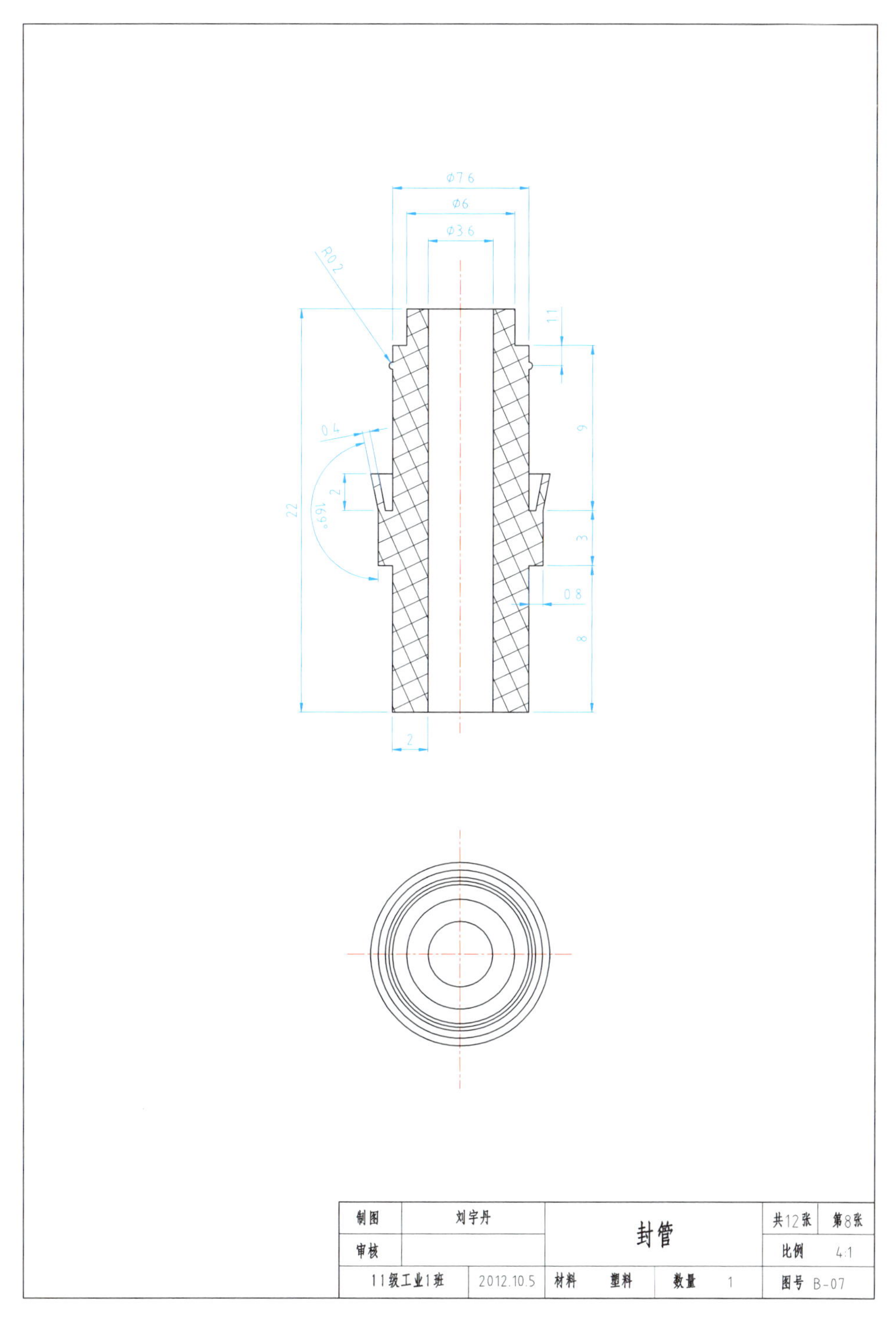

图 4-27-8 喷雾瓶，广州美术学院 11 级工业设计，刘宇丹作

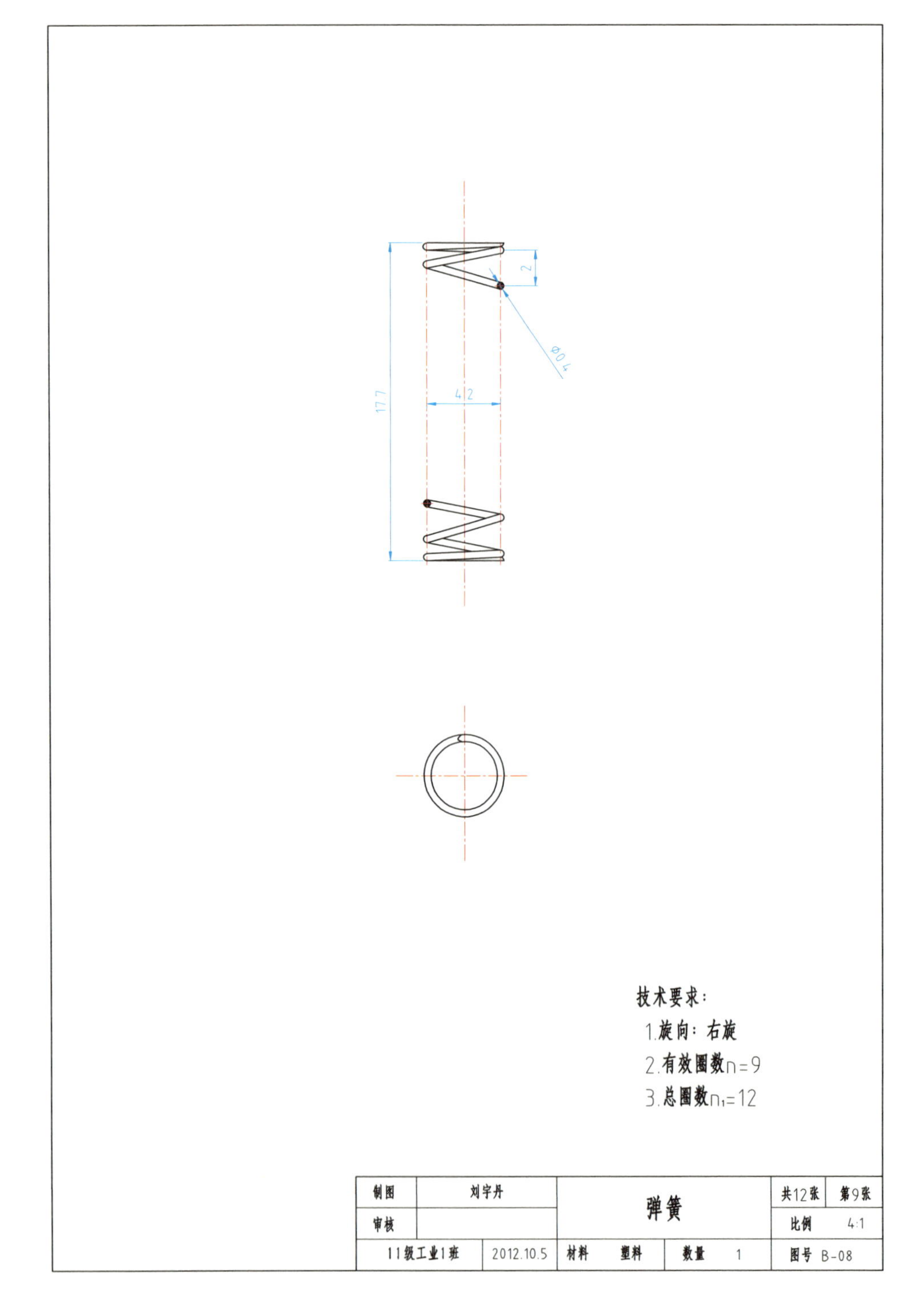

图 4-27-9 喷雾瓶，广州美术学院 11 级工业设计，刘宇丹作

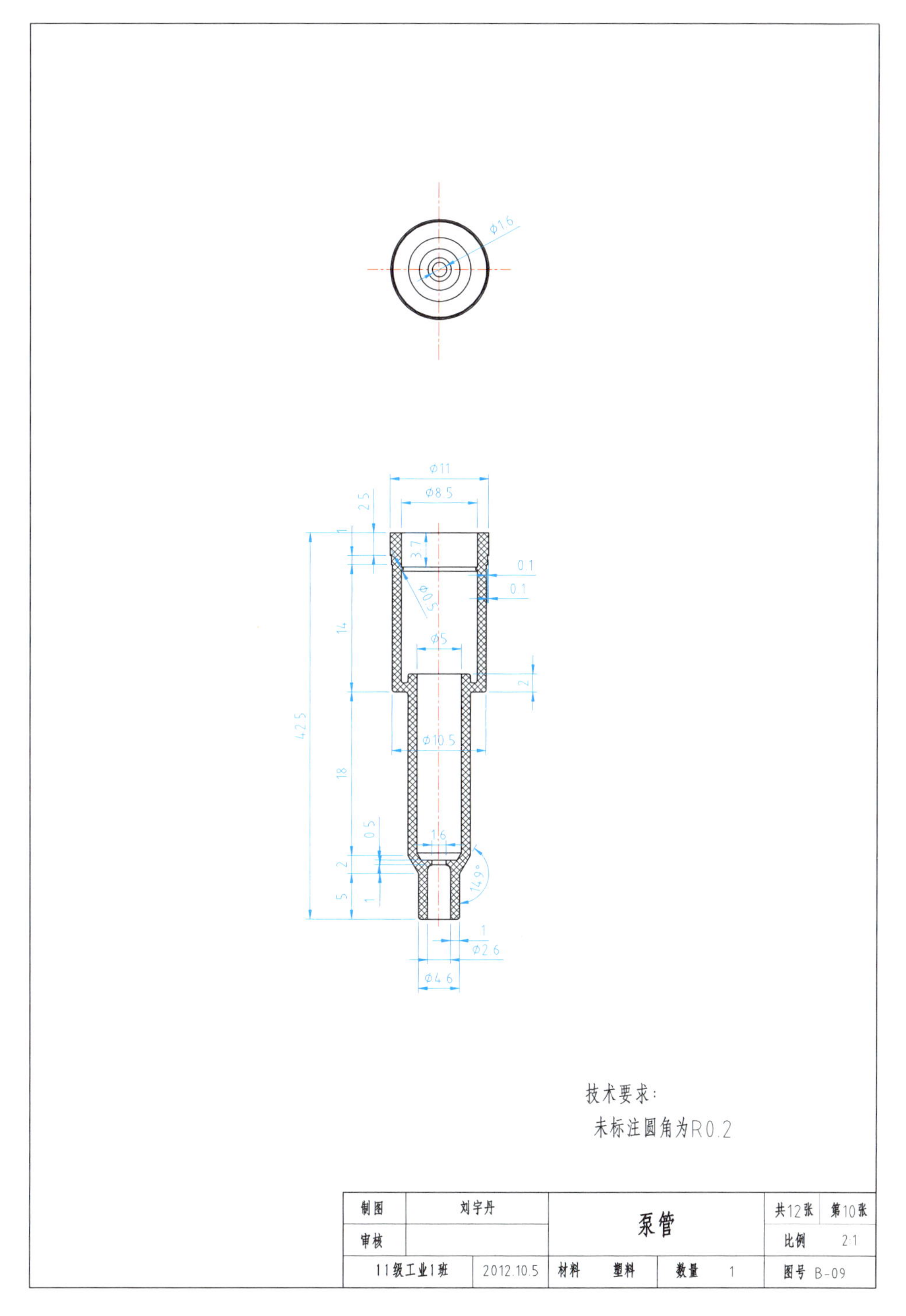

图 4-27-10 喷雾瓶，广州美术学院 11 级工业设计，刘宇丹作

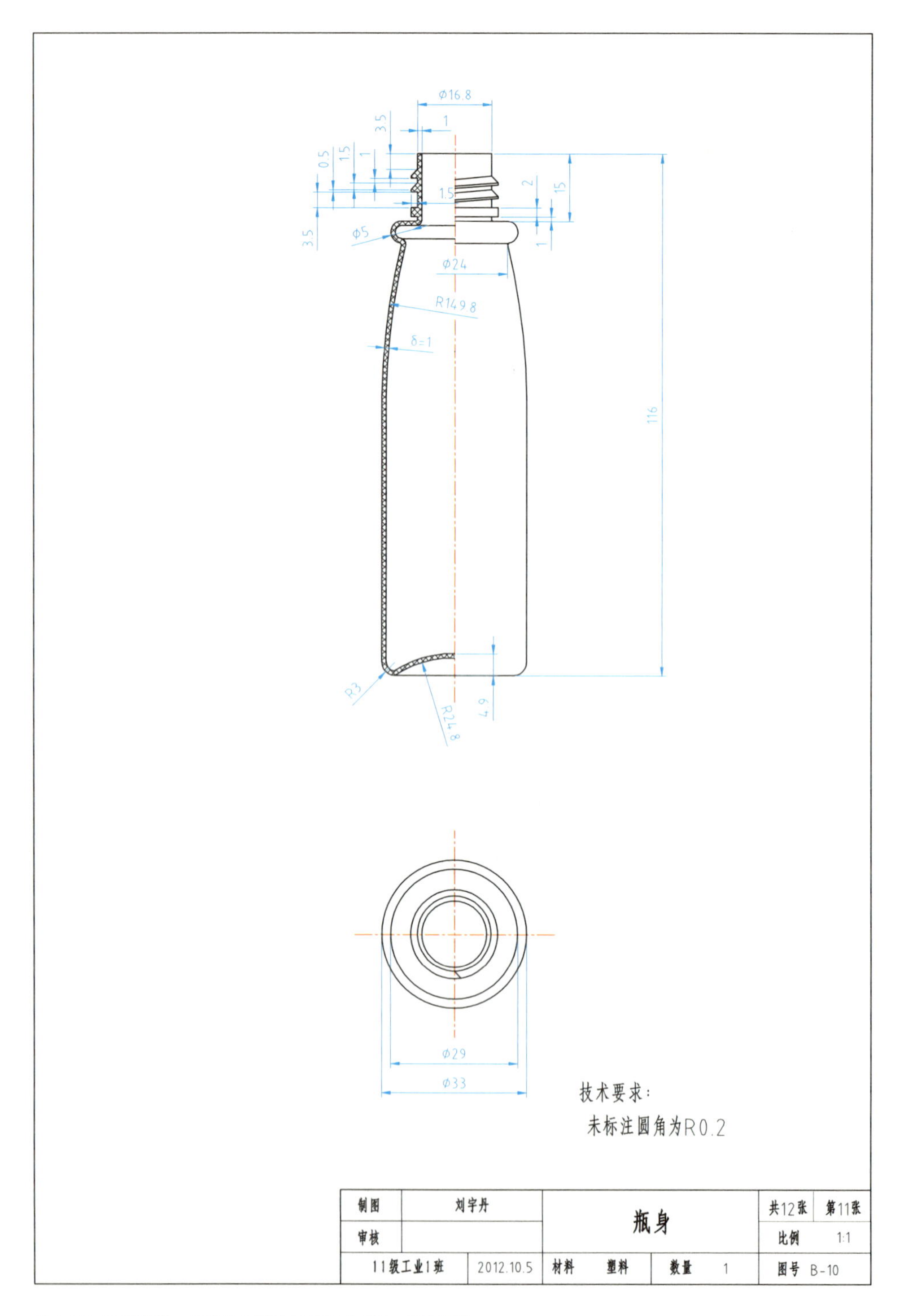

图 4-27-11 喷雾瓶，广州美术学院 11 级工业设计，刘宇丹作

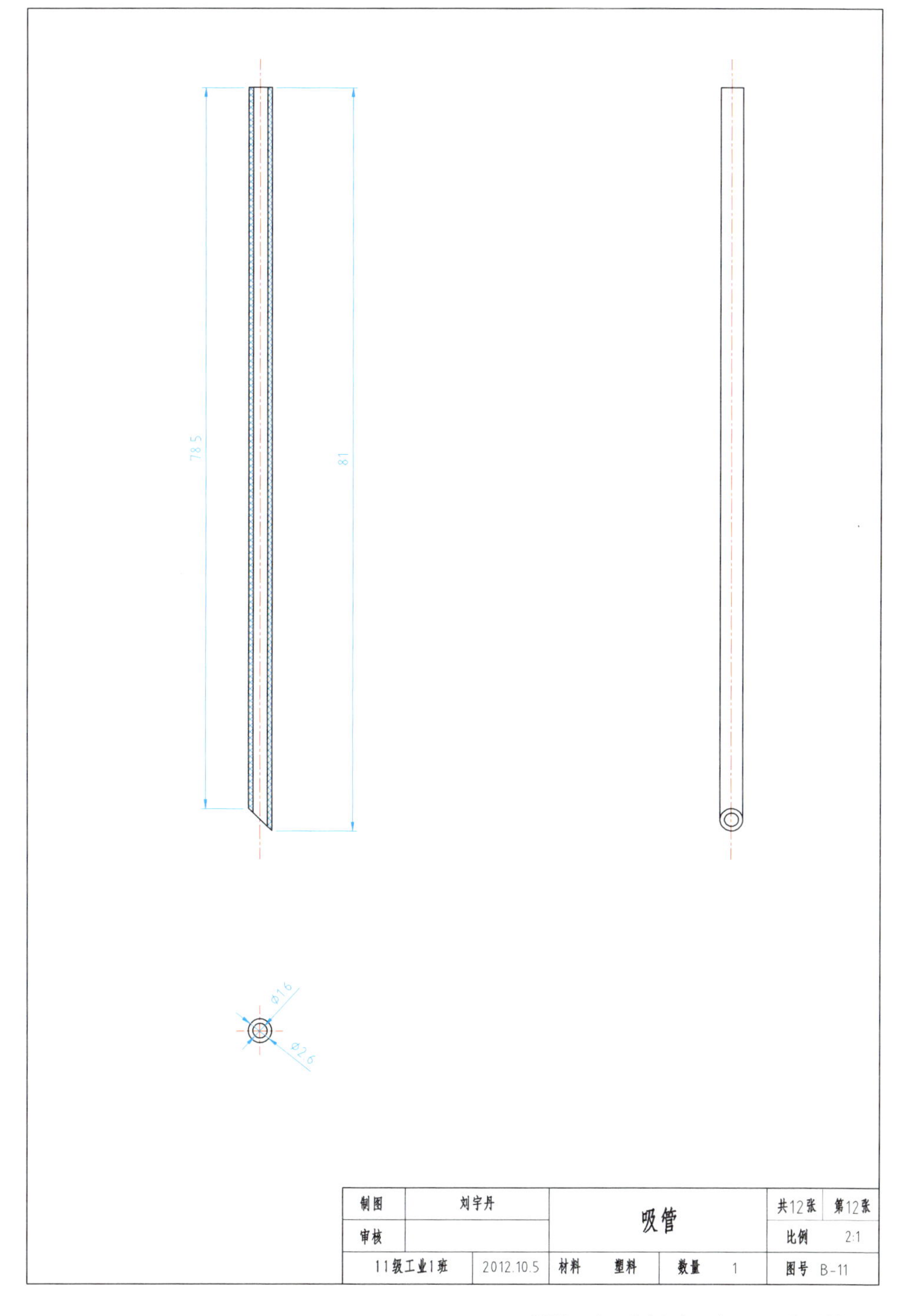

图 4-27-12 喷雾瓶，广州美术学院 11 级工业设计，刘宇丹作

按压式瓶盖装配图（截选）

三种不同的喷瓶结构。

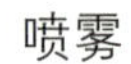

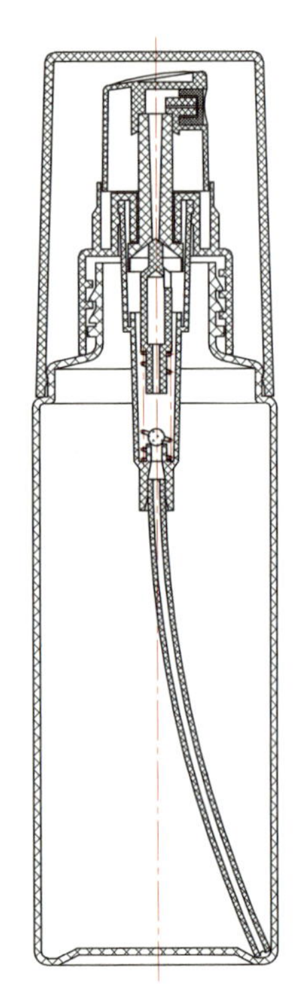

图 4-28 喷雾瓶，广州美术学院 09 级设计学，高国富作

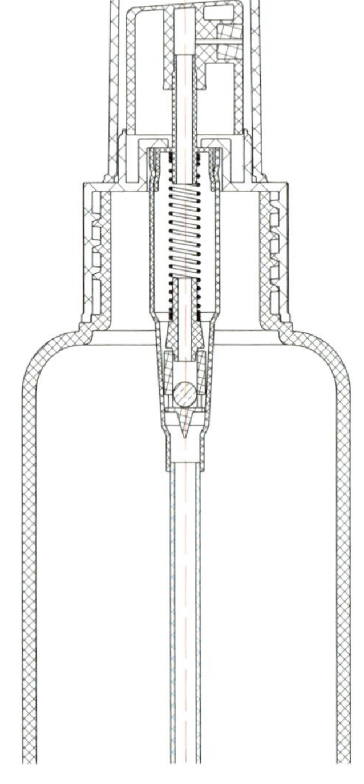

图 4-29 喷雾瓶，广州美术学院 11 级工业设计，白羽作

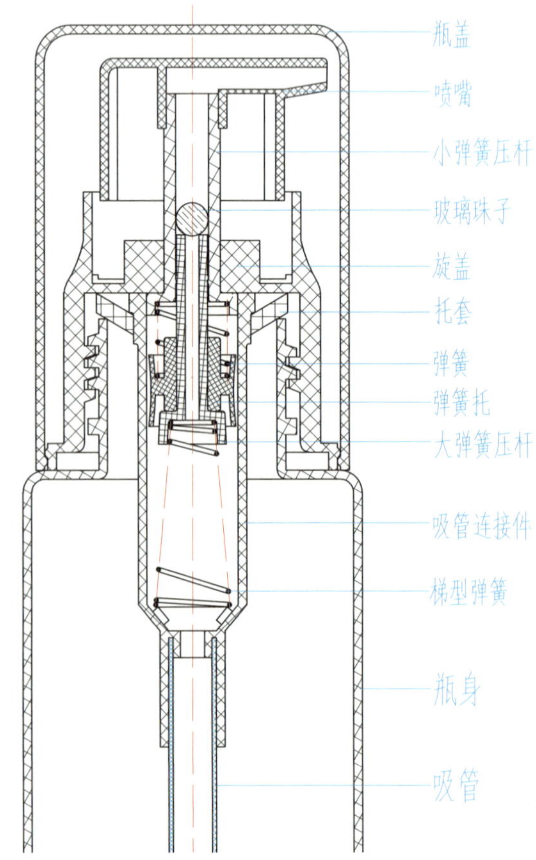

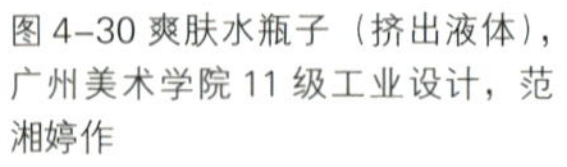

图 4-30 爽肤水瓶子（挤出液体），广州美术学院 11 级工业设计，范湘婷作

喷壶 1 装配图

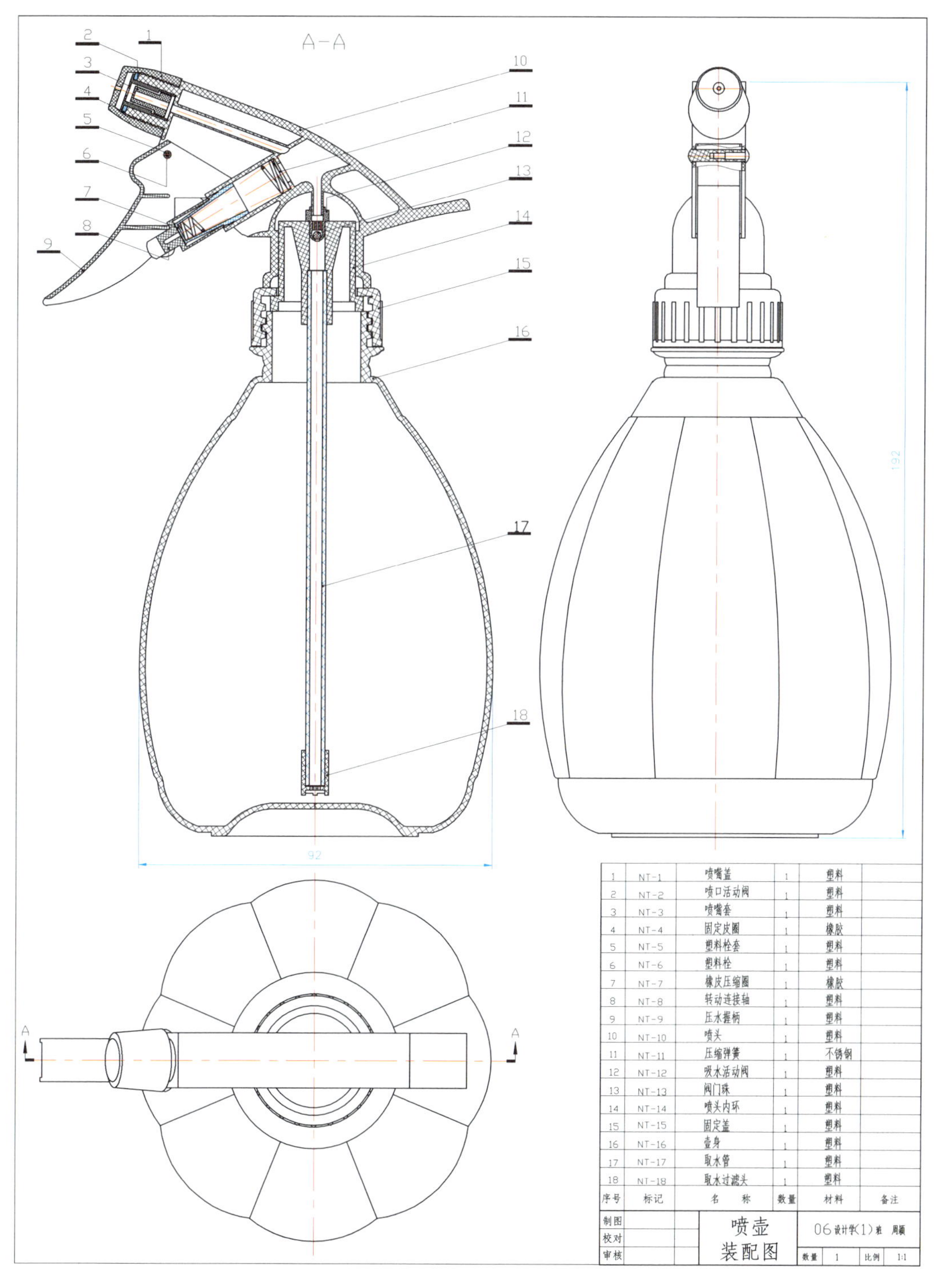

1	NT-1	喷嘴盖	1	塑料	
2	NT-2	喷口活动阀	1	塑料	
3	NT-3	喷嘴套	1	塑料	
4	NT-4	固定皮圈	1	橡胶	
5	NT-5	塑料栓套	1	塑料	
6	NT-6	塑料栓	1	塑料	
7	NT-7	橡皮压缩圈	1	橡胶	
8	NT-8	转动连接轴	1	塑料	
9	NT-9	压水握柄	1	塑料	
10	NT-10	喷头	1	塑料	
11	NT-11	压缩弹簧	1	不锈钢	
12	NT-12	吸水活动阀	1	塑料	
13	NT-13	阀门珠	1	塑料	
14	NT-14	喷头内环	1	塑料	
15	NT-15	固定盖	1	塑料	
16	NT-16	壶身	1	塑料	
17	NT-17	取水管	1	塑料	
18	NT-18	取水过滤头	1	塑料	
序号	标记	名　　称	数量	材料	备注

制图			喷壶 装配图	06设计学(1)班　周颖			
校对							
审核				数量	1	比例	1:1

图 4–31 喷壶，广州美术学院 06 级设计学，周颖作

喷壶2装配图（截选）

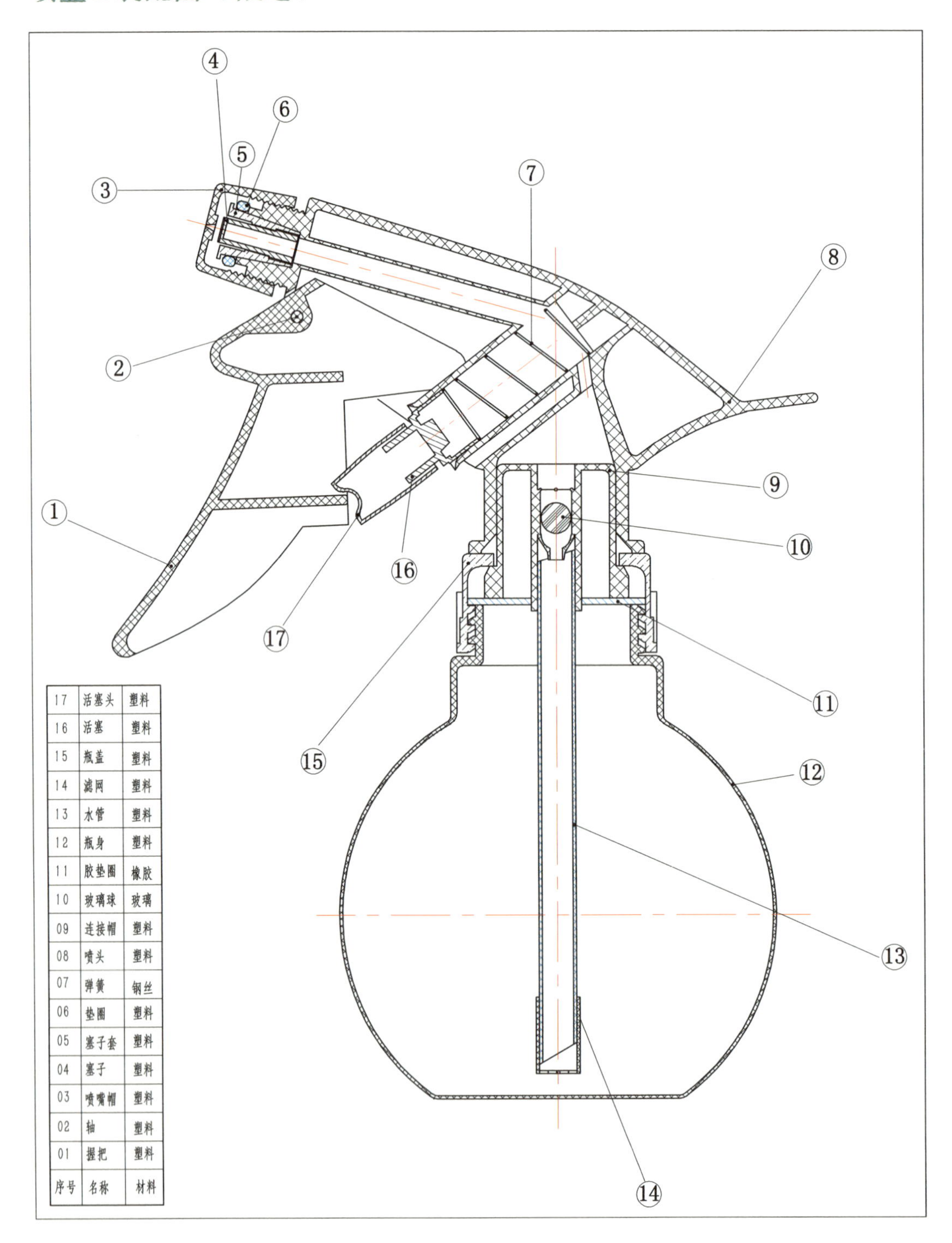

序号	名称	材料
17	活塞头	塑料
16	活塞	塑料
15	瓶盖	塑料
14	滤网	塑料
13	水管	塑料
12	瓶身	塑料
11	胶垫圈	橡胶
10	玻璃球	玻璃
09	连接帽	塑料
08	喷头	塑料
07	弹簧	钢丝
06	垫圈	塑料
05	塞子套	塑料
04	塞子	塑料
03	喷嘴帽	塑料
02	轴	塑料
01	握把	塑料

图 4-32 喷壶，广州美术学院 11 级工业设计，刘洋河作

噼啪罐装配图（截选）

利用塑料的弹性，按压使之形变来控制开合。

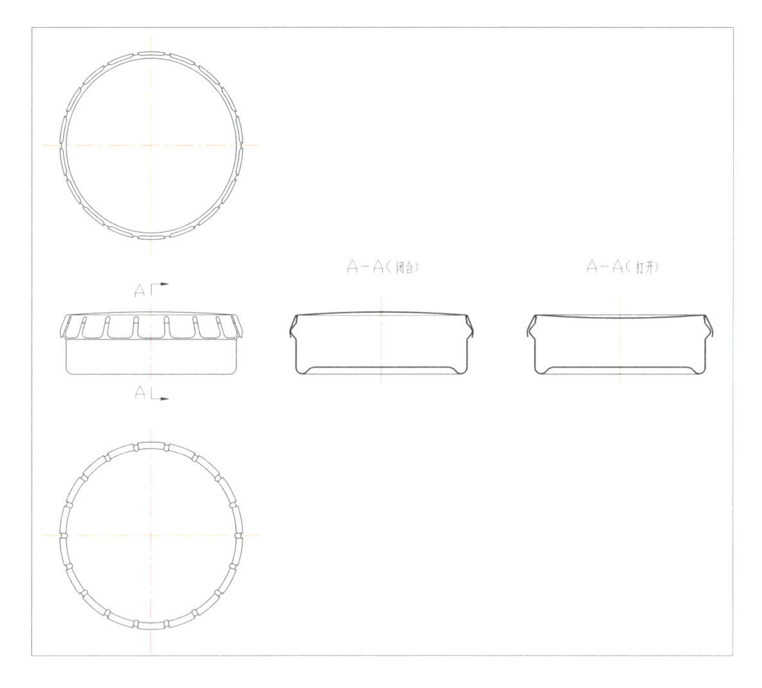

图 4-33 噼啪罐，广州美术学院 07 级设计学，刘洋作

按制圆珠笔 1 装配图（截选）

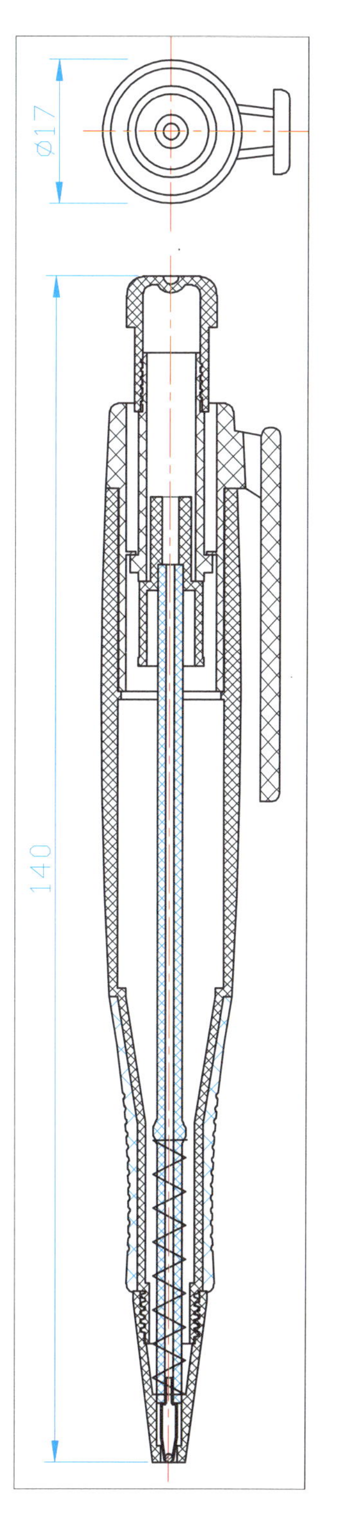

图 4-34 按制圆珠笔，广州美术学院 04 级设计学，黄剑红作

按制圆珠笔2装配图（截选）

移出断面图补充了零件之间的装配关系。

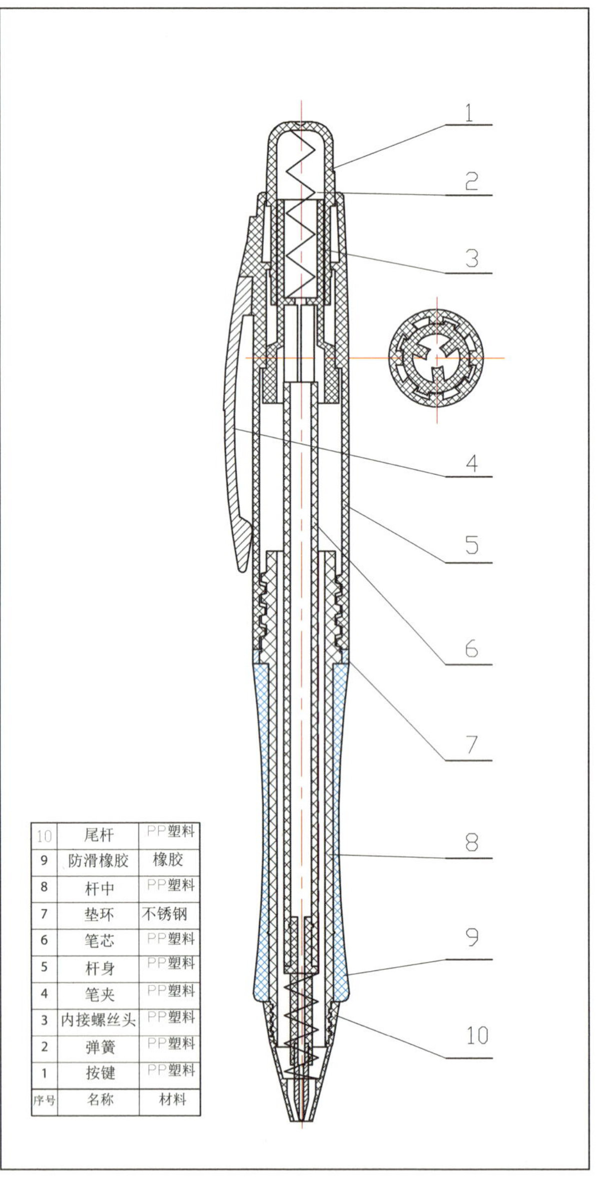

10	尾杆	PP塑料
9	防滑橡胶	橡胶
8	杆中	PP塑料
7	垫环	不锈钢
6	笔芯	PP塑料
5	杆身	PP塑料
4	笔夹	PP塑料
3	内接螺丝头	PP塑料
2	弹簧	PP塑料
1	按键	PP塑料
序号	名称	材料

图 4-36 按制圆珠笔，广州美术学院 10 级工业设计，吴恒华作

按制圆珠笔3装配图（截选）

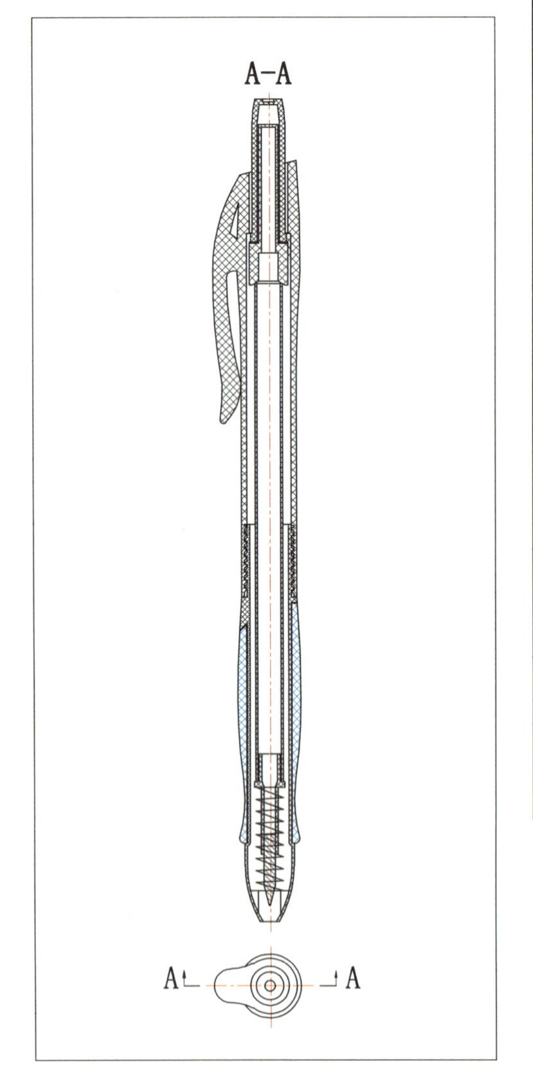

图 4-35 按制圆水笔，广州美术学院 10 级设计学，胡银华作

自动铅笔装配图（截选）

14	铅笔芯	
13	笔夹	PP塑料
12	橡皮	橡皮
11	套环件	PP塑料
10	撳动弹簧	钢
9	导铅套/储铅管	PP塑料
8	喇叭面和钢球	
7	止推环	PP塑料
6	复位弹簧	钢
5	阻尼圈	PP塑料
4	护铅套	PP塑料
3	笔尖套	橡胶
2	笔头	PP塑料
1	笔杆	PP塑料
序号	名称	材料

图 4-37 自动铅笔，广州美术学院 08 级设计学，肖海鹏作

油性签字笔装配图（截选）

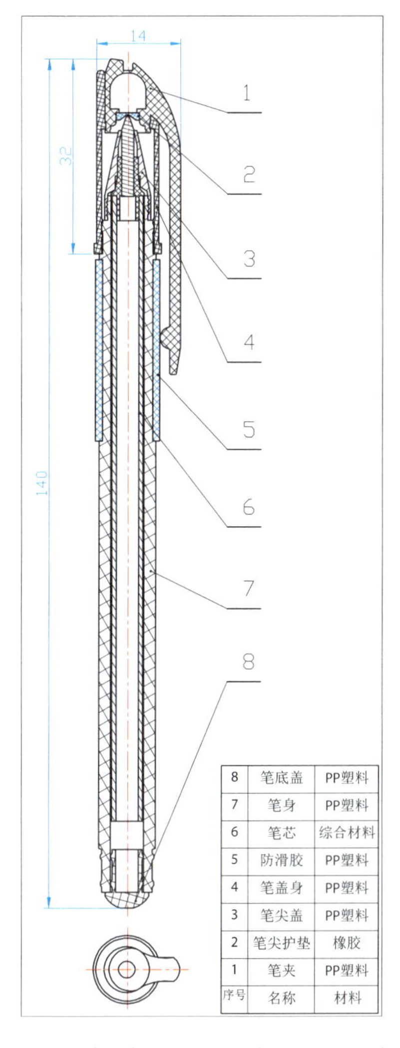

8	笔底盖	PP塑料
7	笔身	PP塑料
6	笔芯	综合材料
5	防滑胶	PP塑料
4	笔盖身	PP塑料
3	笔尖盖	PP塑料
2	笔尖护垫	橡胶
1	笔夹	PP塑料
序号	名称	材料

图 4-38 油性笔，广州美术学院 10 级工业设计，洪嘉龙作

水性签字笔装配图（截选）

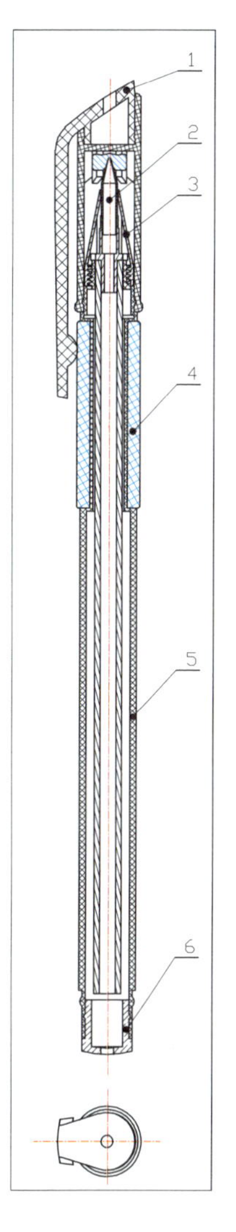

图 4-39 签字笔，广州美术学院 11 级工业设计，林森全作

圆规装配图（截选）

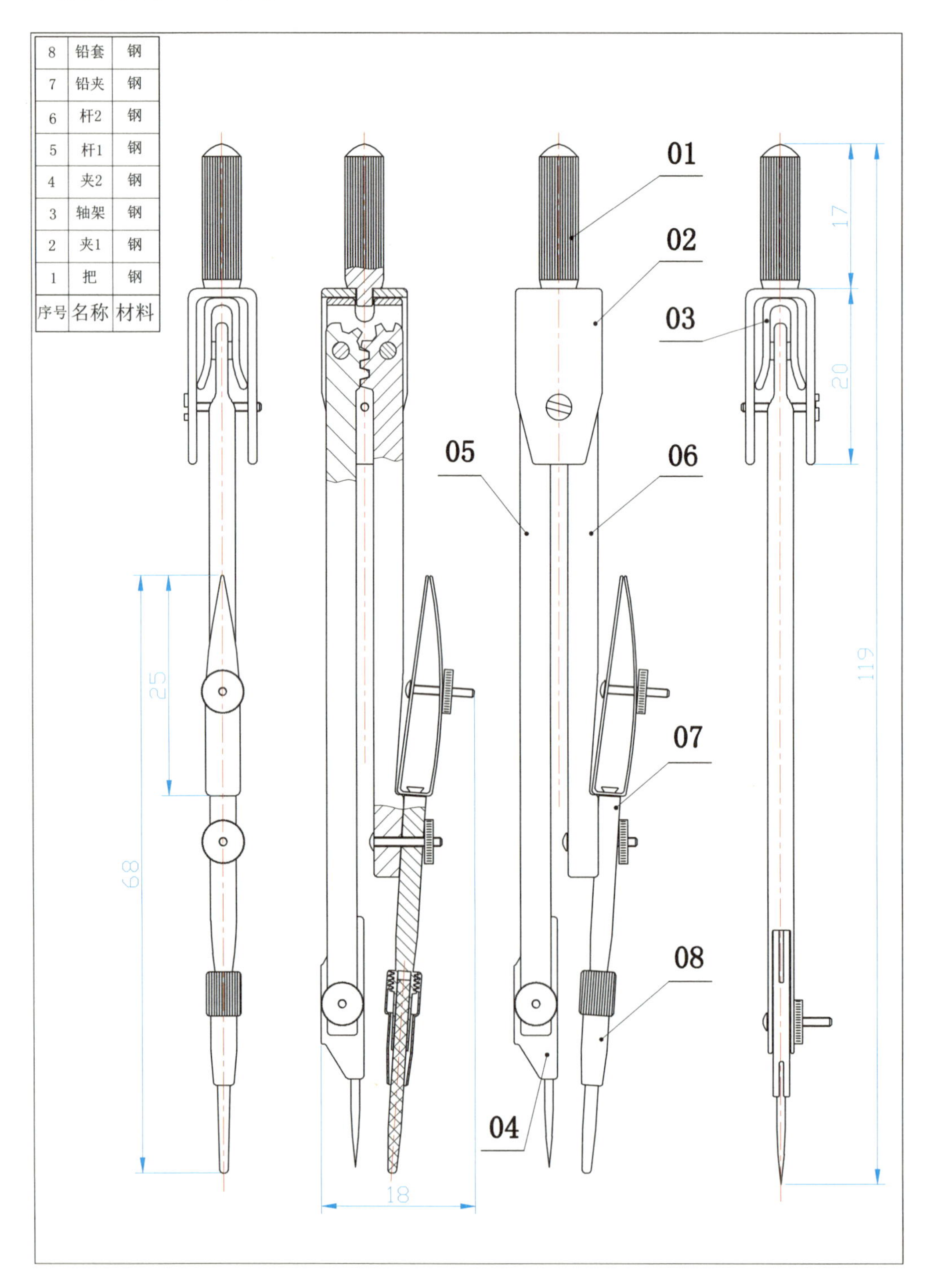

序号	名称	材料
8	铅套	钢
7	铅夹	钢
6	杆2	钢
5	杆1	钢
4	夹2	钢
3	轴架	钢
2	夹1	钢
1	把	钢

图 4-40 圆规，广州美术学院 04 级设计学，陈思斯作

弹簧分规装配图（截选）

调节螺杆的螺纹一端右旋，另一端左旋，令分规的两腿同步作反向摆动。

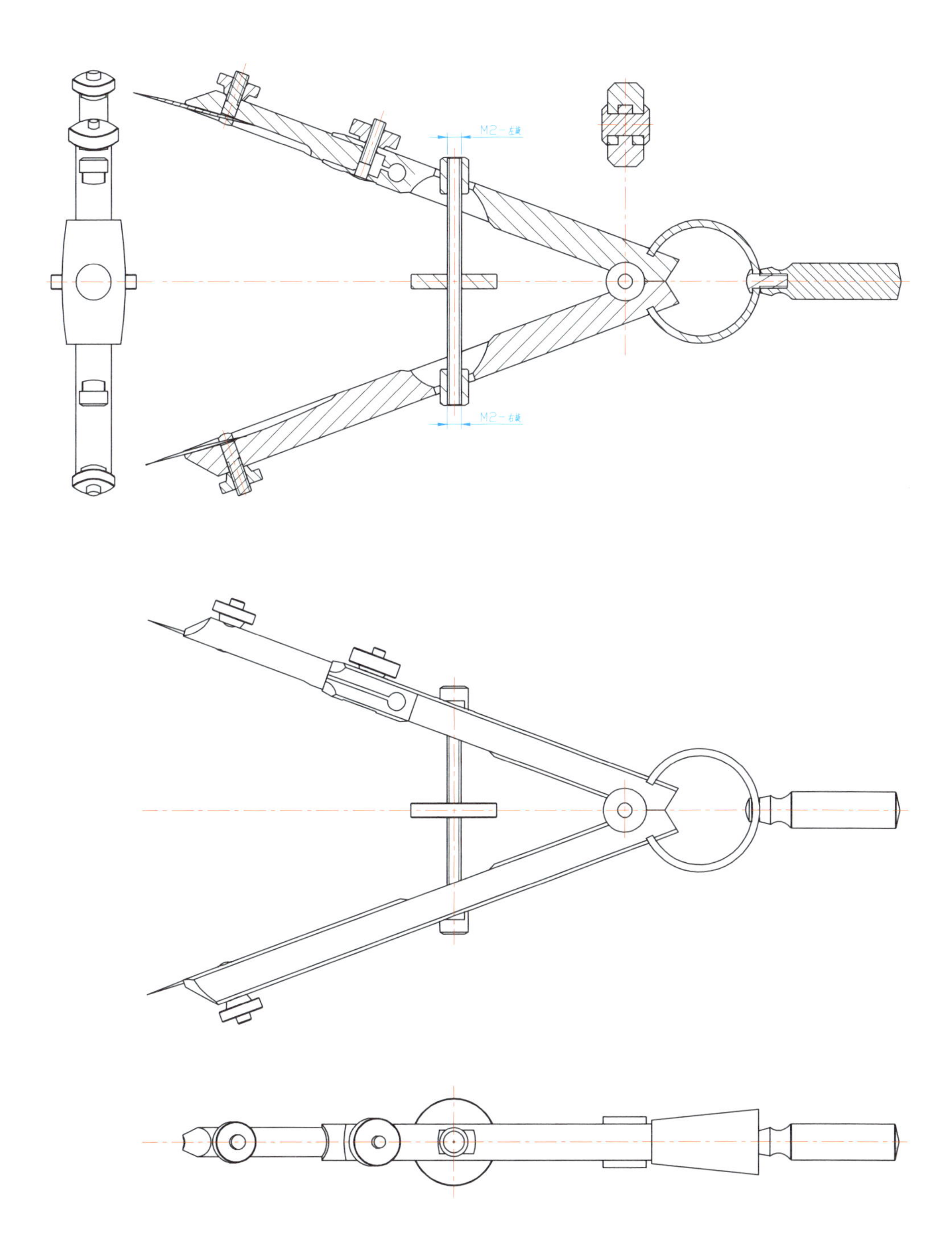

图 4-41 弹簧分规，广州美术学院 04 级设计学，赵智槃作

订书机装配图

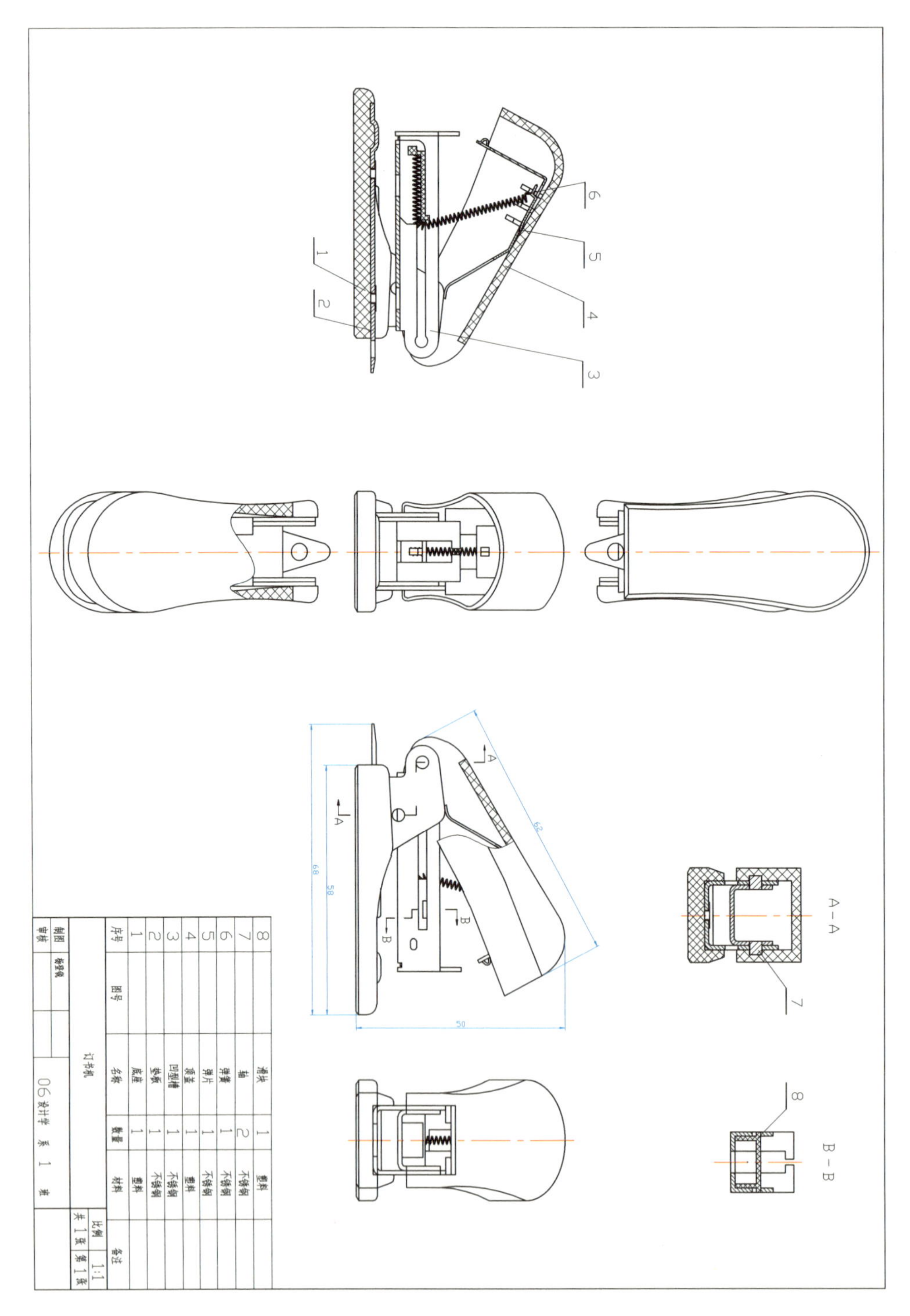

序号	图号	名称	数量	材料	备注
8		滑块	1	塑料	
7		轴	2	不锈钢	
6		弹簧	1	不锈钢	
5		弹片	1	不锈钢	
4		顶盖	1	塑料	
3		凹型槽	1	不锈钢	
2		垫板	1	不锈钢	
1		底座	1	塑料	

订书机		比例	1:1
		共 1 张	第 1 张
制图	杨登锐	06 设计学 系 1 班	
审核			

图 4–42 订书机，广州美术学院 06 级设计学，杨登锐作

修改带装配图（截选）

插接适合反复拆装，方便换带。

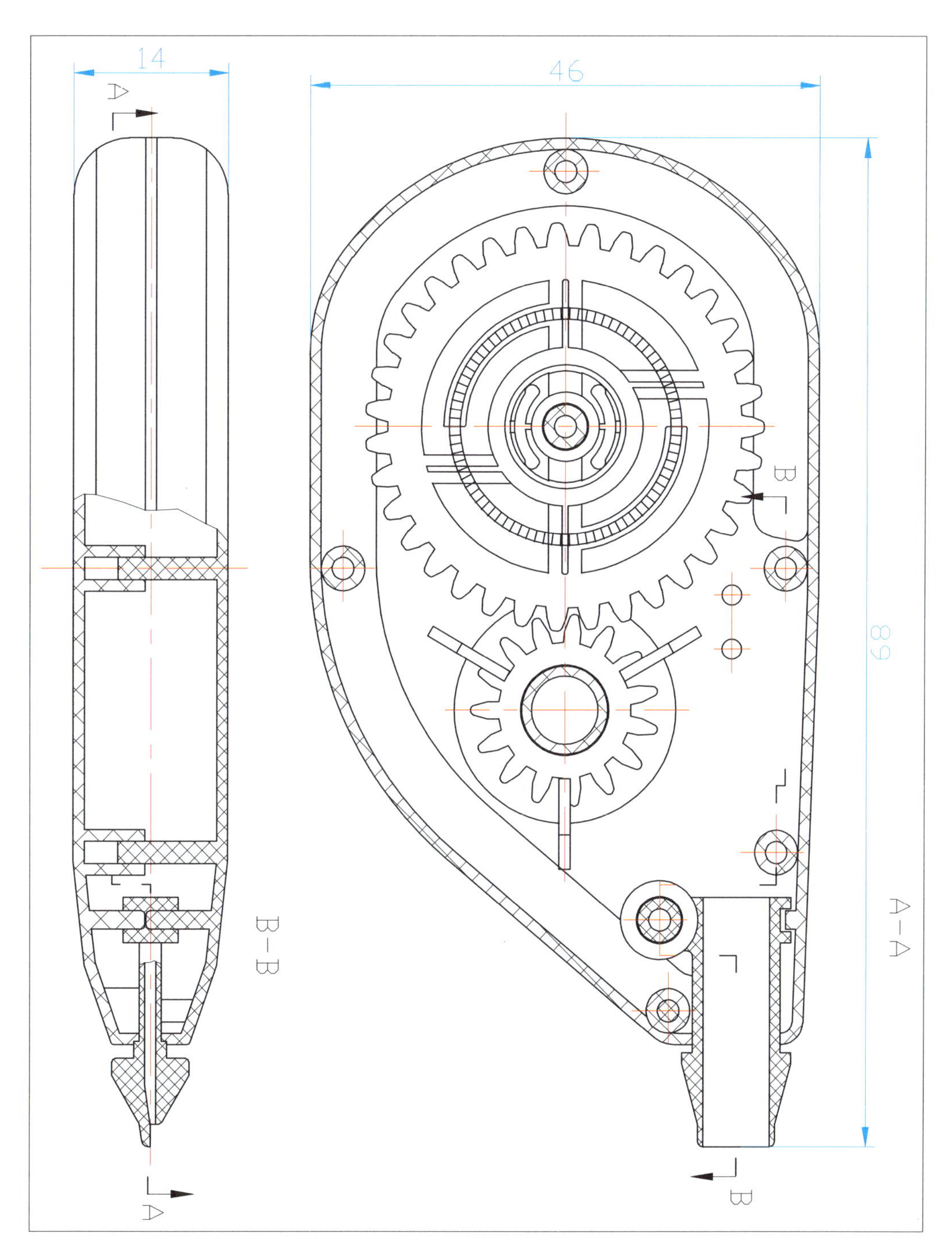

图 4-43 修改带，广州美术学院 04 级设计学，陈李婷作

裁纸刀装配图（截选）

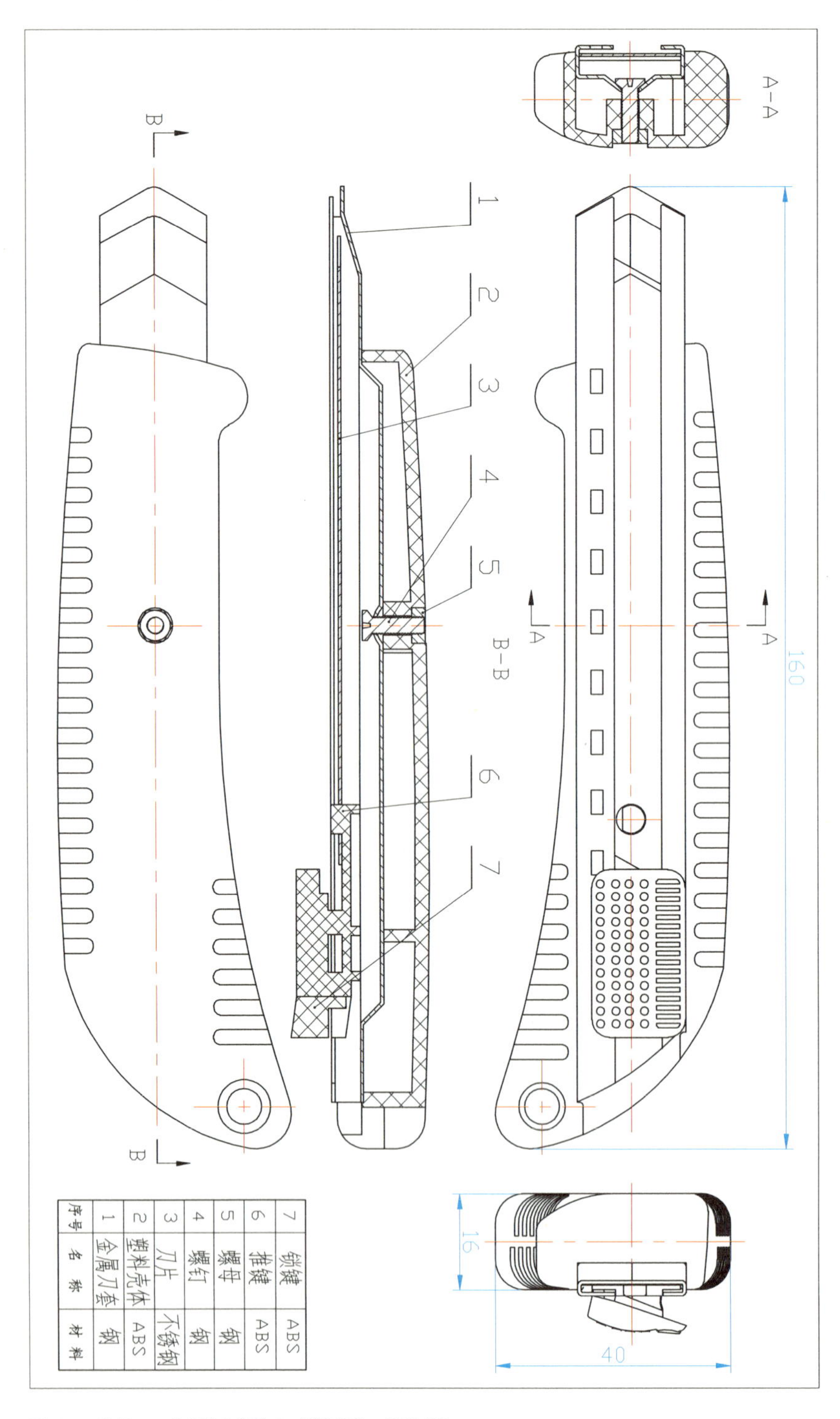

序号	名称	材料
1	金属刀套	钢
2	塑料壳体	ABS
3	刀片	不锈钢
4	螺钉	钢
5	螺母	钢
6	推键	ABS
7	锁键	ABS

图 4-44 裁纸刀，广州美术学院 04 级设计学，张健邦作

计算器装配图（截选）

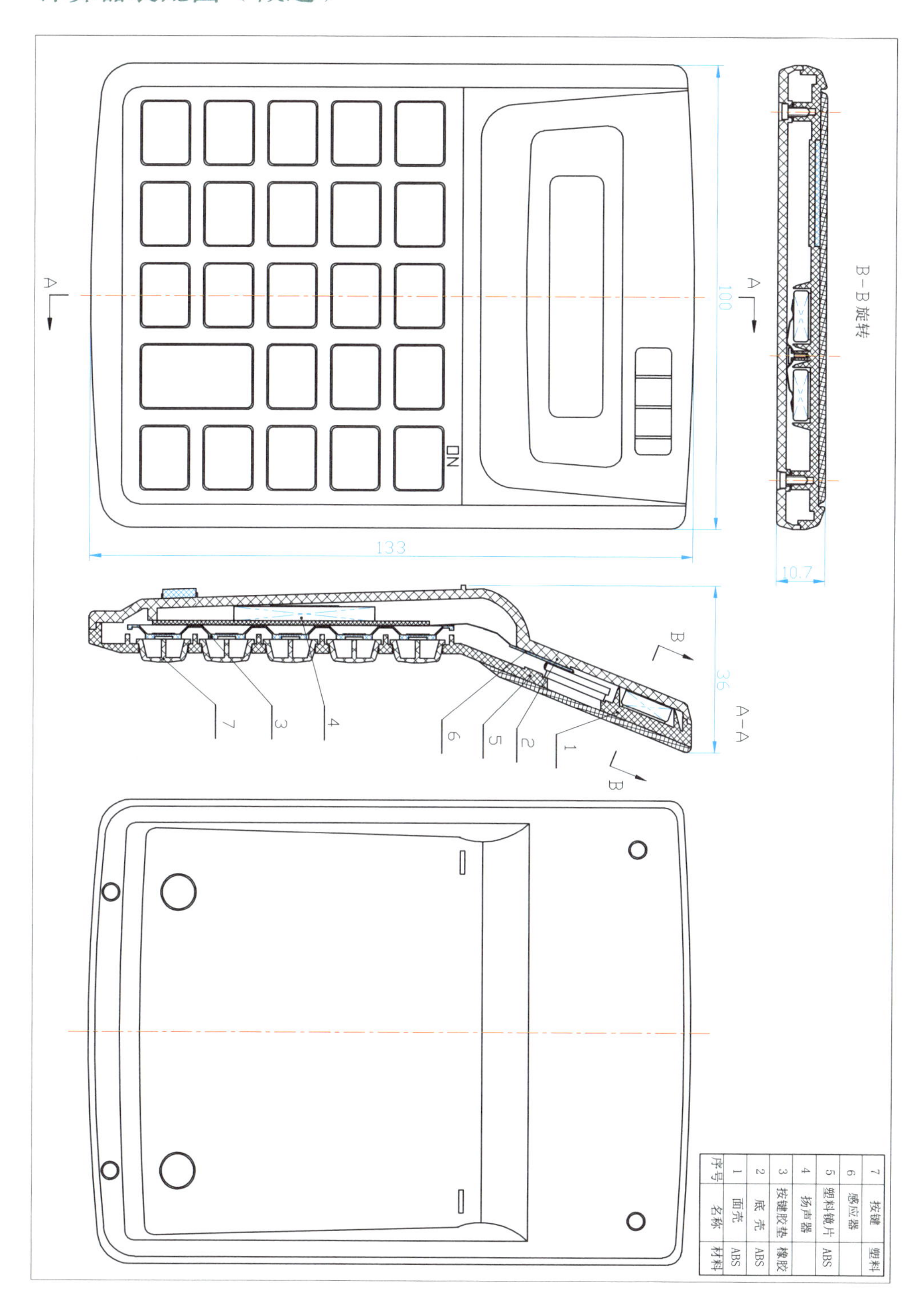

序号	名称	材料
1	面壳	ABS
2	底壳	ABS
3	按键胶垫	橡胶
4	扬声器	
5	塑料镜片	ABS
6	感应器	
7	按键	塑料

图 4-45 计算器，广州美术学院 05 级设计学，杨聿程作

闹钟装配图（截选）

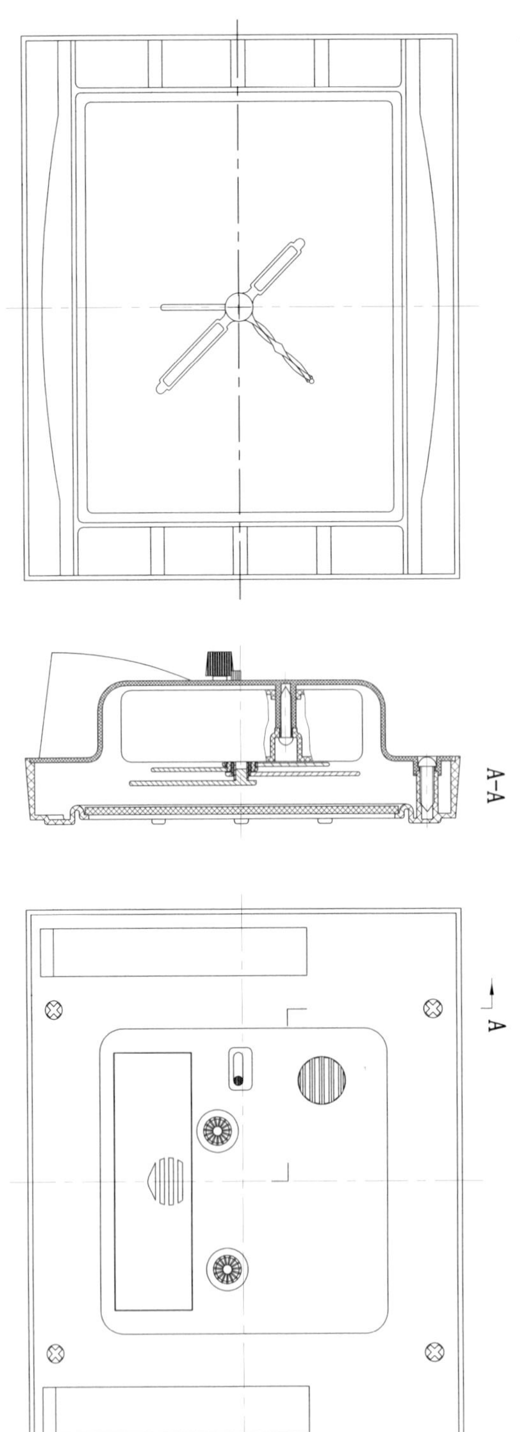

图 4-46 闹钟，华南理工 04 级产品设计，杨清作

石英手表装配图（截选）

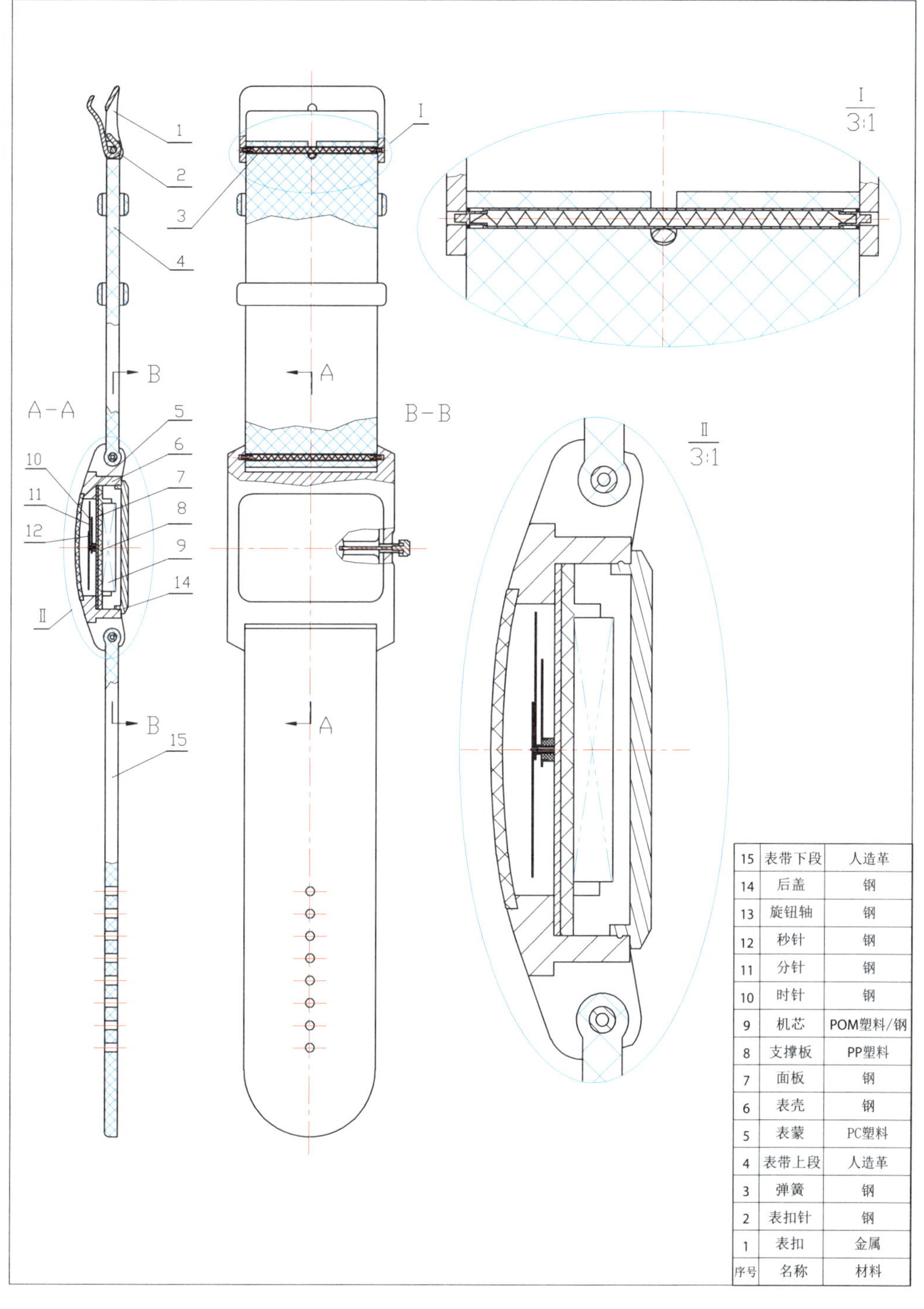

序号	名称	材料
15	表带下段	人造革
14	后盖	钢
13	旋钮轴	钢
12	秒针	钢
11	分针	钢
10	时针	钢
9	机芯	POM塑料/钢
8	支撑板	PP塑料
7	面板	钢
6	表壳	钢
5	表蒙	PC塑料
4	表带上段	人造革
3	弹簧	钢
2	表扣针	钢
1	表扣	金属

图 4-47 石英手表，广州美术学院 07 级设计学，翟夏作

手摇电筒装配图（截选）

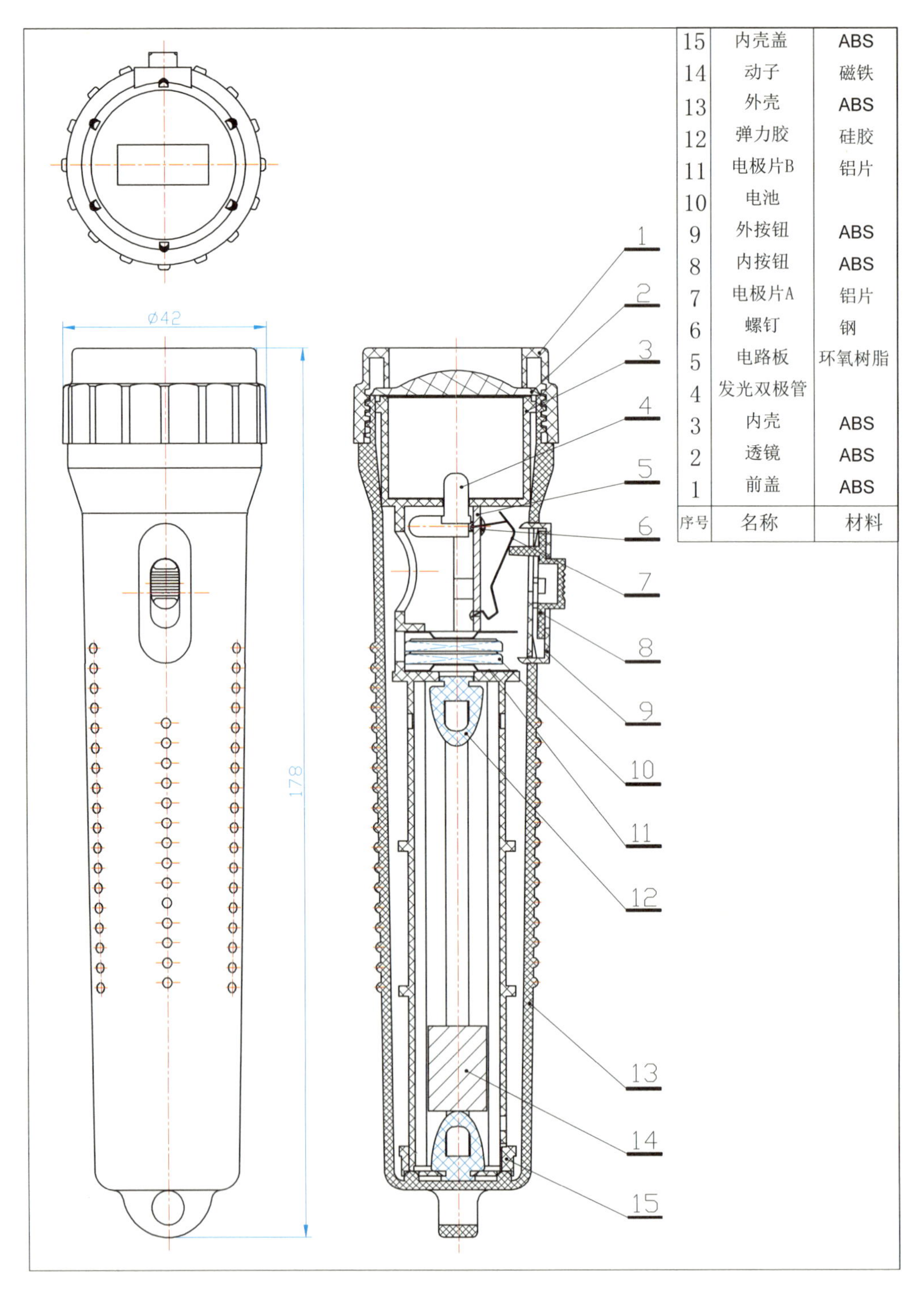

图 4-48 手摇电筒，广州美术学院 05 级设计学，张美望作

手按电筒装配图（截选）

拨下按钮（19），握键（13）弹出，通过反复按压握键带动齿轮（14）转动，与之同心的齿轮（16）带动飞轮（9）和磁铁（10）转动，从而使线圈切割磁力线产生感应电流。

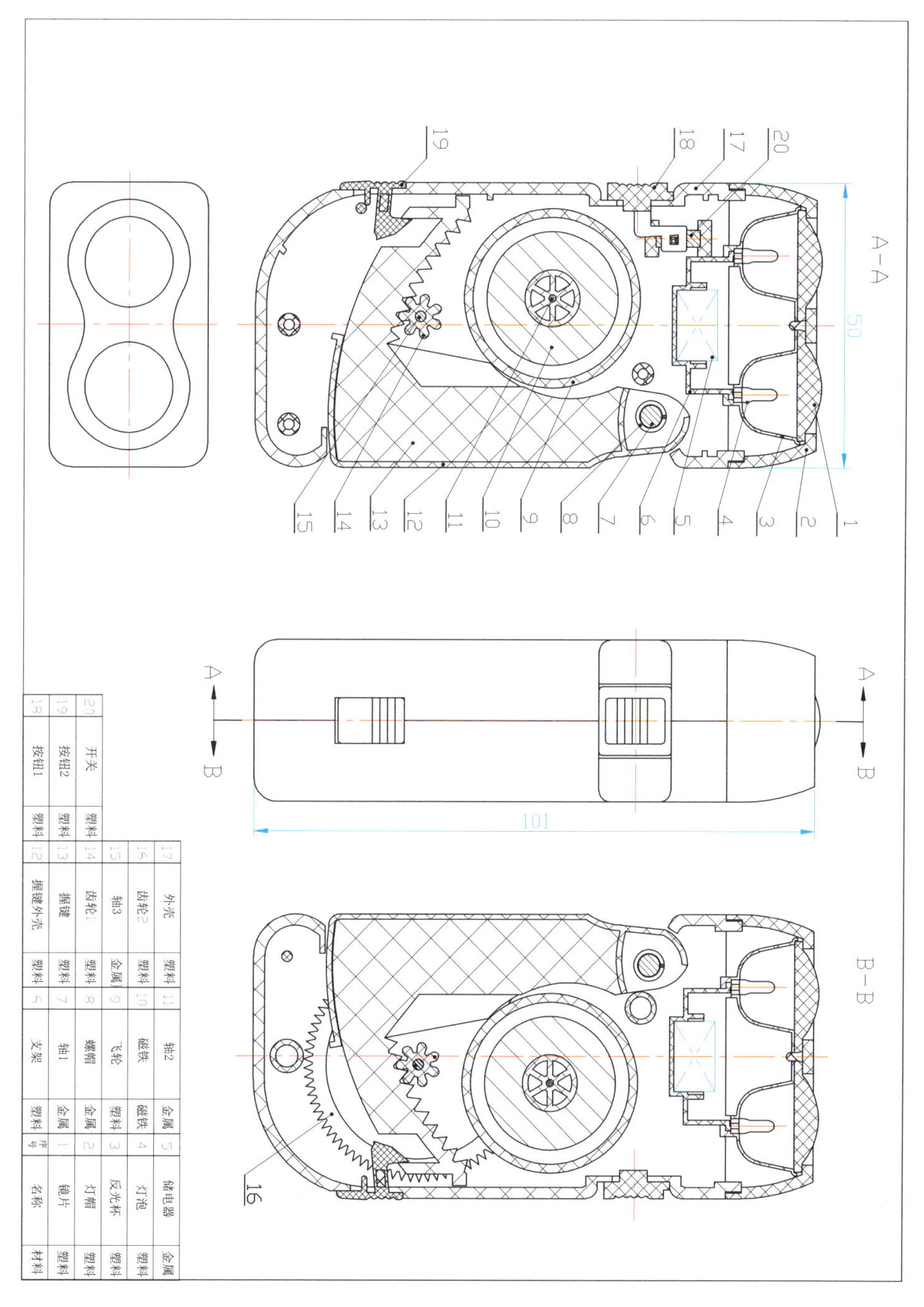

图 4-49 手按电筒，广州美术学院 06 级设计学，梁翠莲作

电筒调焦机构装配图（截选）

通过旋转调节螺母，带动调节螺杆及灯座的上下移动，使灯泡发生位移，实现调焦。

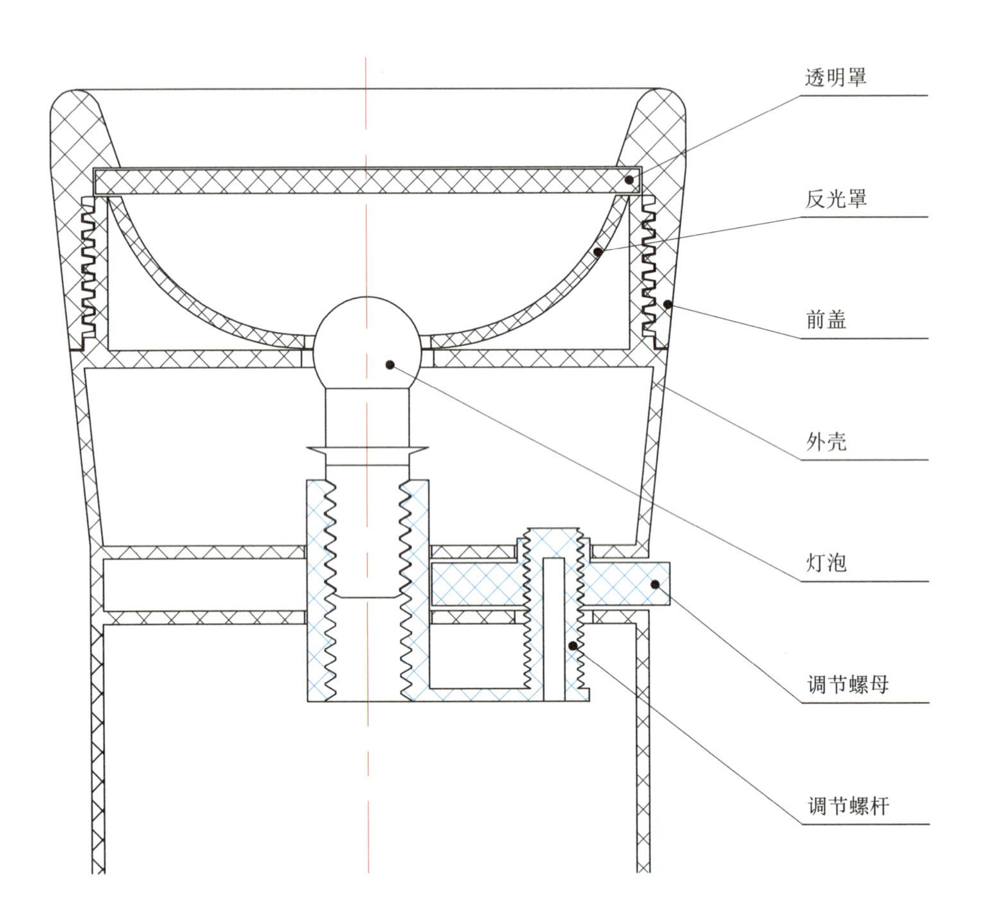

图 4-50 电筒调焦机构，广州美术学院 04 级设计学，黄碧丹作

电吹风装配图
（截选）

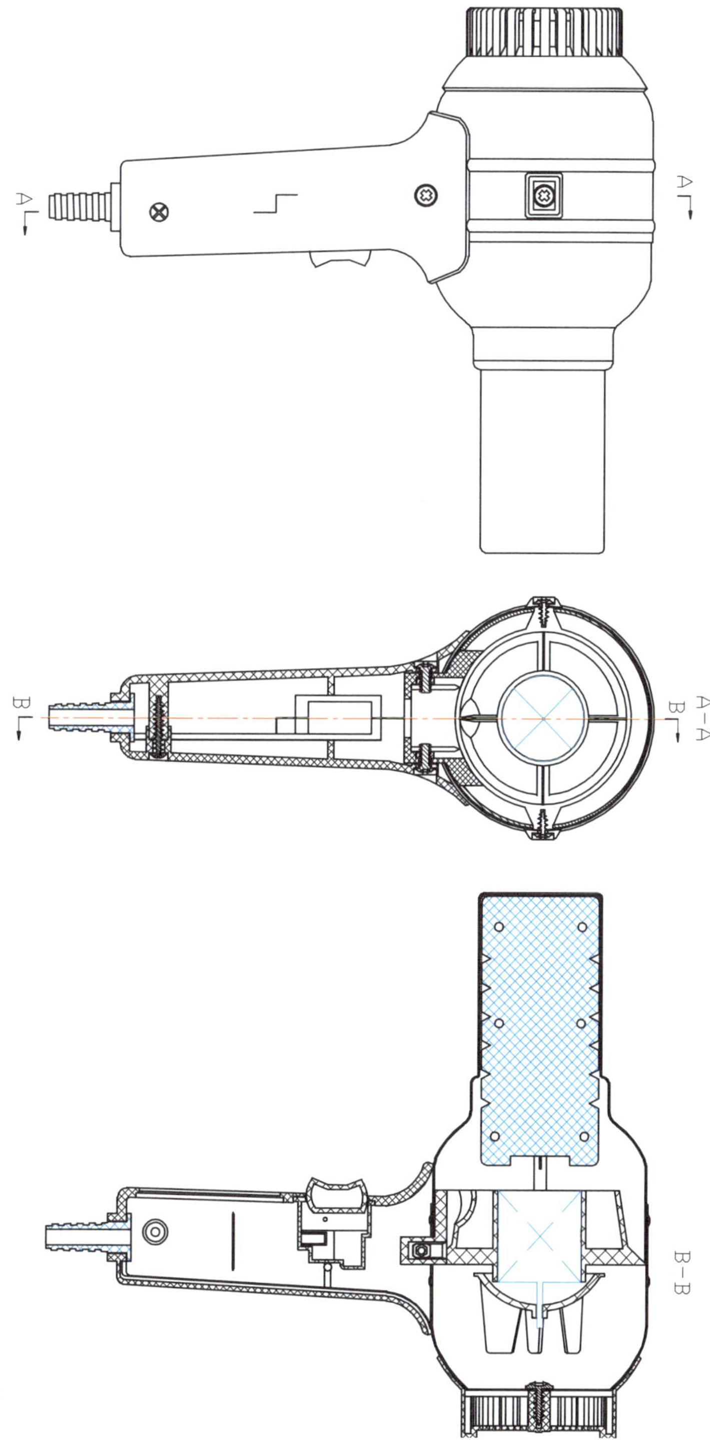

图 4-51 电吹风，华南理工 04 级产品设计，徐建辉作

电插座装配图（截选）

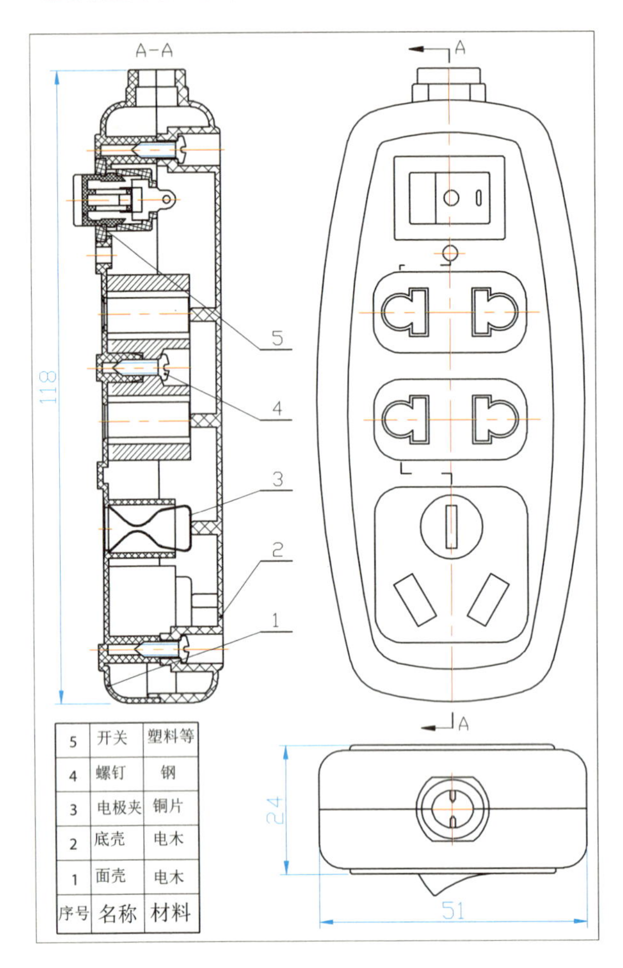

序号	名称	材料
5	开关	塑料等
4	螺钉	钢
3	电极夹	铜片
2	底壳	电木
1	面壳	电木

图 4-52 电插座，广州美术学院 04 级设计学，吕颂作

电插座船型开关的固定

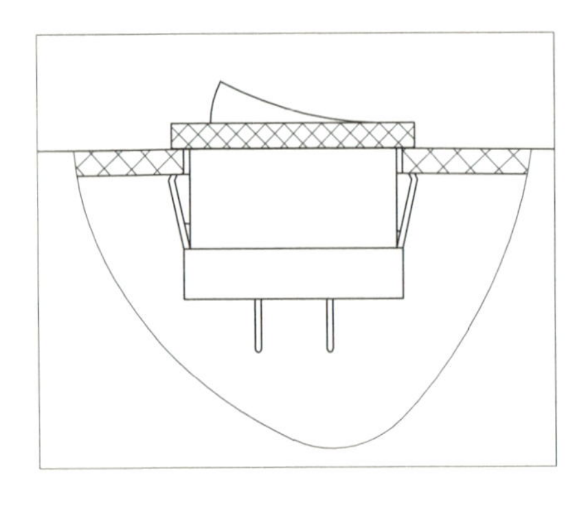

图 4-53 船型开关的固定，广州美术学院 07 级设计学，刘洋作

电插座船型开关内部结构

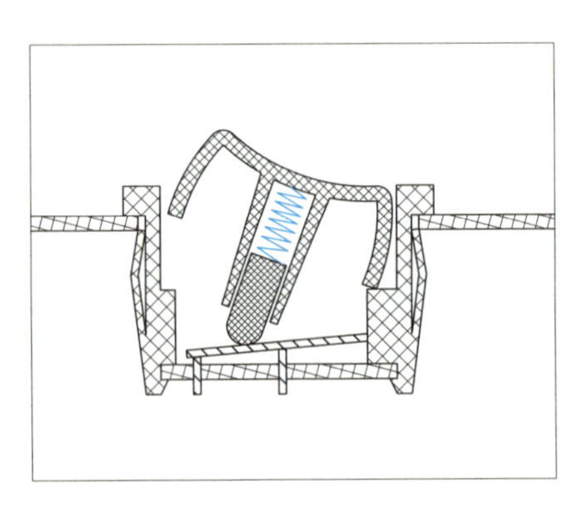

图 4-54 船型开关内部结构，广州美术学院 08 级设计学，孙帅作

电热液体驱蚊器装配图（截选）

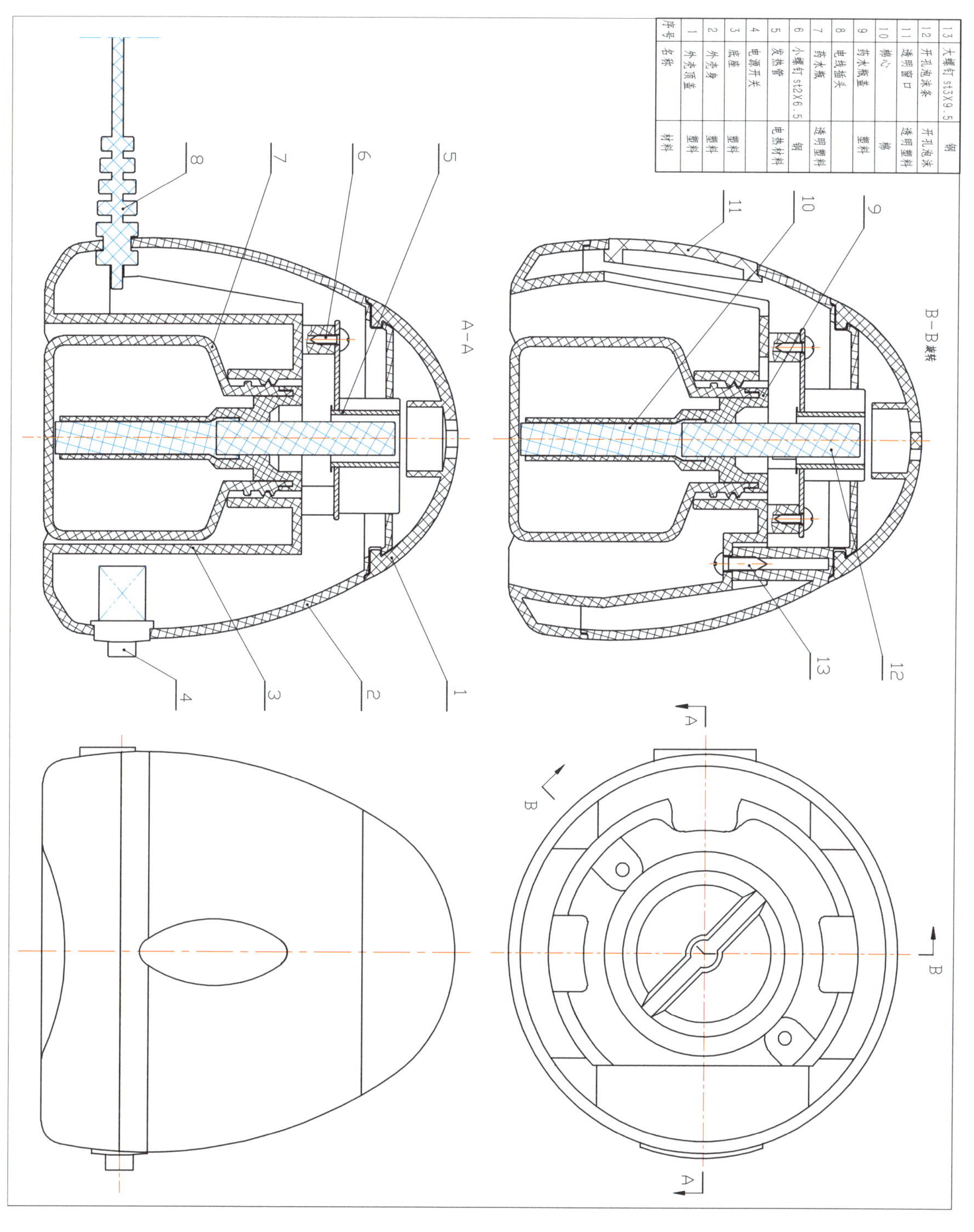

图 4-55 电热液体驱蚊器，广州美术学院 04 级设计学，黄韵霖作

键盘装配图（截选）

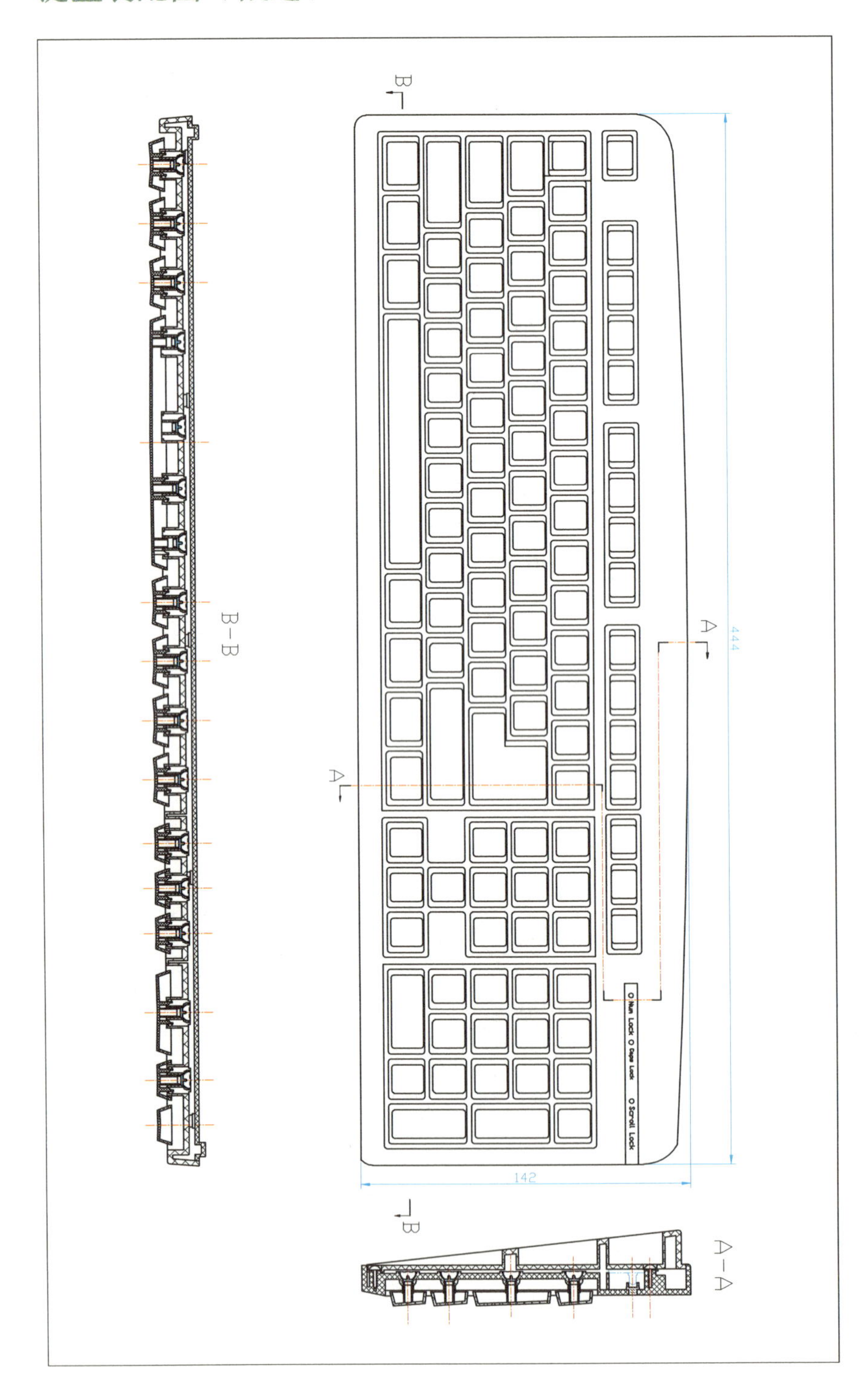

图 4-56 键盘，华南理工 04 级产品设计，许国霞作

鼠标装配图

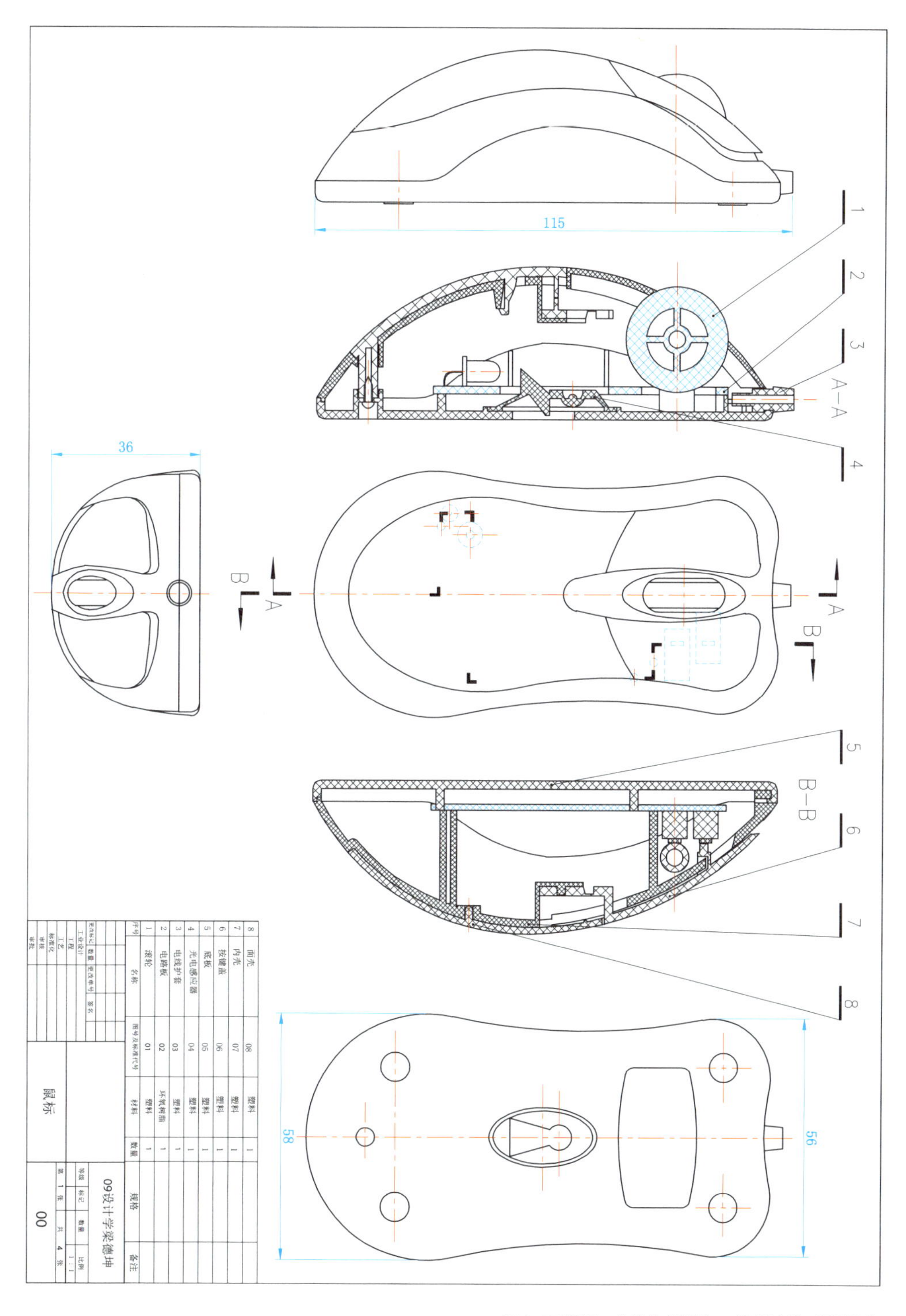

图 4-57 鼠标，广州美术学院 09 级设计学，梁德坤作

摄像头装配图

摄像头与底座的球关节使得拍摄角度可以自由调节。

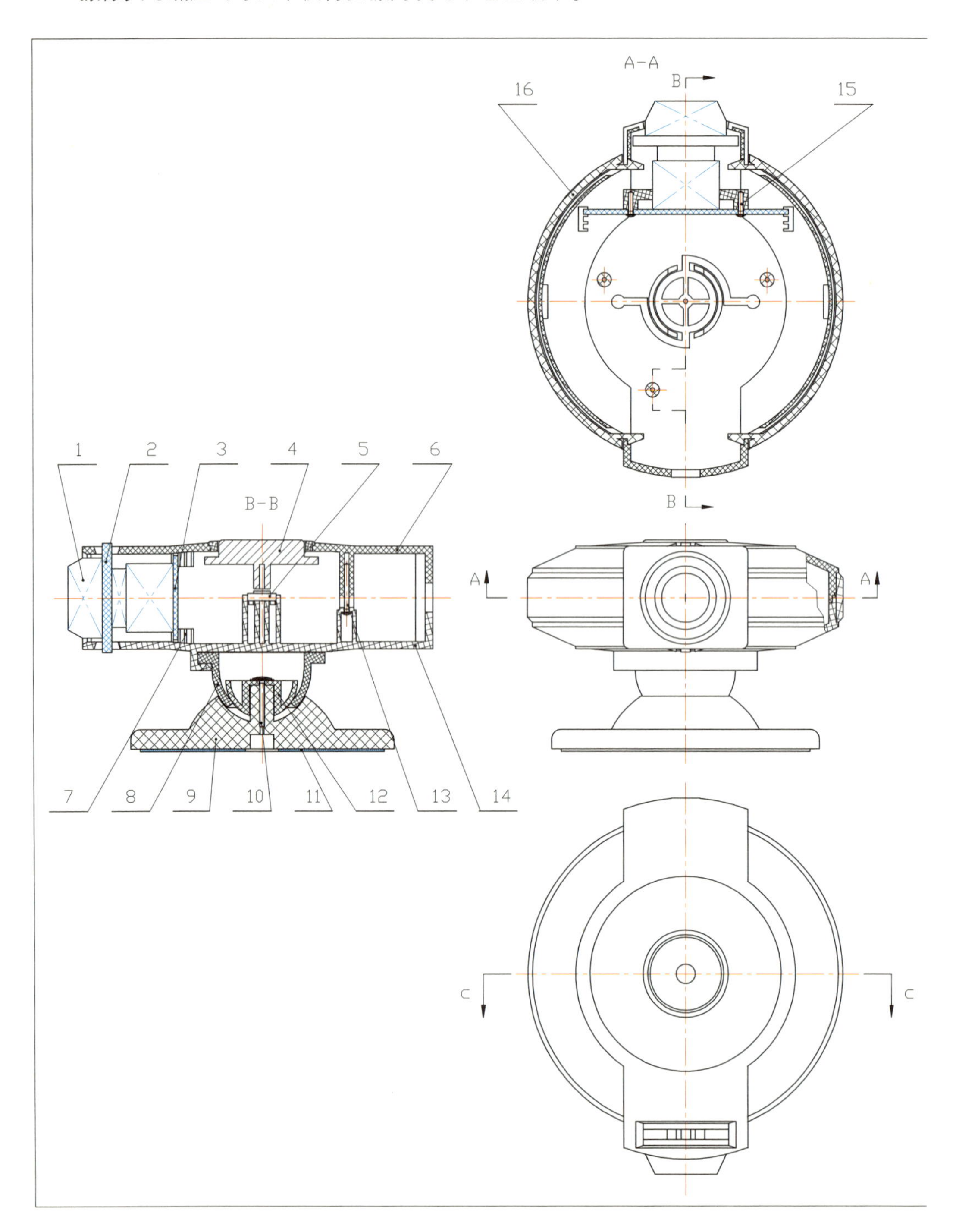

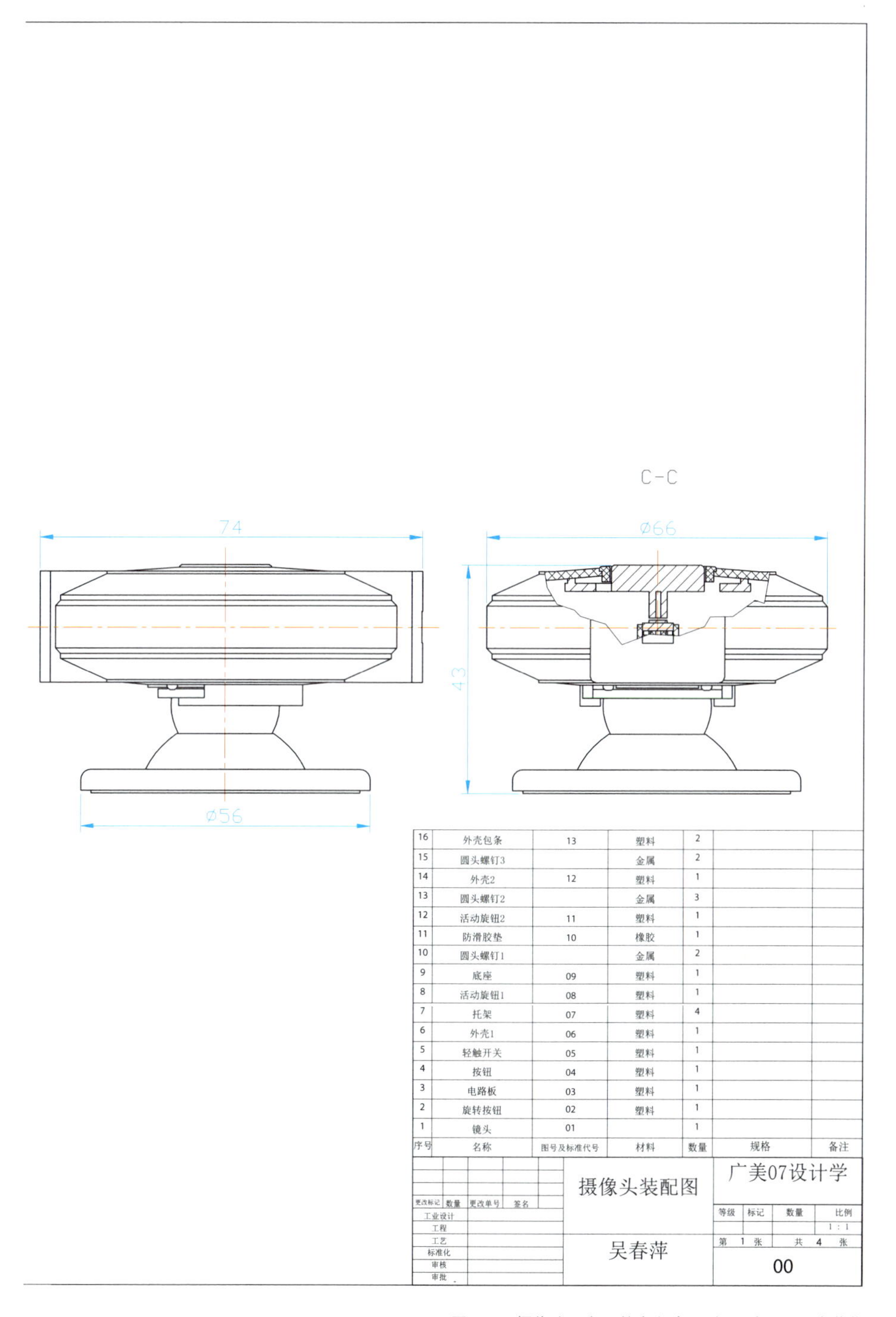

序号	名称	图号及标准代号	材料	数量	规格	备注
16	外壳包条	13	塑料	2		
15	圆头螺钉3		金属	2		
14	外壳2	12	塑料	1		
13	圆头螺钉2		金属	3		
12	活动旋钮2	11	塑料	1		
11	防滑胶垫	10	橡胶	1		
10	圆头螺钉1		金属	2		
9	底座	09	塑料	1		
8	活动旋钮1	08	塑料	1		
7	托架	07	塑料	4		
6	外壳1	06	塑料	1		
5	轻触开关	05	塑料	1		
4	按钮	04	塑料	1		
3	电路板	03	塑料	1		
2	旋转按钮	02	塑料	1		
1	镜头	01		1		

图 4-58 摄像头，广州美术学院 07 级设计学，吴春萍作

夹式摄像头弹性定位万向节

通过弹簧片来压紧球面进行定位。

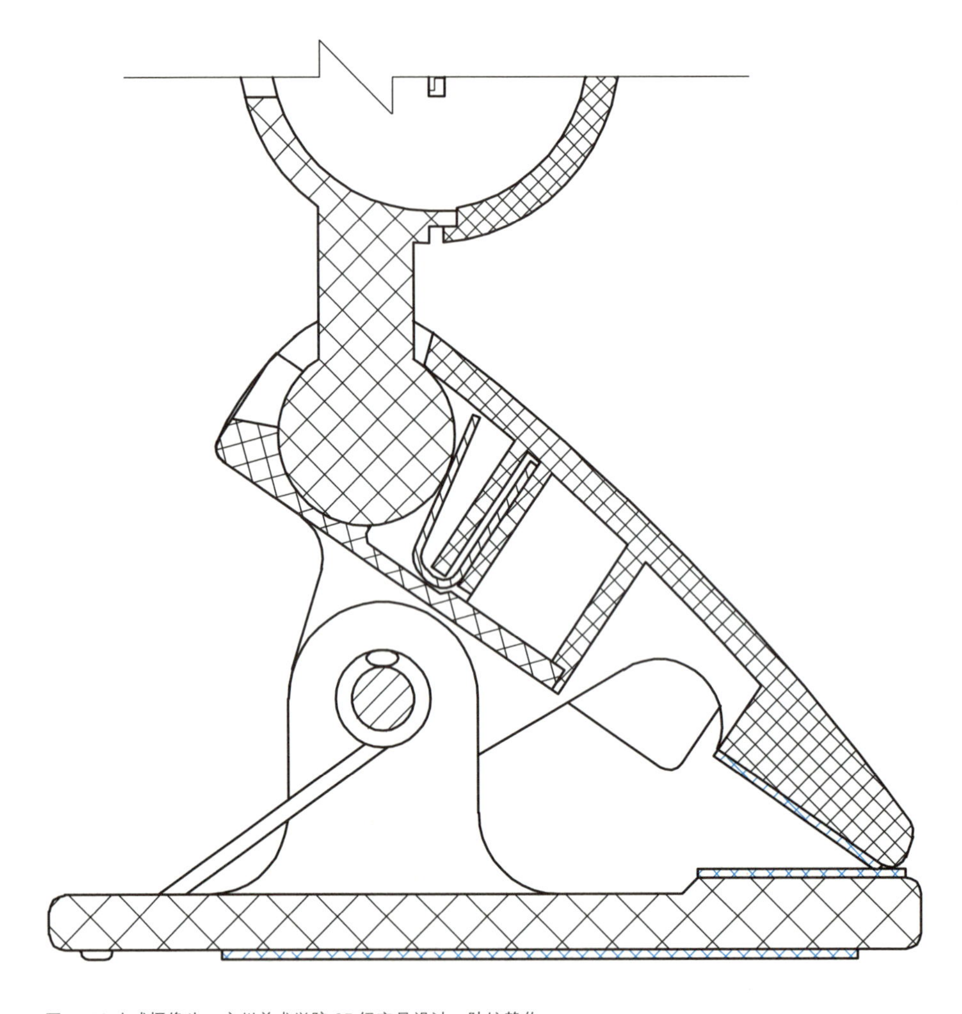

图 4-59 夹式摄像头，广州美术学院 05 级家具设计，陆婉静作

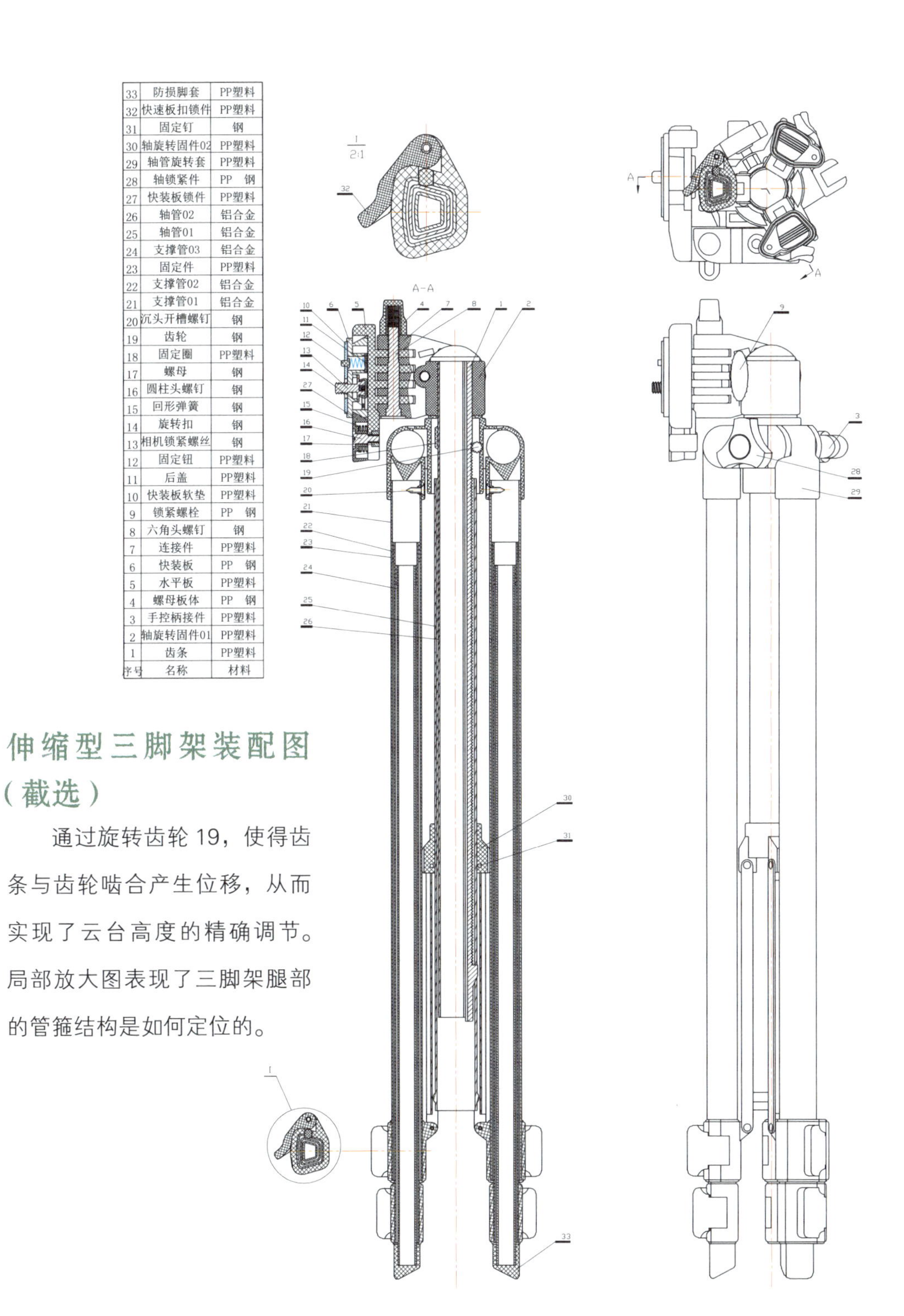

序号	名称	材料
33	防损脚套	PP塑料
32	快速板扣锁件	PP塑料
31	固定钉	钢
30	轴旋转固件02	PP塑料
29	轴管旋转套	PP塑料
28	轴锁紧件	PP　钢
27	快装板锁件	PP塑料
26	轴管02	铝合金
25	轴管01	铝合金
24	支撑管03	铝合金
23	固定件	PP塑料
22	支撑管02	铝合金
21	支撑管01	铝合金
20	沉头开槽螺钉	钢
19	齿轮	钢
18	固定圈	PP塑料
17	螺母	钢
16	圆柱头螺钉	钢
15	回形弹簧	钢
14	旋转扣	钢
13	相机锁紧螺丝	钢
12	固定钮	PP塑料
11	后盖	PP塑料
10	快装板软垫	PP塑料
9	锁紧螺栓	PP　钢
8	六角头螺钉	钢
7	连接件	PP塑料
6	快装板	PP　钢
5	水平板	PP塑料
4	螺母板体	PP　钢
3	手控柄接件	PP塑料
2	轴旋转固件01	PP塑料
1	齿条	PP塑料

伸缩型三脚架装配图（截选）

通过旋转齿轮 19，使得齿条与齿轮啮合产生位移，从而实现了云台高度的精确调节。局部放大图表现了三脚架腿部的管箍结构是如何定位的。

图 4-60 伸缩型三脚架，广州美术学院 07 级设计学，张昭毅作

小三脚架装配图（截选）

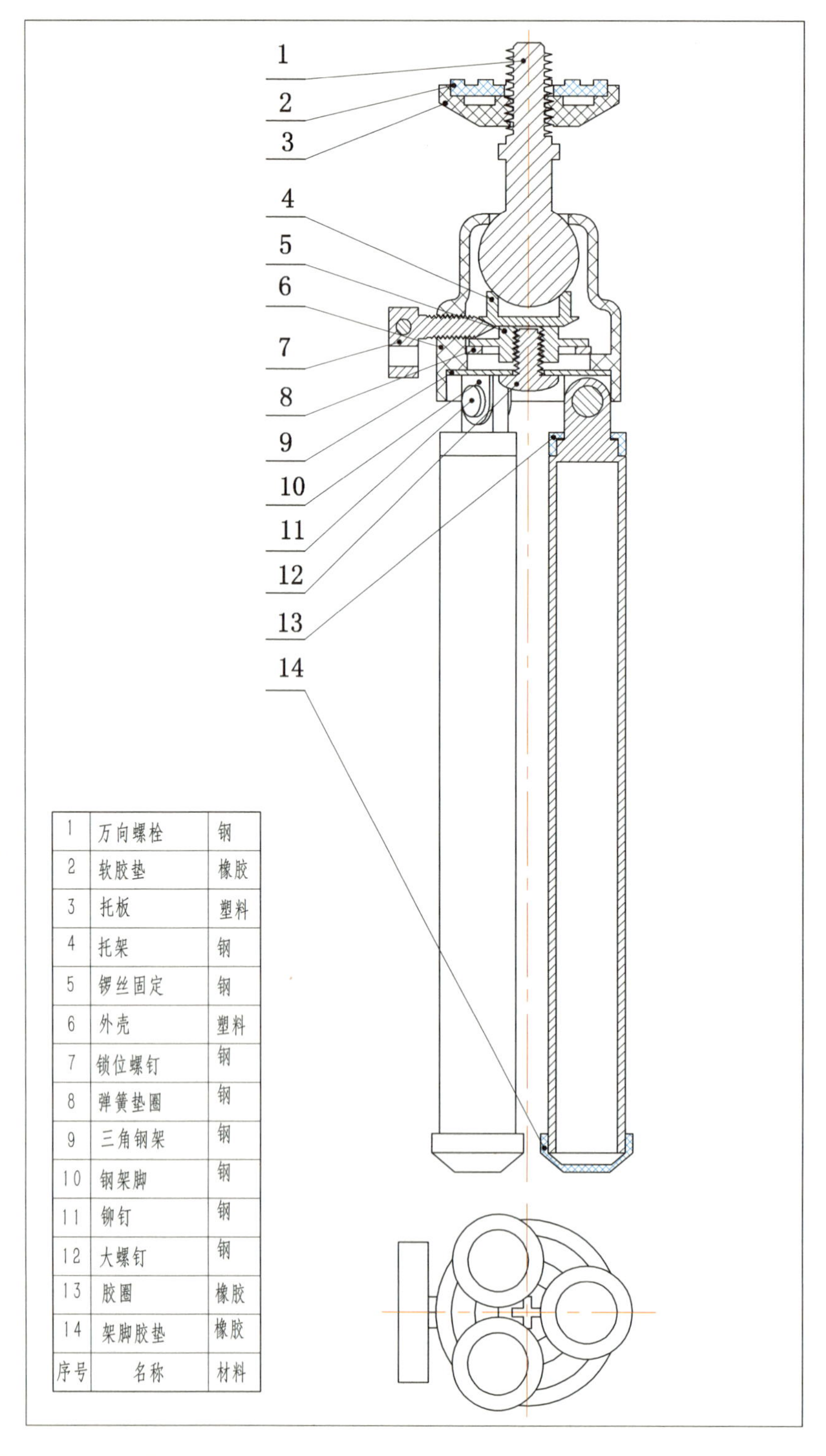

图 4-61 小三脚架，广州美术学院06级设计学，李健龙作

开罐器装配图（截选）

用虚拟轮廓线表示开罐器的活动极限位置。

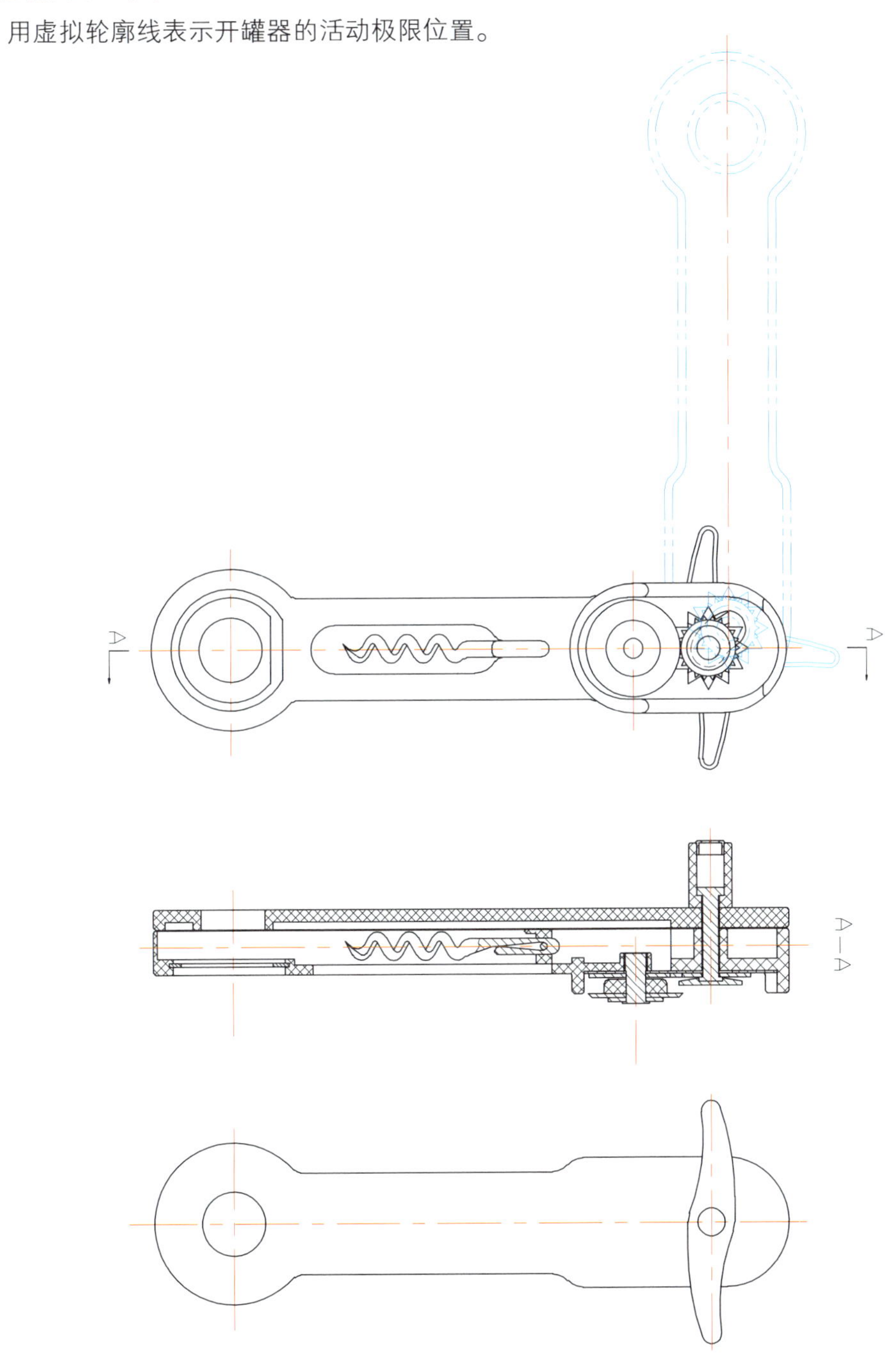

图 4-62 开罐器，广州美术学院 04 级设计学，张远可作

数码相机装配图

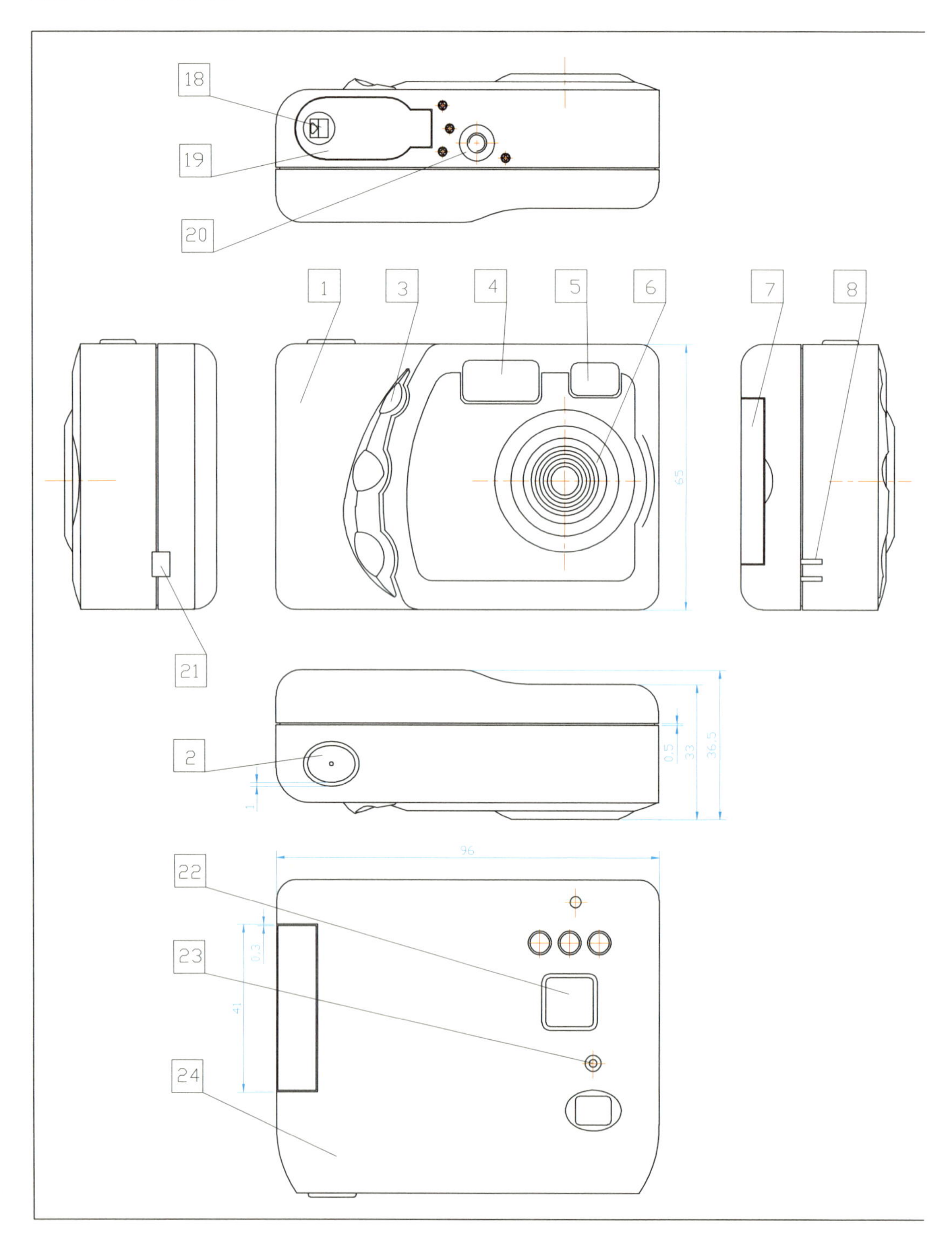

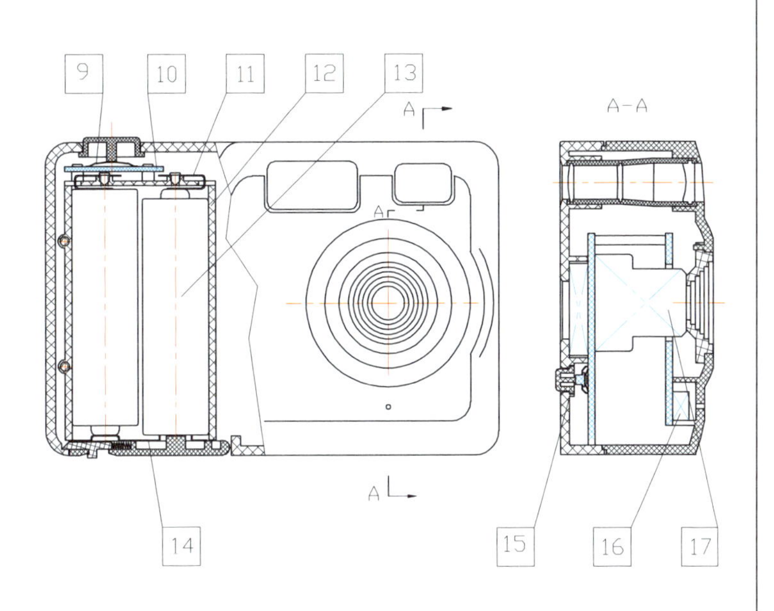

序号	名称	图号与标准代号	材料	数量	规格	备注
24	底壳	02	ABS	1		
23	POWER指示灯		ABS	1		
22	显示窗		ABS	1		
21	USB插口		ABS	1		
20	三脚架插孔		ABS	1		
19	电池盖	07	ABS	1		
18	电池盖开关		ABS	1		
17	镜头		ABS	1		
16	内置麦克风		ABS	1		
15	按键		ABS	3		
14	电极片B		铜	1		
13	电池		ABS	2		
12	电池合	03	ABS	1		
11	电极片A		铜	2		
10	电路板		PVC	1		
9	弹簧		钢	1		
8	腕带安装孔		ABS	1		
7	CF扩充卡槽盖		ABS	1		
6	镜头挡光环	04	ABS	1		
5	取景窗	06	ABS	1		
4	闪光灯	05	ABS	1		
3	防滑把手		ABS	1		
2	快门按键		ABS	1		
1	面壳	01	ABS	1		

更改标记	数量	更改单号	签名		数码相机	04设计学　吴建业
工业设计						
工　程						
工　艺						
标准化						
审　核						
批　准						

等级	标记	数量	比例
			1:1
第 1 张		共 8 张	
00			

图 4–63 数码相机，广州美术学院 04 级设计学，吴建业作

迷你缝纫机装配图（截选）

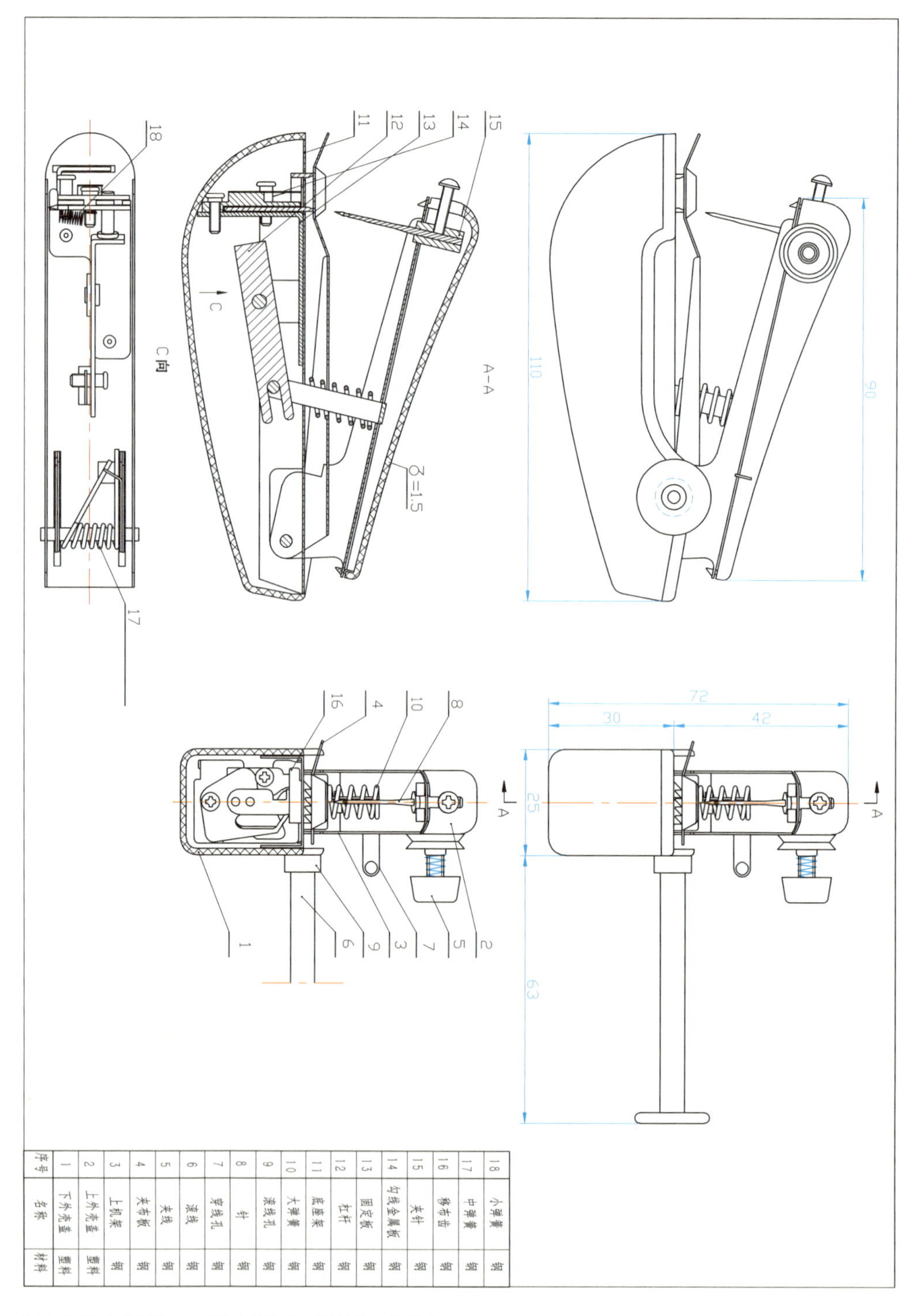

序号	名称	材料
1	下外壳盖	塑料
2	上外壳盖	塑料
3	上机架	钢
4	夹布板	钢
5	夹线	钢
6	滚线	钢
7	穿线孔	钢
8	针	钢
9	滚线孔	钢
10	大弹簧	钢
11	底座架	钢
12	杠杆	钢
13	固定板	钢
14	勾线金属板	钢
15	夹针	钢
16	移布齿	钢
17	中弹簧	钢
18	小弹簧	钢

图 4-64 迷你缝纫机，广州美术学院 04 级设计学，陈曦作

热熔胶枪装配图（下图为扣动扳机状态，上图为松开扳机状态）

扣动扳机（11），即可带动连杆 1（10）向前移动，连杆 2（8）随之顶住胶条并带动夹住胶条的滑块（7）向前滑动。松开扳机，弹簧使所有零件归位。

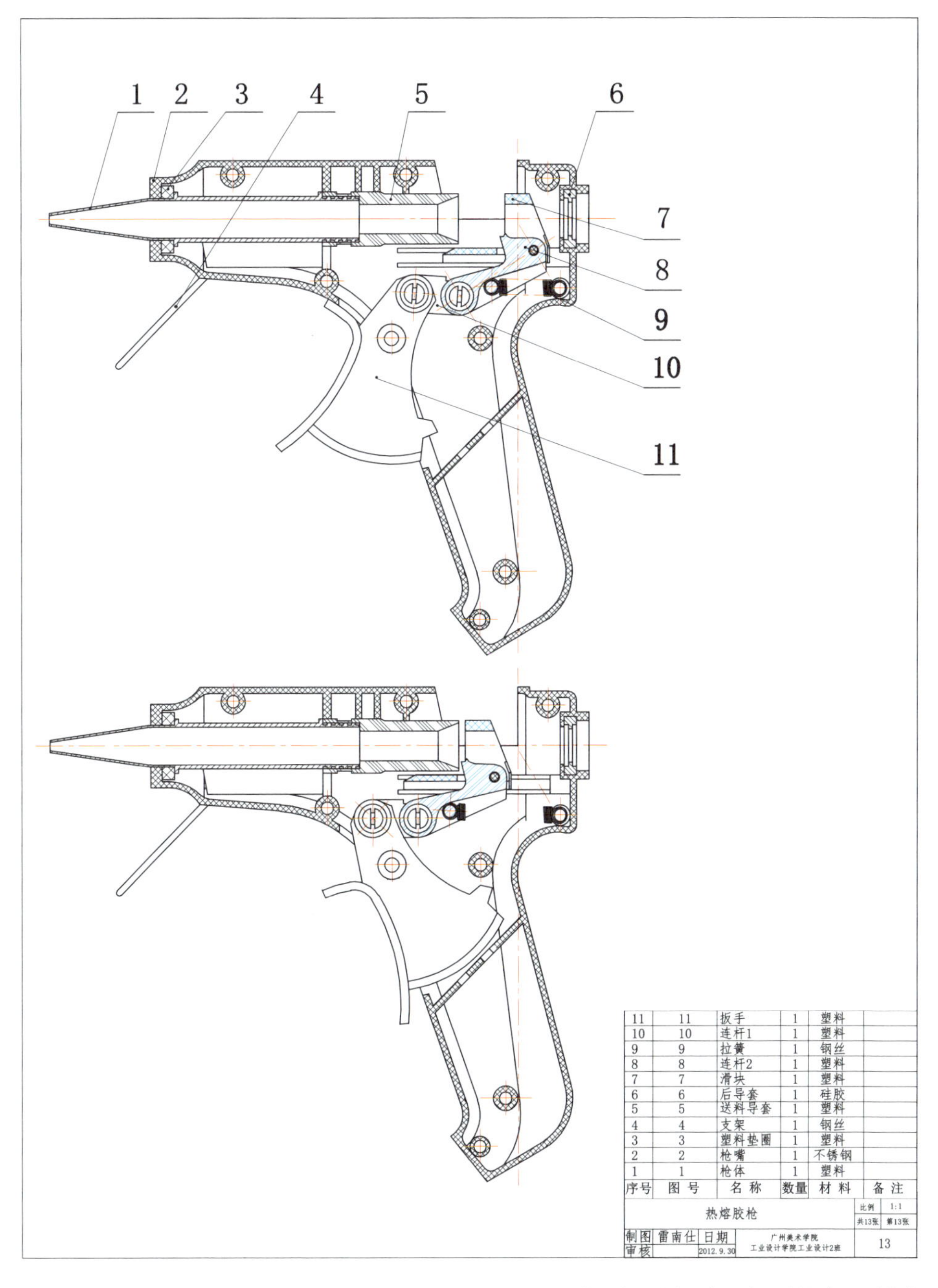

序号	图 号	名 称	数量	材 料	备 注
11	11	扳手	1	塑料	
10	10	连杆1	1	塑料	
9	9	拉簧	1	钢丝	
8	8	连杆2	1	塑料	
7	7	滑块	1	塑料	
6	6	后导套	1	硅胶	
5	5	送料导套	1	塑料	
4	4	支架	1	钢丝	
3	3	塑料垫圈	1	塑料	
2	2	枪嘴	1	不锈钢	
1	1	枪体	1	塑料	

图 4-65 热熔胶枪，广州美术学院 11 级工业设计，雷南仕作

夹式电风扇装配图（截选）

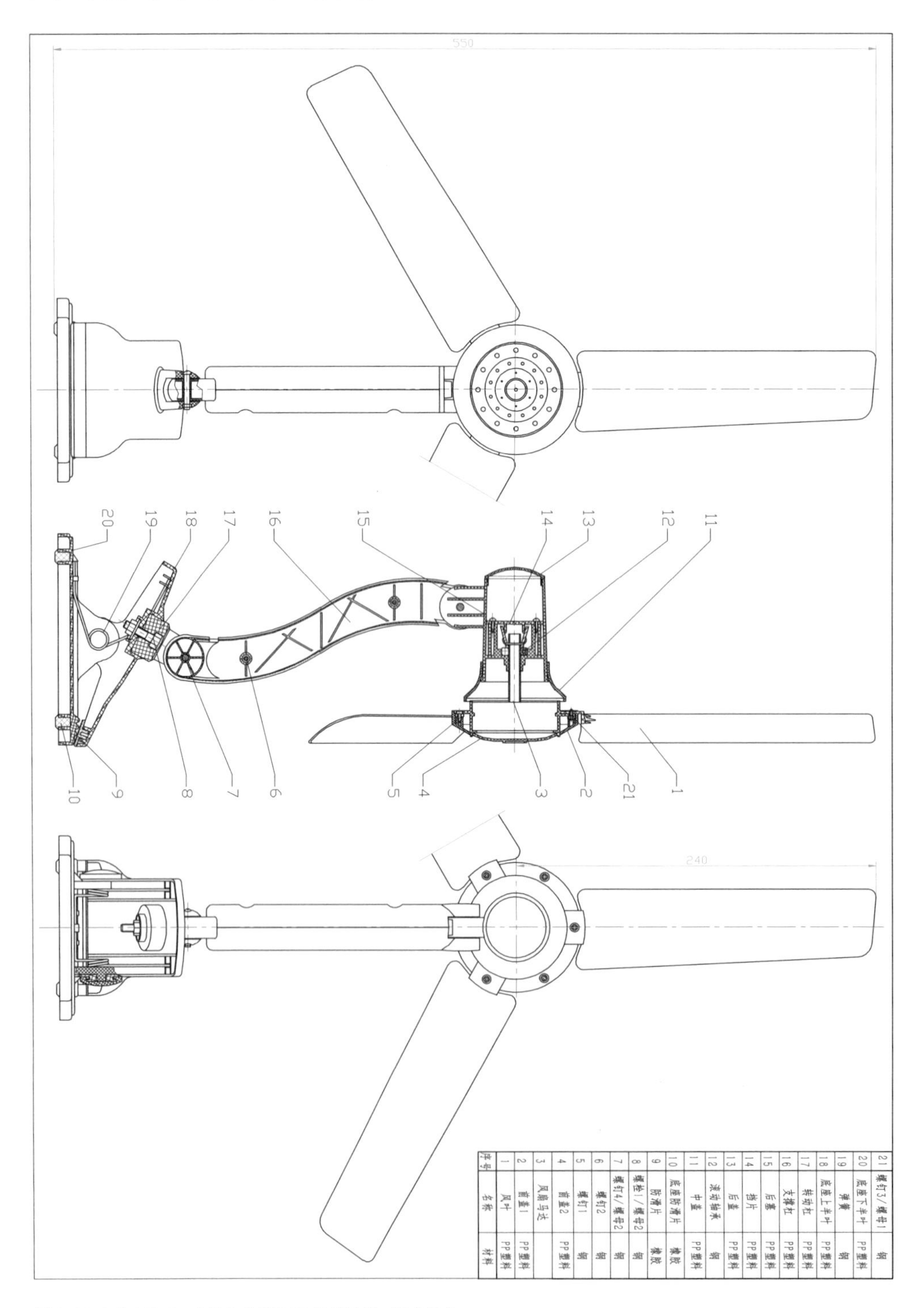

序号	名称	材料
1	风叶	PP塑料
2	前盖1	PP塑料
3	风扇马达	
4	前盖2	PP塑料
5	螺钉1	钢
6	螺钉2	钢
7	螺钉4/螺母2	钢
8	螺栓1/螺母2	钢
9	防滑片	橡胶
10	底座防滑片	橡胶
11	中盖	PP塑料
12	滚动轴承	钢
13	后盖	PP塑料
14	挡片	PP塑料
15	后塞	PP塑料
16	支撑杠	PP塑料
17	转动杠	PP塑料
18	底座上半叶	PP塑料
19	弹簧	钢
20	底座下半叶	PP塑料
21	螺钉3/螺母1	钢

图 4-66 夹式电风扇，广州美术学院 08 级设计学，谢家佐作

吊扇装配图（截选）

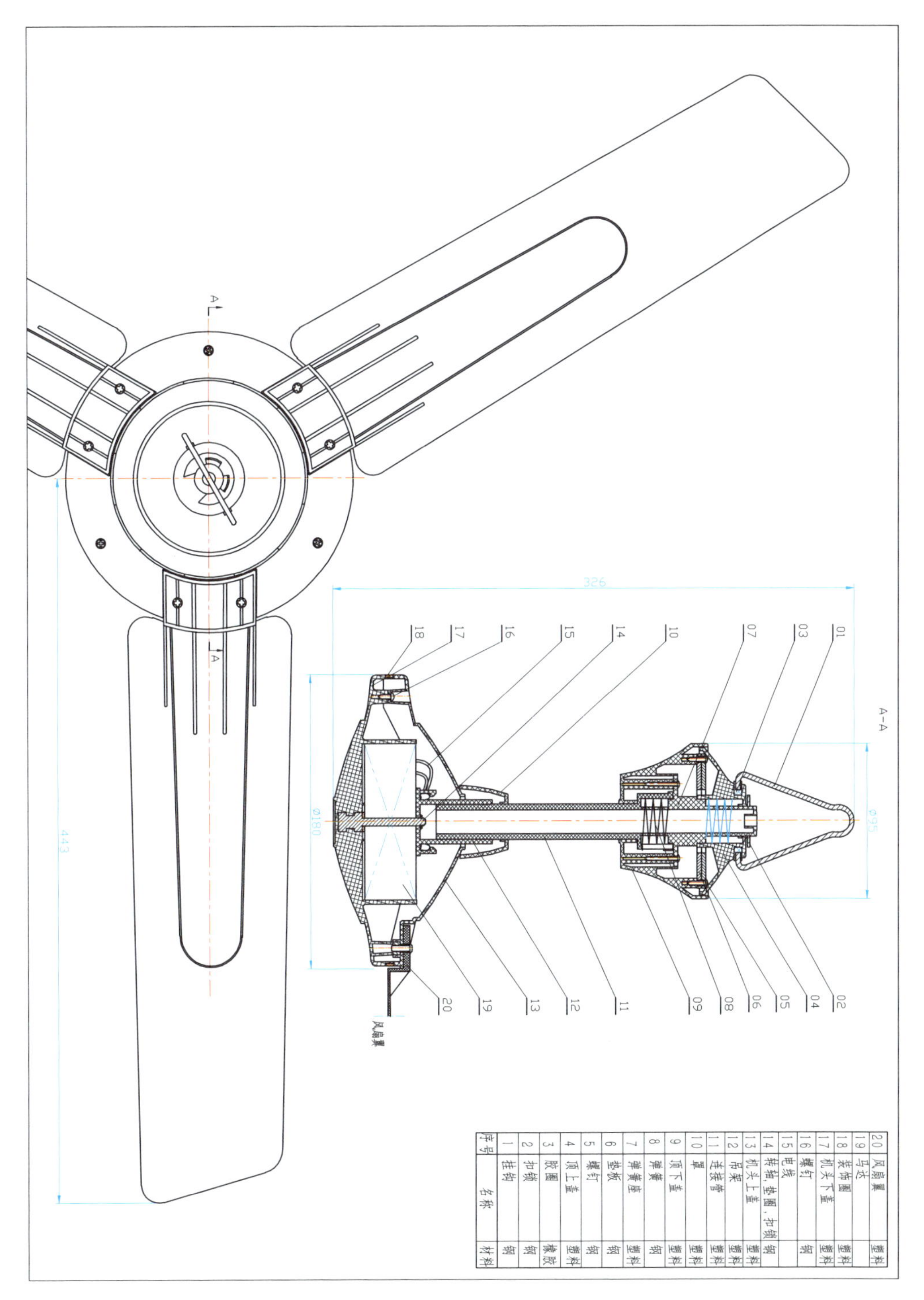

序号	名称	材料
1	挂钩	钢
2	扣锁	钢
3	胶圈	橡胶
4	顶上盖	塑料
5	螺钉	钢
6	垫板	钢
7	弹簧座	塑料
8	弹簧	钢
9	顶下盖	塑料
10	罩	塑料
11	连接管	塑料
12	吊架	塑料
13	机头上盖	塑料
14	转轴,垫圈,扣锁	钢
15	电线	
16	螺钉	钢
17	机头下盖	塑料
18	装饰圈	塑料
19	马达	
20	风扇罩	塑料

图 4–67 吊扇，广州美术学院 07 级设计学，邓飞龙作

迷你台式风扇装配图（截选）

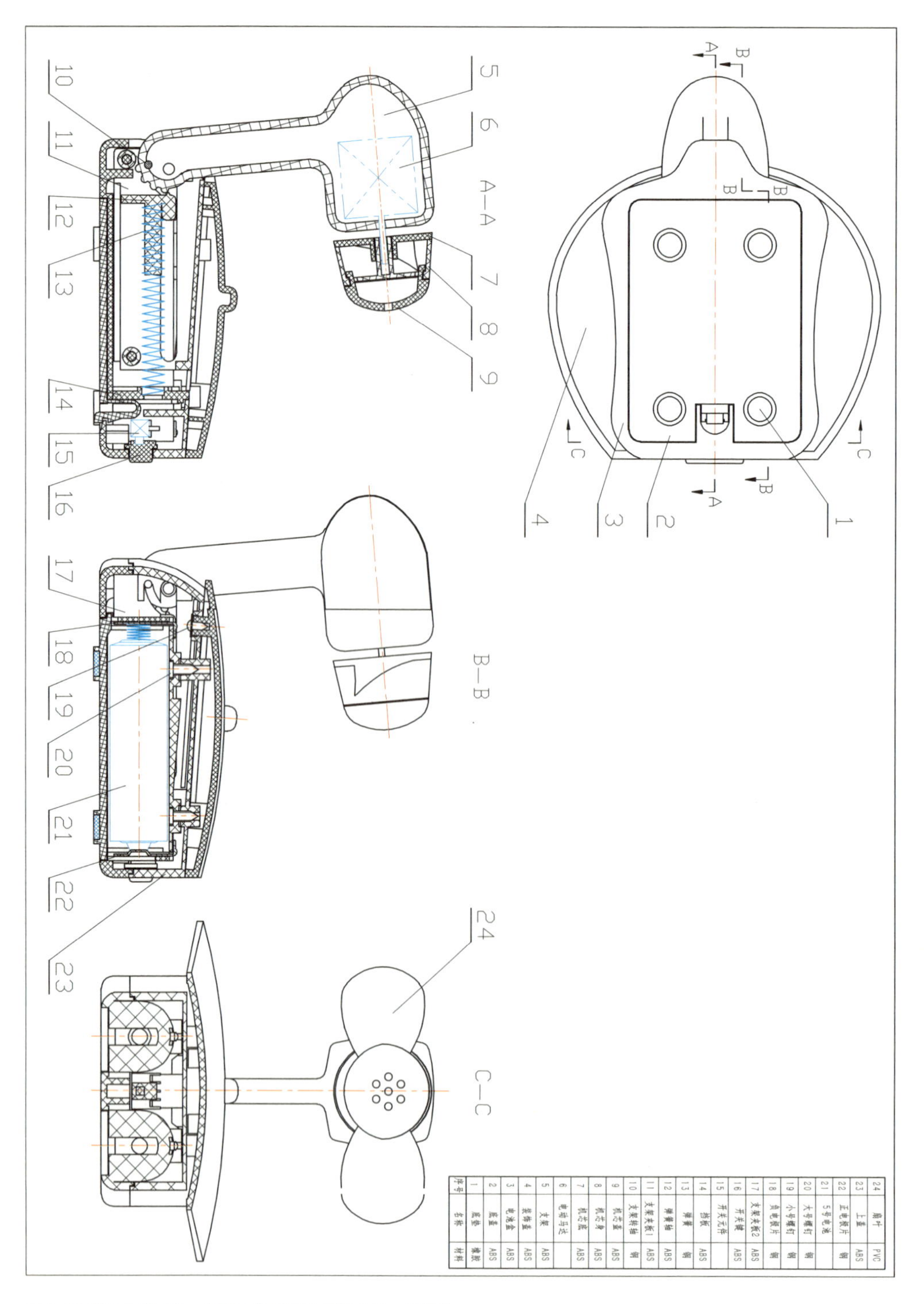

序号	名称	材料
1	底垫	橡胶
2	底盖	ABS
3	电池盒	ABS
4	装饰盖	ABS
5	支架	ABS
6	电动马达	
7	机芯底	ABS
8	机芯身	ABS
9	机芯盖	ABS
10	支架转轴	钢
11	支架夹板1	ABS
12	弹簧轴	ABS
13	弹簧	钢
14	挡板	ABS
15	开关元件	
16	开关键	ABS
17	支架夹板2	ABS
18	负电极片	钢
19	小号螺钉	钢
20	大号螺钉	钢
21	5号电池	
22	正电极片	钢
23	上盖	ABS
24	扇叶	PVC

图 4-68 迷你台式风扇，广州美术学院 04 级设计学，杨玲作

第五章

轴测图

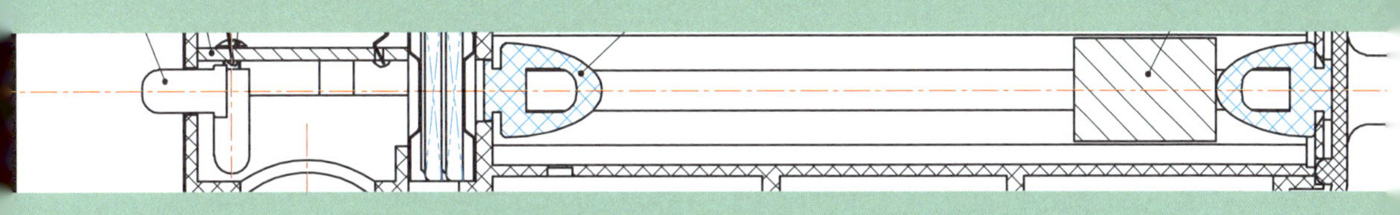

轴测图是一种高效的表达方式，沿轴向可测量，能作为施工依据，属工程图的一种。它同时直观地反映了立体形状，又可充当效果图。在工程上还常把轴测图作为辅助图样，用来说明产品的结构、安装、使用等情况。在设计中，轴测图可以用来帮助构思、想象物体的形状，以弥补正投影图的不足。

常用的轴测图有正等轴测、立面斜轴测、平面斜轴测等。

一、正等轴测图

（1）长、宽、高三轴夹角均为 120°；

（2）长、宽、高的比例为 1:1:1；

（3）零件按安装顺序、沿安装的逆方向一一拉出。

二维工具绘制的正等轴测图

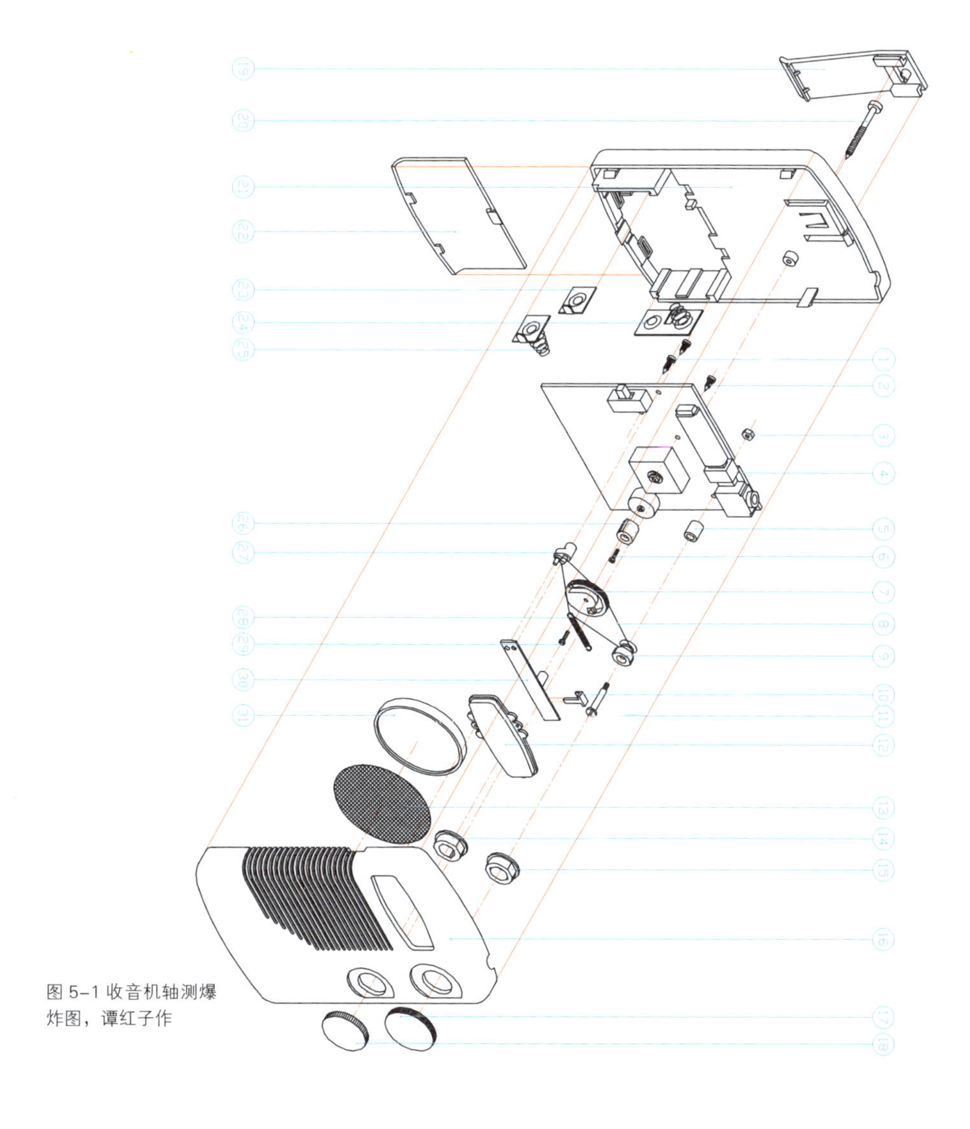

图 5-1 收音机轴测爆炸图，谭红子作

螺丝刀盒

三维建模绘制的正等轴测图

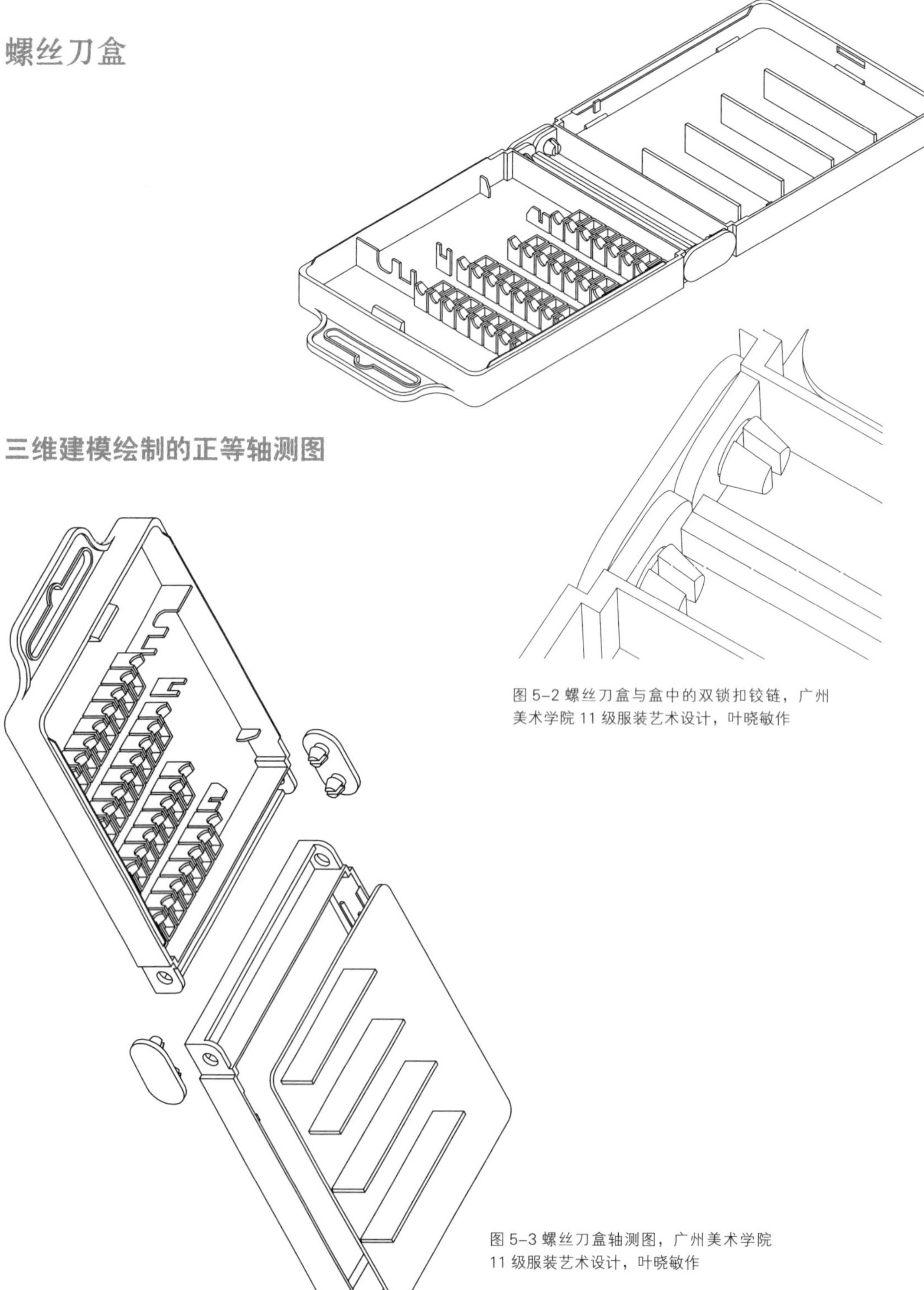

图 5-2 螺丝刀盒与盒中的双锁扣铰链，广州美术学院 11 级服装艺术设计，叶晓敏作

图 5-3 螺丝刀盒轴测图，广州美术学院 11 级服装艺术设计，叶晓敏作

二、立面斜轴测图

（1）它通常表现的是对象的一个实际的，也比较重要的立面；

（2）长、宽、高的比例为 1:1:1。

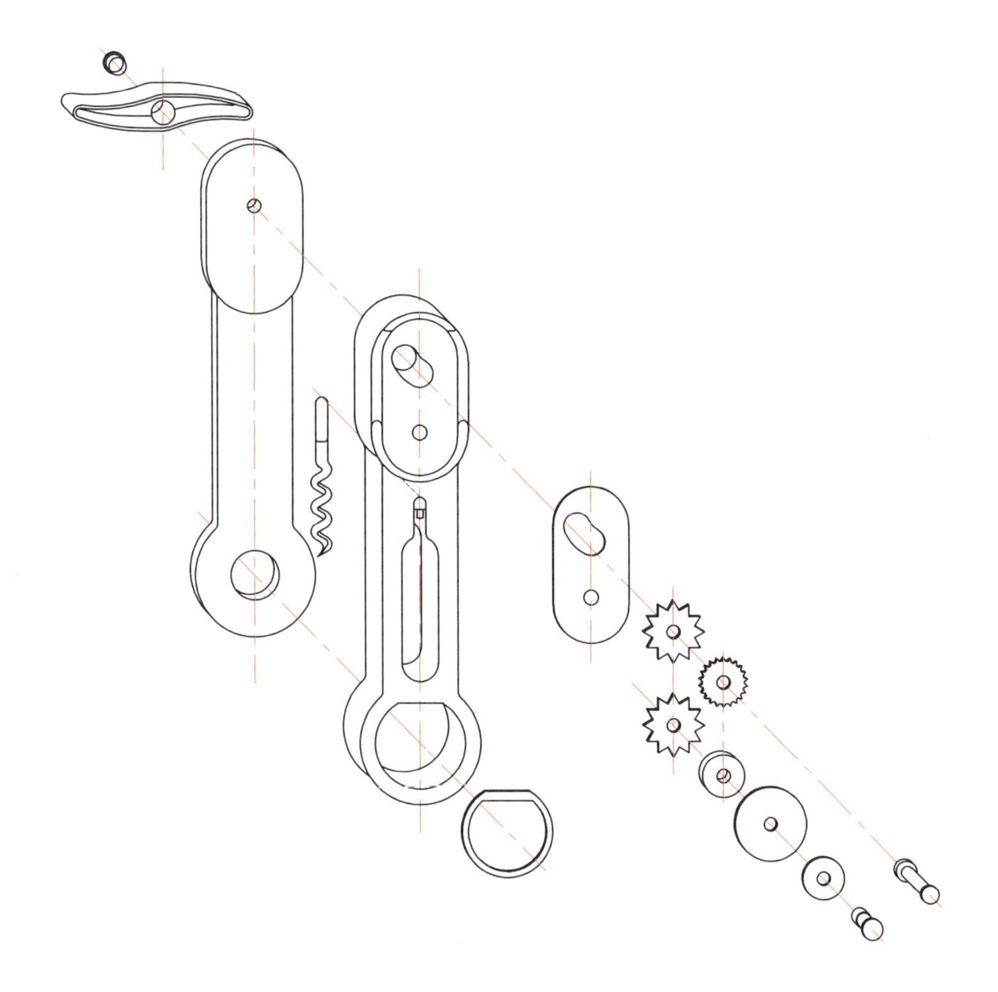

图 5-4 开罐器轴测图，广州美术学院 04 级设计学，张远可作

三、平面斜轴测图

（1）它通常表现的是对象的一个实际的，也比较重要的平面；

（2）长、宽、高的单位比例为 1:1:1。

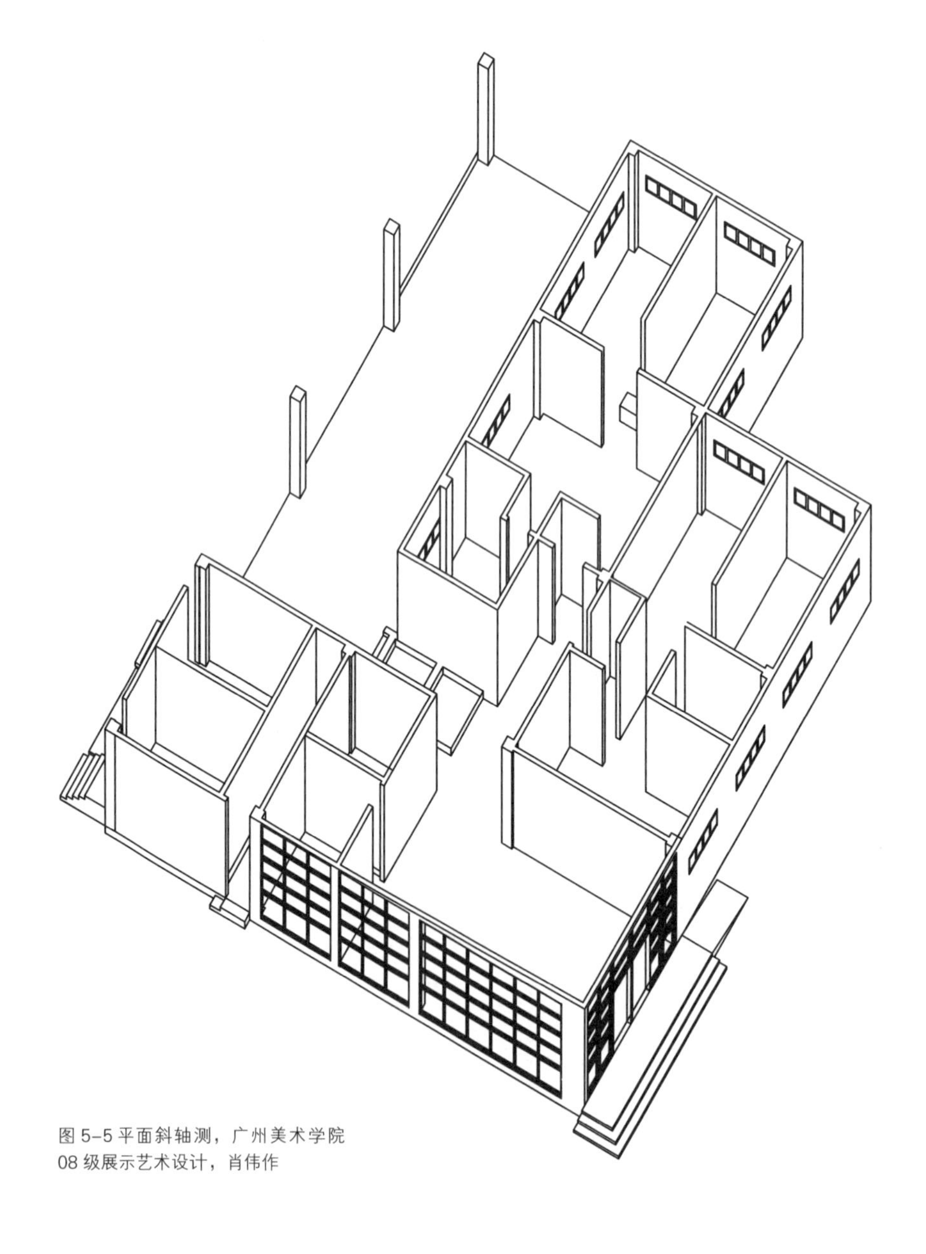

图 5-5 平面斜轴测，广州美术学院
08 级展示艺术设计，肖伟作

第六章

典型结构

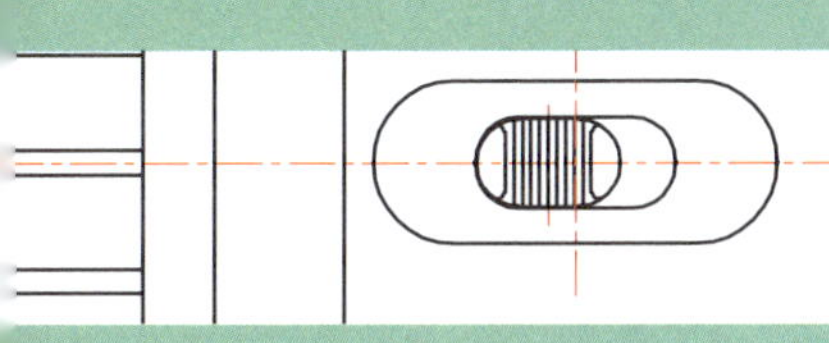

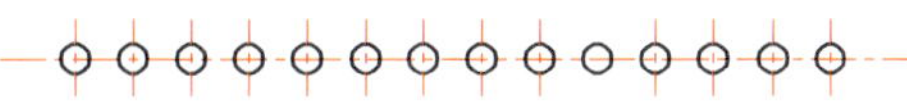

了解结构有助于发展出更合理的设计方案，或者对结构进行创新设计，创造全新的产品。本节收集了一些典型的产品结构，包括连接结构和工艺结构，以供参考。

铰接

销轴铰链

用于连接两个相互转动的零部件。与销轴配合的孔应内松外紧，保障外壳不与轴端翻边摩擦而生屑。

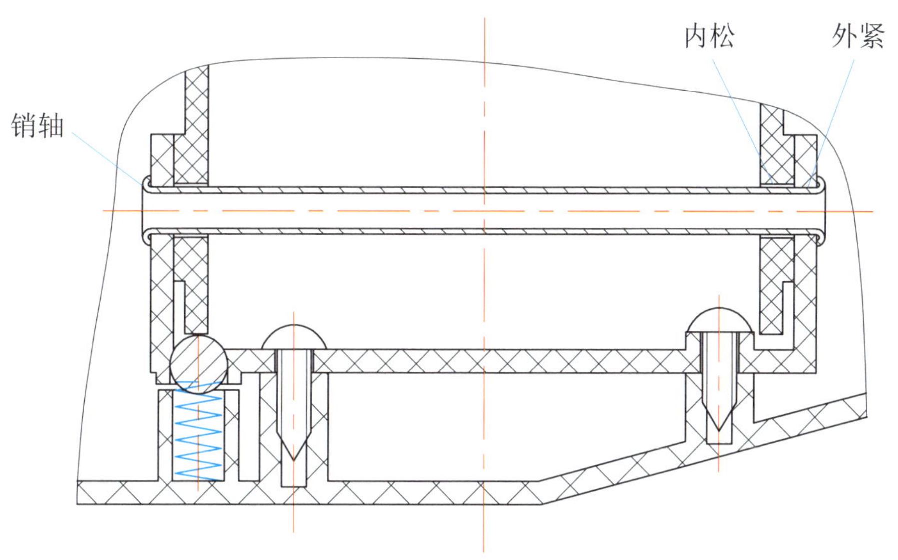

图 6-1 多功能台灯，谭红子作

锁扣铰链

特点是易入难出，环扣被分成几段能增加弹性。

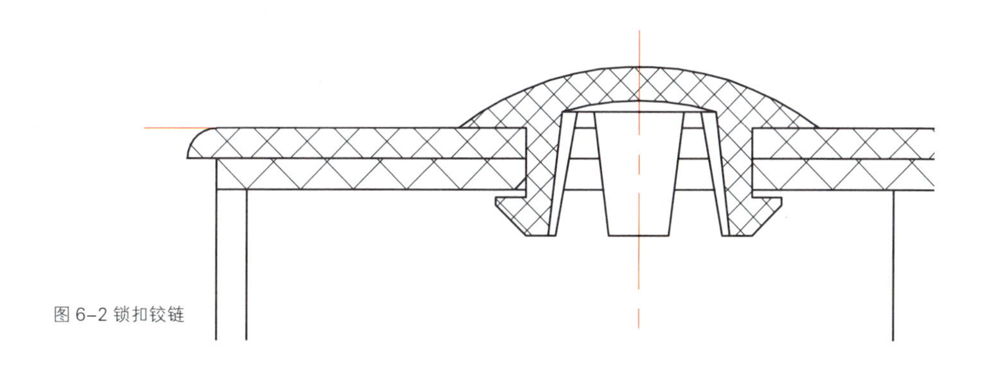

图 6-2 锁扣铰链

双锁扣铰链

特点是能让两个相互旋转的零部件保持一定的距离。

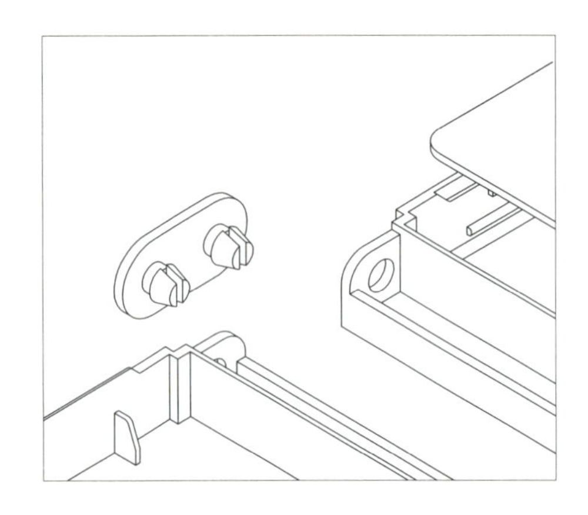

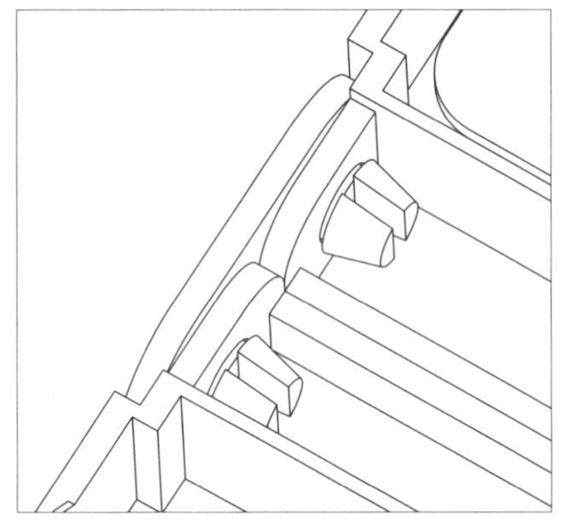

图 6-3 螺丝刀盒，叶晓敏作

无轴铰链

特点是利用金属的弹性保持锁合，无需钻孔、螺丝和焊点。

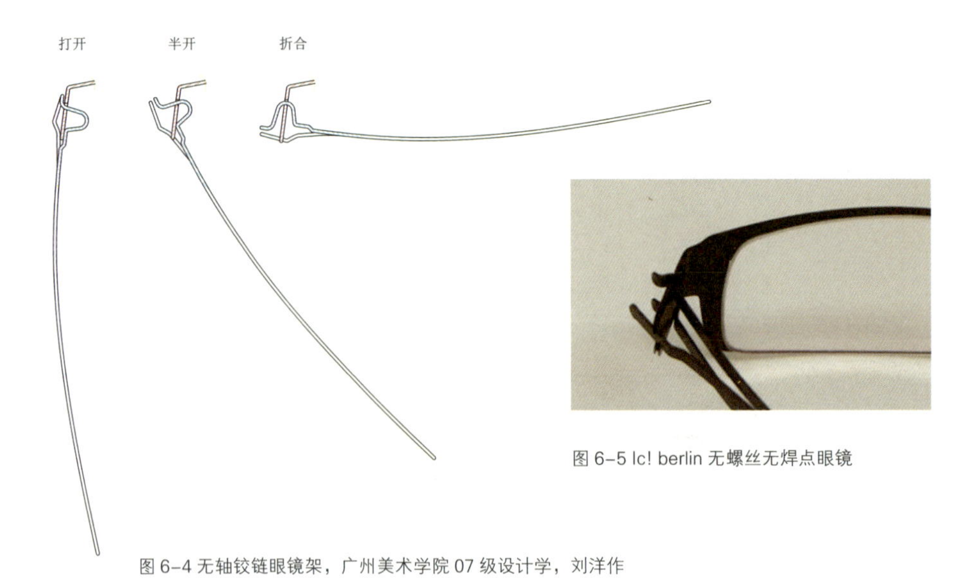

图 6-5 lc! berlin 无螺丝无焊点眼镜

图 6-4 无轴铰链眼镜架，广州美术学院 07 级设计学，刘洋作

定位机构

多功能灯设三个打开工作角度，a 是这三个工作角度的限位，b 是台灯收纳时的限位，c 是弹簧销，它们共同组成了开合定位机构。

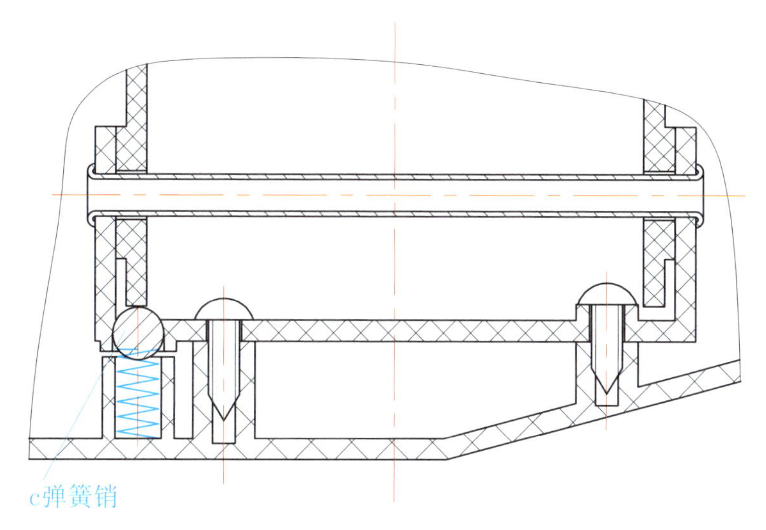

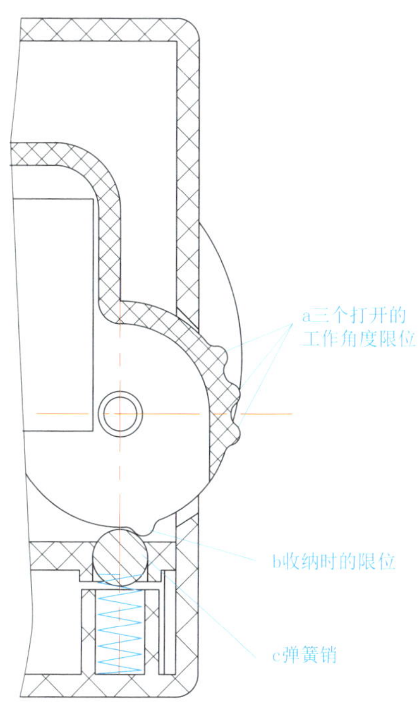

图 6-6 多功能台灯上的定位机构

快拆机构

如图所示，闹钟可在支架内作垂直旋转，也可拆卸下来，单独使用。

上方的弹性锁扣a与下方的刚性锁扣b组成了方便有效的快插机构，同时成为闹钟垂直旋转的转轴。

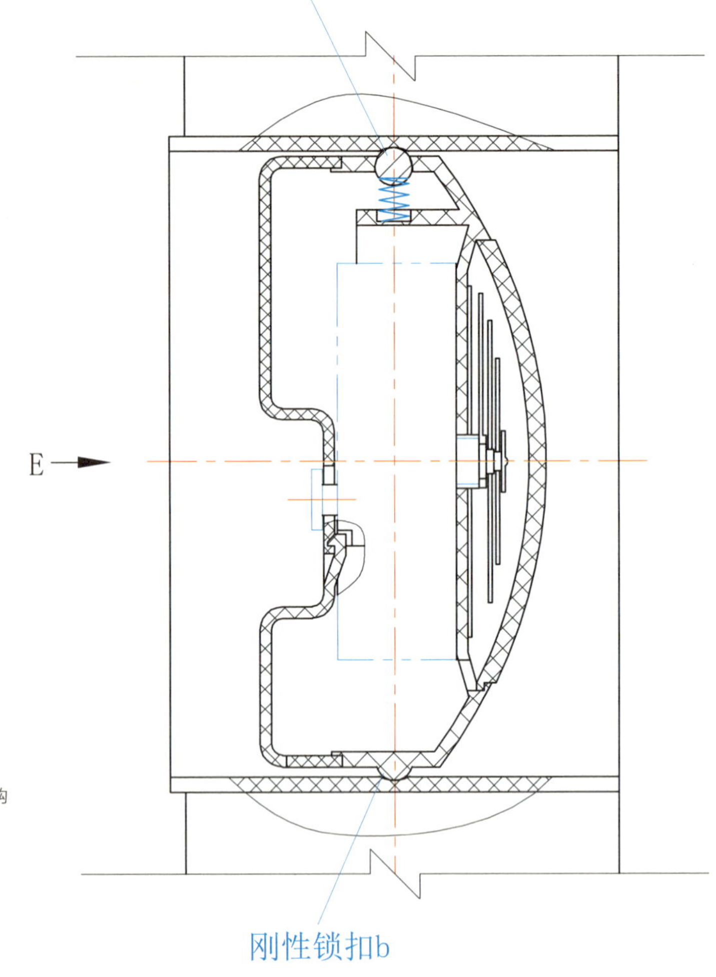

图 6-7 快拆机构

工艺结构

插穿是让型芯的一部分插入型腔、深入至钩底，让塑料填充不了，使下壁穿孔，让钩轻松成型，避免了横向抽芯。是一种简化出模的工艺结构。

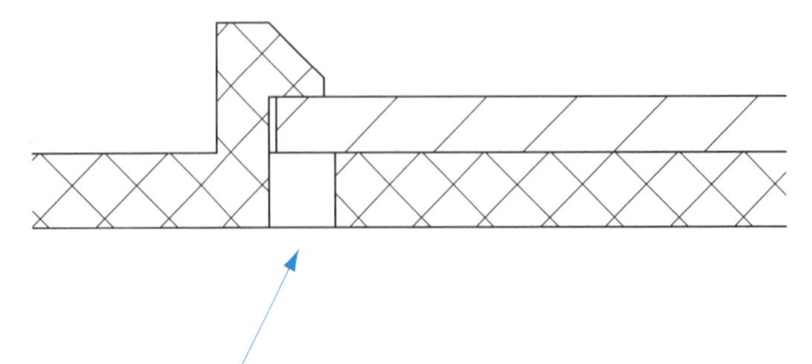

图 6-8 插穿

螺钉连接

让螺钉孔延伸到所剩壁厚小于壳体，即 t<T，减轻收缩变形

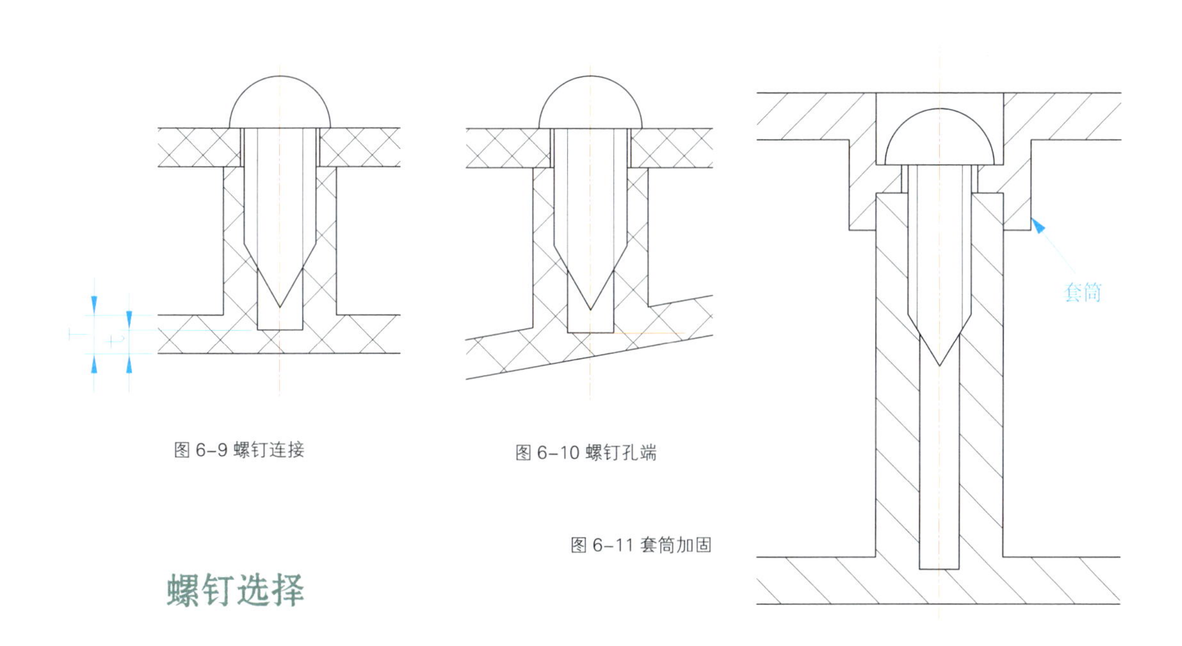

图 6-9 螺钉连接

图 6-10 螺钉孔端

图 6-11 套筒加固

螺钉选择

左图的沉头螺钉没与沉降结构的壳体相配。中图的螺钉头下端面压紧壳体，能防止螺钉返松。右图的沉头螺钉与沉降结构壳体相配，螺钉头下面的斜面与外壳的斜面紧压，能防止螺钉返松。

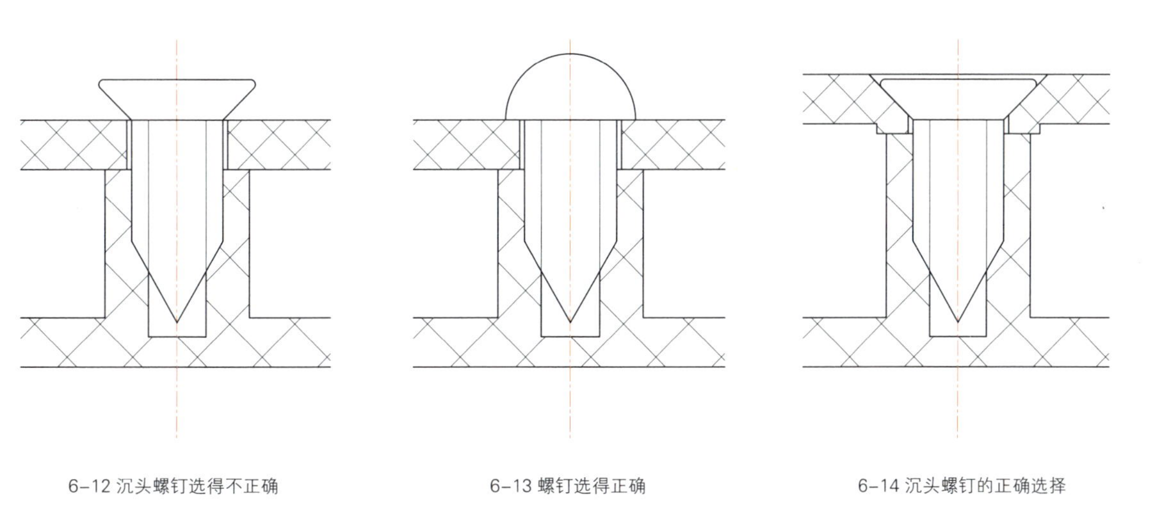

6-12 沉头螺钉选得不正确

6-13 螺钉选得正确

6-14 沉头螺钉的正确选择